# 地空导弹测试与维修技术

何广军　吴建峰　张惠媛　编著
王族统　何其芳

西北工业大学出版社
西安

**【内容简介】** 本书重点介绍了部队使用过程中的地空导弹测试与维修技术,总结了国内外已经列装于部队的不同型号的地空导弹测试的方法、原理和技术。内容包括防空导弹测试及其测试系统的基本理论与技术、维修及维修性基本理论、可靠性基础理论、基本电参量的测量原理以及地空导弹制导系统、控制系统、引战系统、电气系统的主要参量测量原理和技术等。

本书可作为高等学校相关专业本科、专科学生的教材,也可供部队及导弹研制部门的专业技术人员阅读、参考。

### 图书在版编目(CIP)数据

地空导弹测试与维修技术/何广军等编著.—西安:西北工业大学出版社,2022.2
 ISBN 978-7-5612-6798-1

Ⅰ. ①地… Ⅱ. ①何… Ⅲ. ①地空导弹系统-测试技术 ②地空导弹系统-维修 Ⅳ. ①E927.21

中国版本图书馆 CIP 数据核字(2022)第 031918 号

DIKONG DAODAN CESHI YU WEIXIU JISHU
**地 空 导 弹 测 试 与 维 修 技 术**

何广军 吴建峰 张惠媛 王族统 何其芳 编著

| | | | |
|---|---|---|---|
| 责任编辑:华一瑾 | | 策划编辑:华一瑾 | |
| 责任校对:朱晓娟 | | 装帧设计:李 飞 | |
| 出版发行 | 西北工业大学出版社 | | |
| 通信地址 | 西安市友谊西路 127 号 | 邮编:710072 | |
| 电 话 | (029)88491757 88493844 | | |
| 网 址 | www.nwpup.com | | |
| 印 刷 者 | 陕西向阳印务有限公司 | | |
| 开 本 | 787 mm×1 092 mm | 1/16 | |
| 印 张 | 12 | | |
| 字 数 | 300 千字 | | |
| 版 次 | 2022 年 2 月第 1 版 | 2022 年 2 月第 1 次印刷 | |
| 书 号 | ISBN 978-7-5612-6798-1 | | |
| 定 价 | 68.00 元 | | |

如有印装问题请与出版社联系调换

# 前　言

地空导弹测试是导弹研制、生产、使用过程中的重要工作之一，用于检查、验证导弹系统的主要技术性能，进行故障定位，必要时调整不合格参数、更换有故障的部件，以保证设计和生产的导弹的技术性能符合要求，保证列装于部队的导弹处于良好的战备状态。

地空导弹测试技术是随着地空导弹的产生而逐步发展，已经有60多年的历史。在此期间，随着测试技术和导弹技术的不断发展，世界各国研制了不同类型的地空导弹测试系统。然而，由于被测对象——导弹的制导体制、控制方式、引战系统体制等有较大差别，加上导弹作为一个复杂的机电系统，各种不同型号的导弹需要测试的参数类别相差较大，历来还没有一本全面总结和论述地空导弹测试技术方面专门的论著。

以往相关的专著和教材，一部分大多针对单一导弹型号进行论述，且往往是内部资料，另一部分属于设计部门设计师们论证导弹测试系统研制的专著，偏重导弹研制和生产阶段对地空导弹测试系统的论述。本书作为地空导弹测试技术方面的专著，重点论述部队使用过程中地空导弹的测试技术，是笔者30多年来对各种型号地空导弹测试技术方面的成果总结。本书总结了国内外已经列装于部队的不同型号的地空导弹测试的方法、原理和技术；系统介绍了地空导弹测试的概念、分类、测试需求、测试过程和部队完成导弹测试的组织形式及其地空导弹测试发展趋势；对地空导弹测试中经常涉及的电压、电流、功率、频率等物理量的测量，所涉及的电路基本元器件的测量、数据域测量和微波测量进行了论述；介绍了地空导弹测试中的导弹模拟器、目标模拟器和指令模拟器等的构建原理和方法；按照地空导弹的主要组成，分别论述了导弹导引系统、控制系统、引战系统和能源系统的测试原理和技术；论述了地空导弹在研制试验和打靶过程中遥测系统及遥测技术及遥测系统构成原理；分析了地空导弹测试系统的干扰和抗干扰措施；对近年来采用总线技术和虚拟仪器技术构成的导弹自动测试系统及其相关技术做了阐述。

在编著本书的过程中，得到了相关单位的支持和帮助，也参考了相关文献资料；吴建峰、白云两位同志也对书稿提出了宝贵意见建议，在此一并表示感谢。

由于国内、外地空导弹测试设备型号众多，本书涉及的知识面较广，加之笔者水平有限，书中难免有不妥之处，恳请广大读者批评指正。

编著者
2021年3月

# 目 录

## 第一章 地空导弹测试及其设施设备 …… 1
- 第一节 地空导弹测试概念与分类 …… 1
- 第二节 地空导弹测试系统 …… 8
- 第三节 地空导弹技术阵地 …… 13
- 第四节 地空导弹测试与维护 …… 15
- 第五节 地空导弹测试的特点 …… 21
- 第六节 地空导弹测试技术发展 …… 23

## 第二章 地空导弹的维修性与可靠性 …… 27
- 第一节 概述 …… 27
- 第二节 地空导弹的维修性 …… 31
- 第三节 地空导弹的可靠性 …… 37

## 第三章 导弹系统中基本电参量的测量 …… 41
- 第一节 电压测量 …… 41
- 第二节 电流测量 …… 49
- 第三节 频率和时间测量 …… 51

## 第四章 导弹测试用激励信号装置 …… 54
- 第一节 信号源 …… 54
- 第二节 导弹模拟器 …… 65
- 第三节 指令模拟器 …… 82
- 第四节 目标模拟器 …… 87

## 第五章 制导系统测试技术 …… 94
- 第一节 制导系统及其测试需求 …… 94
- 第二节 脉冲波形参数测量 …… 100
- 第三节 数字编码信号测试 …… 104
- 第四节 导引头接收机灵敏度测试 …… 108

## 第六章 控制系统测试技术 ············································· 114
### 第一节 控制系统测试需求 ············································· 114
### 第二节 敏感元件测试 ··················································· 117
### 第三节 舵机性能测试 ··················································· 124

## 第七章 引战系统测试技术 ············································· 127
### 第一节 引战系统测试需求 ············································· 127
### 第二节 无线电引信灵敏度测试 ······································ 130
### 第三节 引信延迟时间及其测试 ······································ 133
### 第四节 火工品及其测试 ··············································· 137

## 第八章 能源系统测试技术 ············································· 142
### 第一节 导弹能源系统 ··················································· 142
### 第二节 测试设备能源系统 ············································· 144
### 第三节 测试车电源设备 ··············································· 148
### 第四节 导弹及测试车电能测试技术 ······························· 161
### 第五节 导弹及测试车流体能源测试技术 ························· 163

## 第九章 导弹及测试车维修技术 ······································ 168
### 第一节 地空导弹及其测试设备的故障特点 ····················· 168
### 第二节 地空导弹装备维修的基本要求与原则 ················· 171
### 第三节 电气类设备的维修技术 ······································ 173
### 第四节 地空导弹机械类设备维修技术 ···························· 179

## 参考文献 ·········································································· 186

# 第一章　地空导弹测试及其设施设备

## 第一节　地空导弹测试概念与分类

### 一、地空导弹测试概念

地空导弹是指从地面上发射，用来攻击各种空中飞行目标的导弹。它主要由动力系统、弹体、制导控制系统、引战系统和能源系统等部分组成。动力系统用于给导弹提供飞行动力，推动导弹飞行；制导控制系统由导引系统和飞行控制系统组成，用于制导、控制和稳定导弹飞行；引战系统由引信、安全执行装置和战斗部组成，用于完成导弹起爆控制；能源系统用于给导弹设备提供发射、飞行过程中的各类能源。地空导弹所对付的目标主要是各类作战飞机，有些地空导弹武器系统还能够射击巡航导弹、空地导弹、战术弹道导弹等导弹类目标和空漂气球等非空气动力目标。

地空导弹测试是指利用设备检查导弹及其部件的性能参数，评估导弹的技术状态的过程。广义上的地空导弹测试包括导弹在研制、生产和部队使用各个阶段的测试。测试的目的在于检查、验证导弹的功能和技术性能，发现定位故障，调整不合格的参数或更换有故障的部件，以保证工厂生产的导弹技术性能符合要求及部队使用的导弹处于良好的战备状态。

检查、验证导弹的功能和技术性能需要测试设备。在部队技术阵地，首先需要保证测试设备性能是完好的，因此，广义上的地空导弹测试还应该包括对测试设备的测试，即所谓的功能检查。

（1）在地空导弹在研制阶段、生产过程及部队使用期间的测试的目的和所用的手段有所不同。

在研制阶段，主要完成对导弹及其各组成部分的方案和战术技术指标论证、技术设计、原理样机试制等工作。在这个过程中，导弹测试的目的是通过大量的测试和试验工作对其性能进行分析与验证，实现对指标和方案论证、完成样机试制。在该阶段，导弹的技术状态尚未最后"冻结"，导弹测试文件和方法也未定型，可称为试验性测试。靶场试验的三大测量勤务（光测、雷测和遥测）是导弹研制和定型中非常重要的测量手段，这些对飞行中导弹性能的监测，广义上的也可叫导弹测试。

（2）在生产阶段，导弹测试是实现从原材料、元器件的进料检验、印制板的在线检测、部件和组件的装配测试，最终完成导弹的出厂检验，属于检验性测试。在该阶段，导弹测试属于产品出厂检验内容,可称作检验性测试。采用的测试设备是各类通用的和生产厂家研制的专用测试设备。

(3)地空导弹装备到部队后,地空导弹测试的目的是有效遂行防空作战任务,充分发挥导弹的战术技术性能,使导弹保持良好的技术状态,随时保持导弹的战斗状态。测试的方式是利用配属于武器系统的导弹测试车对地空导弹进行定期和不定期的测试检查。

导弹测试是导弹维护的重要内容,可称为维护性测试。在使用部队,对地空导弹维护性测试的目的在于检查、验证导弹的功能和技术性能,发现定位故障,调整不合格的参数或更换有故障的部件,以保证导弹技术性能符合要求,使其处于良好的战备状态,它是部队技术保障工作的最重要的工作之一。

上述3个阶段的地空导弹测试构成了广义上的地空导弹测试内容。

本书涉及的地空导弹测试主要是指在地空导弹交付部队后,在部队技术阵地和作战阵地的对地空导弹维护性测试,其中也有部分内容涉及地空导弹在研制和生产阶段的地空导弹测试。

**二、地空导弹测试分类**

地空导弹测试的分类方法很多,在地空导弹的寿命周期中,按照地空导弹从研制、生产和部队使用3个阶段,可以分为试验性测试、检验性测试和维护测试等。

地空导弹测试,按照是对导弹各部分还是整体测试的不同,可分为单元测试和综合测试;按照测试的目的可以分为预防性测试和维修性测试;按照维修体制的不同,可分为一级维护测试、二级维护测试和三级维护测试等;按照导弹测试时机的不同,可分为平时测试和发射前测试;按照导弹的状态的不同,可分为筒弹测试、裸弹测试、分解弹测试以及导弹备件测试。这些分类之间又具有交叉从属关系,如图1-1所示。

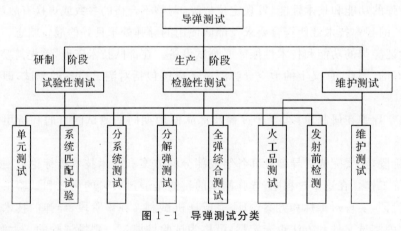

图1-1 导弹测试分类

下述主要介绍与部队使用有关的地空导弹测试的不同分类。

1. 单元测试与综合测试

地空导弹测试,按照是对导弹各部分还是整体测试的不同,可分为单元测试与综合测试。

(1)单元测试。根据弹上各设备的技术条件,分别对弹上各分系统、各功能组件设备或者各舱段的技术性能进行的检查测试称为单元测试。导弹上的设备按照功能分系统划分，可以构成制导控制系统、电气系统、能源系统、动力系统和引信与战斗部系统等，对这些功能分系统的测试就属于单元测试。某些导弹是按照导引头、惯性测量组合、自动驾驶仪、引信等功能组件划分，对这些功能组件的测试也称为单元测试。在导弹生产过程中，又是按照舱段进行组装完成的，例如地空导弹可分为制导舱、控制舱、发动机舱和战斗部舱等，因此，某些导弹是按照舱段进行测试的，对导弹各个不同舱段的测试也属于单元测试。

当一个分系统由在空间和结构上相互分离的多个设备组成（如导弹控制系统通常包括数个陀螺、加速度计和一些功能组合，在测试时，又有导弹能源系统的参与而构成某种分系统）时，需要把这些分离设备通过电缆连接，完成分系统测试。这种测试比单元测试要复杂，测试过程中可调节的参数也较多，是一种小的系统测试。这种测试通常在工厂中完成，属于一种特殊的单元测试。

单元测试所用的测试设备多是专用的。通过测试，可以判断导弹某个分系统、某个功能组件、某个舱段或者某个器件是否有故障。在测试过程中，如果发现故障就需要维修更换或者上报，如果发现导弹某些参数出现超差，允许对少数预先规定的参数进行调整。

单元测试设备一般配属在旅团的装备修理单位或者营技术保障连。这些测试设备通常装载于导弹测试车上。

（2）综合测试。综合测试是对全弹的功能和技术性能、导弹工作时序、协同动作、对各种激励响应的综合性的测试。综合测试是对全弹的测试，因此也称为全弹综合测试。综合测试的主要目的在于检验导弹各分系统或者各舱段协调一致的工作情况。测试的指导思想是通过模拟导弹整个飞行过程来测试导弹工作的工作良好性和协调性。因此，测试设备上有模拟导弹整个飞行过程的模拟仿真设备及相应的软件。

单独的综合测试设备在导弹生产厂家、修理厂和部队均有配属。在部队，主要配属在营的技术保障连、旅团的技术保障或修理单位。

在导弹生产工厂，导弹综合测试是检验性质的测试，通过测试合格的导弹可验收出厂。在修理厂，导弹综合测试用于对入厂的故障弹或者到大修周期送厂大修的导弹进行性能评估，用于维修后出厂导弹的性能检验。在部队，导弹综合测试用于检测导弹的技术性能。在发现导弹有故障或者参数超差后，隔离故障、调整参数或者送到上级维修单位（维修工厂）。导弹在部队服役的导弹通过定期的维护测试后，在规定的时间内可处于战备状态，即可随时发射。

某些导弹进行综合测试时，将分解的导弹各部段用工艺电缆连接起来，可引出更多的被测参数，故障可定位到更深层次，这是导弹综合测试的方案之一。

许多地空导弹的测试设备既可以完成导弹的单元测试，也可以完成导弹的综合测试，这些构成整体装载于导弹测试车上。个别的地空导弹单元测试和综合测试设备是不同的，配属于不同的车辆上。

相对来讲，导弹单元测试的测试参数和项目比导弹综合测试的测试参数和项目多。随着导弹维护保障理论及技术的发展，在基层部队对导弹维护保障工作的复杂性有减小的趋势，因此，近年来世界各国的地空导弹往往不再进行导弹单元测试而只做导弹综合测试，测试手段逐步实现自动化，需要的测试人员、测试的参数和项目也逐步减少。

在导弹研制过程中,还有另一类对导弹的综合测试,称为导弹系统匹配试验。它是把导弹系统各设备、电气系统、遥测系统和发控系统的联合试验。匹配试验的目的是验证弹上各分系统功能的协调性,检查分系统之间信号传输、时序、供电系统、阻抗匹配、电磁兼容性及安全与火工电路工作特性等。弹上系统匹配试验属于原理性试验,是导弹研制过程中的重要工作,在试验中发现的问题允许进行参数调整直至改进设计,最后达到系统的协调工作。匹配试验是一种原理性试验,试验中存在不定因素,故允许对系统参数进行修改。匹配试验是用来验证和修改完善导弹电气系统设计的,它是导弹电气系统设计的重要内容。

随着被测对象的修改完善,未知的与不定的因素逐渐减少。导弹的技术状态"冻结"后就可以制定一种测试方案,选择一组表征系统工作特性的参数,只要这些参数在规定的范围内,系统就能正常工作。按一定的技术文件对这些参数进行检测,就是导弹的综合测试。可见,地空导弹的每一研制阶段,对每一技术状态的导弹,都有一个由匹配试验到综合测试的演变过程。

近年来,随着对武器系统机动性、减少车辆要求的进一步提高,配属于营的测试系统也不再单独配置导弹测试车或者整个旅团才配备一辆导弹测试车。

2. 预防性测试和维修性测试

地空导弹测试,按照测试的目的的不同,可以分为预防性测试和维修性测试。

(1)预防性测试。预防性测试是指对在库房储存或者在技术阵地存放的导弹定期进行的检查和测试,目的是发现可能出现的故障征兆以防止发生故障,使导弹保持在规定的技术状态。具体内容包括外观检查、润滑、调整及必要的修理等活动。预防性测试的重点在于对于那些一旦失效或者性能减退可能会危及导弹完成作战任务的功能和性能的检查,对容易磨损、变质的组成部分进行定期更换和保养。

在基层部队按照导弹使用维护细则,一般要完成日维护、周维护、月维护、半年维护和年维护等定期维护测试。在上述进行的周期性维护测试过程中,对导弹的测试一般都是预防性的。另外,在导弹转移阵地、长距离运输、气象条件发生显著变化等导弹工作环境发生变化后,对长期贮存的导弹,都需要对进行测试维护,这类测试也属于预防性测试。预防性测试一般主要具有周期性的特点。

(2)维修性测试。维修性测试也称为修复性测试,是指导弹发生故障后,通过测试,确认是否确实有故障、发现故障的程度、隔离故障部位所进行的测试活动。它是非计划性的测试活动,具有随机性和要求紧迫性的特点。

维修性测试一般通过技术分析和经验判断,通过综合测试、单元测试活动,逐步测试与分析故障,直到找出故障部位的最小可更换单元。

通过维修性测试,一般应该把故障定位到最小可更换单元上。最小可更换单元是在武器系统设计时,通过设计的维修方案确定的,它通常是指在相应维修级别上需要隔离故障的最小单元。例如,对于基层级的维修,一般需要把故障隔离到舱段级、组合级或者电路板级,那么相应的舱段、组合或者电路板就属于最小可更换单元。一般通过导弹测试和故障分析需要把故障定位到唯一的最小可更换单元上。

3. 不同维护级别的测试

按照地空导弹的维修体制和维修级别来划分的地空导弹测试。一般导弹的维护可分为三级或者四级维护,因此对于地空导弹测试也就可分为一级维护测试、二级维护测试、三级维护测试和四级维护测试等。最后一级测试维护在修理厂进行。目前,绝大部分导弹采用的是三级维护体制。地空导弹维护流程如图1-2所示。

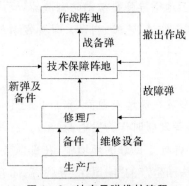

图1-2 地空导弹维护流程

(1)一级维护测试。一级维护测试是指导弹测试人员在技术阵地,通过目视外观检查或者利用简单的测试仪器仪表对导弹进行的检查测试。这种检查测试通常需要每日进行,是日常维护的重要内容。例如,检查导弹的外观是否有无碰伤和划痕,弹体连接件是否连接牢靠等。

(2)二级维护测试。二级维护测试是指导弹测试人员在技术阵地,通过导弹测试车上配备的专用测试设备对导弹进行的综合测试和单元测试。某些导弹的二级维护测试对导弹只做综合测试,也有些导弹需要做单元测试和综合测试。通过检查测试,判断导弹是否有故障,进一步可以把故障部位定位在舱段级或者分系统。

测试人员通常是导弹营技术保障连的测试技师或者工程师与测试号手配合组成测试班完成对导弹的测试。

(3)三级维护测试。三级维护测试是指导弹测试人员旅团修理所,利用导弹测试车上配备的专用测试设备、配备于旅团修理所的其他测试仪器对导弹进行的综合测试和单元测试。通过检查测试,判断导弹是否有故障,进一步可以把故障部位定位在舱段级或者分系统。

测试人员是旅团修理所的工程师和高级工程师。为了减少测试维修级别,现在大部分导弹已经把二级和三级维护测试合并。如果在导弹技术阵地无法判断和定位故障时,由旅团的技术保障部门派员到技术阵地进行测试维护。

(4)四级维护测试。四级维护测试在修理厂进行,不属于部队维护测试的内容,所用的测试设备是修理厂研制的或者是导弹设计与生产厂家研制的专用测试设备。通过测试可以把故障定位到电路板级或者元器件级。最终完成对导弹的大修。

4. 按照对导弹测试的时机的分类

地空导弹测试,按照部队对导弹测试的时机的不同,可以分为平时测试和发射前测试。

上述描述的各类在部队的测试均为平时测试,一般是在技术阵地或者旅团修理所进行的,主要采用的设备是导弹测试车。还有一类测试是在发射阵地进行,这时导弹已经位于发射架上,处于等待发射状态。测试设备位于导弹发射车上,通过发射车给导弹输送导弹工作时的模拟信号,完成对导弹主要工作的最后一次发射前检查测试。这种发射阵地的测试只是对重要参数进行检测。

发射前的检查测试是通过自动测试系统自动完成,通常只需要数十秒到 1 min 的时间,它通常是发射程序(可逆程序)的一部分,属于发射程序中的可逆程序部分。发射前的导弹测试只是对重要参数进行检测。由于地空导弹是被动防御武器,反应时间要短,对发射前测试具有快速性的要求,故发射前的测试应快速、连续、自动。导弹发射前的可逆程序完成后,便进入发射程序的不可逆程序。

**5. 按照导弹状态的分类**

近年来研制的地空导弹大多装在储运发射筒(箱)内,处于筒(箱)弹状态。贮运发射筒平时用于导弹的包装筒(箱),在导弹发射时作为发射筒(箱)。有些发射筒(箱)是密封的,内部冲有氮气或者其他稀有气体,使导弹处于良好的环境中,在部队使用维护过程中不允许拆装,例如俄罗斯生产的 S-300 导弹、法国生产的"响尾蛇"导弹等;而有些发射筒(箱)是非密封状态,允许在部队技术阵地把导弹从筒(箱)内取出,例如,意大利生产的"阿斯派得"导弹等。

对于密封性的导弹筒弹的测试,是通过筒弹上的电缆插座引出测试信号进行测试的。这种电缆插座也用来完成导弹发射前的测试,完成导弹发射前的参数装订,完成发射指令信号的传输等。由于一个插座引出的信号有限,因此对于处于密封筒弹状态的导弹的测试相对的测试参数少,测试性指标(故障检测率、故障隔离率等)相对较低,一般只能完成综合测试。有些测试,如射频信号的测试则无法完成。

对于非密封性的导弹筒弹的测试,需要在技术阵地把导弹从储运发射筒(箱)取出,使导弹成为裸弹状态。对于裸弹状态的导弹测试,可以把导弹分解,完成单元测试和综合测试。相对来讲,能够测试的参数也较多。

还有一种导弹备件测试。在老式地空导弹中备件测试通常在基层级维护中进行,新型的地空导弹,要么没有备件测试项目,要么放在中继级测试中进行。所谓备件测试是指在对导弹中已经判明故障的组合进行更换前,对已经贮存在库房中的组合进行的测试,以保证更换的部组件性能是良好的。备件测试也称为备份件测试。这些备件可能是导弹电源(电池)、引信、自动驾驶仪、惯测组合、制导系统或者火工品等。

例如,早期的苏制"萨姆-2"导弹就需要在部队基层级完成对备份引信、备份导弹电池、备份无线电控制探测仪和备份自动驾驶仪的测试。

备件测试的基本原理与单元测试的原理相同。

**三、地空导弹免测试与免维修**

导弹测试的目的是评估导弹的技术性能,发现故障,对故障部位进行维修。如果导弹的可靠性足够高,那么,也可以在一定时期内在部队不需要对导弹进行测试,也就不需要维修。

随着导弹设计、制造技术水平的日益提高,导弹的可靠性也在不断提高,出现了简化、减少甚至取消使用部队对导弹进行测试与维修的趋势。例如,美国的霍克导弹改型,除了提高其作战性能和抗干扰能力外,还增加了机内检测能力,部队库存的导弹,每年检测一次,测试合格后加封,导弹随时可以发射。爱国者导弹在部队也只进行简单的检训——通过机内自检程序检训导弹功能,发现问题时返回生产厂,部队不进行维修。

随着导弹技术的发展,特别是到了第三代地空导弹武器系统,部分导弹采用了免测试与免维修。免测试与免维修是指地空导弹在其规定的寿命周期内,平时在部队对导弹不用测试与维修,接到作战任务后,直接上架发射。

具有免测试与免维修的导弹只是指在基层部队不配备导弹测试车,一般不进行专门的测试与维护,但并不是完全不测试。一方面,需要在导弹发射前,在发射车上完成发射前的检查测试,以确定导弹性能是否良好。另一方面,还在导弹贮存寿命到期前,须进行基地级(维修工厂)测试和性能校准。例如,俄罗斯的 S-300 导弹就采用了免测试和免维修。

免测试与免维修的导弹是由导弹的设计、加工生产、部组件以及全弹的可靠性、导弹贮存运输环境、导弹性能演化和寿命演化规律来保证的。它简化了部队使用维护设备、车辆和人员,降低了装备采购费用,提高了装备快速反应能力和机动性,是地空导弹武器系统及其维护保障的发展趋势。

地空导弹全寿命周期内,贮存时间要远远大于工作时间。当今的地空导弹一般要求贮存寿命指标为 8~12 年,有的甚至要求 15 年。地空导弹免测试与免维修,主要取决于导弹的贮存可靠性。

自从有了地空导弹就开始了导弹贮存寿命的研究。在国外,从 20 世纪 80 年代开始,对导弹贮存可靠性的研究才逐步成熟。研究的方法主要是采用是加速寿命试验和统计分析方法相结合的方法。

统计分析方法是采用对导弹设备上的各组成部分按照设备的构造分类,按照分类建立贮存可靠性数据库,以这些数据为基础,分析设备贮存可靠性,对影响可靠性的器件、设计、加工工艺等提出改进意见,以此来提高导弹贮存可靠性。例如,美国陆军导弹司令部将导弹设备分为电子及电气设备、机电设备、液压及起动设备、军械设备和光及光电子设备 5 类。提供了这 5 种类型导弹设备真实及加速贮存试验的数据,同时给出了这些数据的分析结果以及相关建议。

俄罗斯在"加速贮存试验"和"加速运输试验"等技术的应用方面取得了卓著成效,是目前整机产品加速贮存寿命试验技术最成熟的国家。俄罗斯"火炬"设计局的自然环境实验室对 8000 多发导弹及弹上设备的失效情况进行了统计分析,对影响导弹产品的贮存寿命薄弱环节进行了仔细识别,对其失效机理进行了判断,然后对薄弱环节进行了改进,并在实验室条件下进行了加速试验验证。在失效机理不变的基础上,总结出一套加速因子,开发出导弹系统及整弹加速贮存试验方法,可以通过 6 个月的实验室加速试验模拟导弹 10 年的贮存寿命。以此试验为基础,分析试验数据,提出改进导弹系统贮存可靠性的意见和措施。

中国在贮存期寿命分析方面也开展了一系列工作,各类导弹从 20 世纪 60 年代开始进行现场贮存试验,获得了大量的贮存性能与贮存寿命的数据,为现役导弹的可靠使用及后续导弹设计积累了大量信息。

导弹贮存期的可靠性用贮存可靠度来描述,它定义为"在规定的贮存条件下,在规定的贮存时间内,产品保持固定功能的概率"。导弹的免维护时间用免维修期来表示。免维修期对免测试和面维修导弹来讲,可以认为是导弹第一次送厂大修的时间。例如,对于贮存寿命为10年的导弹,可以按照每5年一个周期,即在导弹寿命期内只要送厂维修(大修)一次,到了10年,即报废。对贮存寿命为15年的导弹,可以按照每5年或者7.5年为一个周期,即在导弹寿命期内只要送厂维修(大修)2次或者1次,到了15年,即报废导弹的免维修期与导弹贮存寿命、使用寿命的关系如图1-3所示。

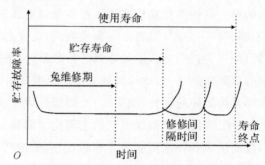

图1-3 导弹的免维修期与导弹贮存寿命、使用寿命的关系

## 第二节 地空导弹测试系统

地空导弹测试系统一般由导弹测试车(只完成导弹综合测试的测试车也称为导弹综合测试车)和其他辅助设备组成。导弹测试车是地空导弹测试系统的主体。

在部队,为了便于整个武器系统的机动,地空导弹测试系统均装在一辆越野车上,该车称为导弹测试车。它是地空导弹武器系统的重要组成部分,是一种能在技术阵地、野战阵地或者旅团修理所对地空导弹进行测试、检查和维护的地空导弹武器系统的直接支援装备。

近年来,随着导弹可靠性的增加,逐步对导弹测试的需求有减少的趋势。在某些地空导弹武器系统中,除了免测试和免维护的导弹武器系统不配置导弹测试车外,部分装备只在导弹技术阵地配置导弹测试系统,它们不装备成车辆。这些系统只在平时导弹维护的技术阵地使用,而在部队机动作战、打靶演习中不采用。

除了导弹测试车外,在导弹测试时,通常还需要用于测试时供电的电源车、用于测试时放置导弹的工艺拖车或者测试架车、传输信号和供电的电缆、用于检查和维护其他特殊部组件(如火工品、液压油等)的辅助测试维护设备和车辆。

### 一、导弹测试车

导弹测试车一般由车辆底盘、保温车厢、车载测试设备、通信设备、备件箱、资料柜、工兵工具、照明设备和空调等设备组成。

导弹测试车的车内按照区域划分,有些分为操作间和休息间,也有些分为操作间和维修间。维修间是用于导弹测试车或者导弹有故障时的简单维修。

车辆底盘一般采用越野式底盘,具有一定的越野、爬坡和涉水能力。

车载测试设备是导弹测试车的主体部分,也是导弹测试系统的主要组成部分。通常制作成若干机柜,每个机柜又由若干组合构成。

车载测试设备按照功能一般可以分为供电配电设备机柜(电源机柜)、测试机柜等。一般在测试车靠近车门部位装有中央配电盘,用于显示和测量测试车外送到测试车上的电源的电压、电流、相序等的开关、按钮、仪表、信号灯等。中央配电盘用于控制、显示、测量送到车内的电能的状态。另外,车内还有控制配电盘,用于控制、显示、测量经过对中央配电盘变换送来的,提供给各测试设备组合的电源的状态。

测试机柜一般按照对导弹测试部位的不同而设置,例如自动驾驶仪测试机柜、无线电引信测试机柜等等。采用自动测试系统的测试设备也是按照模块化设计要求,按照测试设备组成或者功能要求组成一定组合,如主控计算机组合、VXI即插即用组合、显示器组合、打印机组合等等。

通信设备主要用于在行军时,导弹测试车与武器系统其他车辆的通信以及在导弹测试时用于车上人员与车下人员的通信联络。导弹测试车一般采用无线电台加密通信方式;在导弹测试时,车上测试人员与车下号手的通信采用耳机通话方式。

备件箱用于放置导弹测试时的各种连接电缆,用于修理导弹测试车和导弹的各种备份件、供电电缆,其他用于测试时的各种辅助件、通用的仪器仪表和工具等。

在车辆的保温车厢的侧壁上一般开有若干窗口。在导弹测试时,通过这些窗口,利用电缆把车载测试设备和导弹连接起来,用于传输各种测试信号、控制信号。另外,车壁窗口上还有用于连接供电设备、车上与车下的通话设备及接地的电缆插座。

导弹测试车按照用途不同可以分为基层级导弹测试车和基地级导弹测试车。通常的基层级导弹测试车主要用于导弹综合测试,它配属于基层单位;而基地级导弹测试车通常可完成导弹的单元测试和综合测试,通常配属于旅团级。有些武器系统中的导弹测试车只有基地级导弹测试车或者只有基地级导弹测试车。

## 二、测试设备

地空导弹测试设备是地空导弹测试系统的核心和主体。它的功用是与地空导弹测试系统的其他部分相配合完成导弹的测试。

测试设备种类很多,通常按照使用方法和测试原理、使用地点、多用性及显示方式等进行分类。

1. 按照使用方法和测试原理的分类

测试设备,按照车载测试系统的测试原理的不同,可分为手动测试系统、半自动测试系统和自动测试系统。

(1)手动测试系统。早期的地空导弹车载测试设备大都是手动测试系统,如早期的苏联SAM-2导弹的车载测试设备。手动测试设备的基本组成如图1-4所示。手动测试系统通常专用的测试设备,有些手动测试系统就是把通用的仪器仪表通过逻辑控制电路简单连接而成。如测试电压就使用的通用的电压表,测试频率就用通用频率计,测试信号波形就用通用的示波器等等,只是在通过操作控制台上的选择按钮来具体选择当时要操作的物理量,然后通过逻辑控制选择加到相应的仪器仪表上。

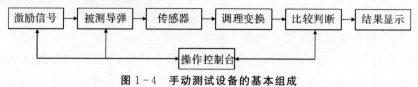

图 1-4　手动测试设备的基本组成

　　手动测试系统由操作控制台、激励信号产生装置、传感器、调理变换装置、结果显示装置、电源和被测导弹等部分组成。

　　操作控制台用于按照一定的操作流程和程序选择被测导弹上的被测部件及其物理量，被测物理量通过传感器变换成相应的电信号，通过放大、滤波、整理等调理变换，通过比较判断显示测试的参数或者参数的状态。

　　导弹测试设备对测试结果的显示通常采用具体参数显示和状态显示两种显示方式。具体参数显示是显示的具体测量值，一般通过数值或者曲线显示；状态显示方式则是通过信号灯（如红灯表示参数超差、绿灯表示参数合格）、蜂鸣器报警、信号灯闪烁报警灯显示。

　　操作控制台由测试技师（车上操作号手）来完成。对一发导弹的测试可能需要 2 个或者 2 个以上的测试技师配合完成。在测试导弹时，还需要车下操作号手的配合。车下号手通常配合车上的测试技师完成电缆转接、导弹状态转换（如倾斜、旋转导弹）等工作。车上测试技师和车下号手共同组成测试班，通常需要指定一名测试技师担任班长，测试班所有成员按照测试班长的统一口令完成操作程序。

　　采用手动测试系统对导弹进行测试，一般需要测试人员较多（常见由 4～7 人组成），测试时间较长，对测试人员的水平和技能要求高，需要测试班人员密切协作完成，测试结果需要人工记录和分析。

　　(2)半自动测试系统。地空导弹半自动测试系统是在导弹测试过程中，测试人员按照操作规程顺序发出测试操作指令，由测试设备自动完成测试操作的地空导弹测试系统。如意大利的"阿斯派得"地空导弹的测试系统就属于半自动测试系统。苏制"萨姆-2"导弹的自动驾驶仪就有手动和半自动测试系统各一套。

　　目前大部分导弹半自动测试设备属于对导弹参数的功能性测试，即只给出指标是否符合要求，采用红色信号灯和绿色信号灯显示或者采用"通过""不通过"的信号灯显示，而不给出具体的测试参数。

　　采用半自动测试系统对导弹进行测试，需要的测试人员一般比采用手动测试设备的人员少，需要测试人员熟悉和牢记操作程序。

　　(3)自动测试系统。地空导弹自动测试系统是指测试设备的核心由计算机构成，利用计算机执行测试程序并进行数据处理和分析的测试系统。这类测试系统通常是在标准的测控系统或测控总线的基础上组建而成的。

　　目前的自动测试系统采用的测控总线主要有 VXI 总线、PXI 总线、PCI 总线、GPIB 总线等。利用自动测试设备进行导弹测试具有高速度、高精度、多功能、多参数和宽测量范围等众多优点。

　　地空导弹自动测试系统由自动测试设备（Automatic Test Equipment，ATE）、测试程序集（Test Program Set，TPS）和 TPS 开发工具三部分组成。

1) 自动测试设备(ATE)是指测试系统硬件及其操作系统软件。ATE 的核心是计算机,它用来控制各测试组件(如数字电压表、示波器、信号源、开关组件等)。这些设备在测试程序的控制下运行,以提供被测对象(导弹及其组件)所要求的激励信号,然后测量在不同引脚、端口或者连接点的响应,从而确定该被测对象是否满足预定的功能和技术性能要求。ATE 通过自身带的操作系统管理内部事务(自检、自校准),完成测试流程控制、测试过程排序,存储并显示结果。

2) 测试程序集(TPS)由测试程序软件、测试接口适配器、测试所需要的软件等三大部分构成。测试程序软件是在 ATE 中运行的,它控制 ATE 中的激励设备、测量仪器、电源及开关组件,选取合适的测试点测量被测对象,然后通过测试软件分析测量结果。有些测试程序集中,通过测试程序可以提供被测对象的故障部位。测试接口适配器(Interface Test Adapter, ITA)是连接被测对象到 ATE 的接口设备,通过它为 ATE 提供相应的 I/O 引脚及其信号路径。

3) TPS 开发工具是指 TPS 开发的软件环境,包括 ATE 和被测件(Unit Under Test, UUT)仿真器、ATE 和 UUT 描述语言、编程工具(如各种编译器)等。

新型的地空导弹大多采用了以计算机总线为主要构成设备的自动测试系统。自动测试也是未来地空导弹测试发展的方向。

**2. 按照使用地点的分类**

按照使用地点的不同,测试设备可分为基地级测试设备、中继级测试设备和基层级测试设备。由于目前的地空导弹的维护体制分为基层级、中继级和基地级,上述分类也是按照地空导弹的维护体制的分类方法,因此,也可称为一级测试设备、二级测试设备和三级测试设备。

基地级测试设备是用于维修工厂和维修基地对导弹的测试设备,包括校准调试和试验测试设备,各种专用和通用的测试设备。

在基地级维修测试中,需要对导弹及其中继和基层级的测试设备发生故障的组合、分系统、电路板甚至元器件进行维修,还负责对中继级和基层级的测试设备的仪器仪表进行校准,因此基地级的维修测试设备功能更强大、测试参数更多,也更加复杂。基地级的维修测试设备通常是武器系统的研制厂家与工厂共同研制的。

中继级测试设备是用于部队旅团技术保障部门维护测试导弹的测试设备,通常包括可以单元测试和综合测试的测试内容的测试设备,一般主要也涵盖故障诊断性的测试功能及其他专用的,在基层级维护测试设备中不能完成的测试功能。

基层级测试设备主要完成导弹综合测试,某些测试设备也完成单元测试的测试内容。同时,在基层级测试系统中还配备了大量的备份件,便于在导弹部组件或者测试设备出现故障后能够迅速更换。

**3. 按照测试设备的多用性的分类**

(1) 专用测试设备。专用测试设备用于测试某一规定的系统的测试。由于专用性,一般被测系统和为它设计的专用测试设备之间具有较好的联系,因而测试效果和效率都较好,测试设备更有针对性。国际上,大部分导弹的测试设备仍然属于专用测试设备,只是在部分项目检查中采用了通用的仪器仪表。

(2)通用测试设备。通用测试设备是适用于对多种被测系统和对象的测试设备。由于研制专用的导弹测试设备复杂,研制周期较长,因而采用通用测试设备节省了生产和研制经费,且可以用于多个被测对象的测试,它是未来导弹测试设备的发展方向。

4. 按照测试结果的显示方式分类

(1)功能性测试设备。功能性测试设备是指地空导弹测试时,测试结果不给出具体的测试数值,只给出"通过"和"不通过"两种状态。"通过"状态表示测试结果达到了该性能指标的要求;"不通过"状态则表示该测试参数描述的性能可能有故障。

采用这种导弹测试的过程,通常称为导弹功能测试。

一般"通过"状态采用绿色信号灯显示,"不通过"状态采用红色信号灯显示。某些测量结果的显示,也通过信号灯亮或者不亮来显示。也有用显示指针在绿色区域表示该测试参数符合性能指标的要求,在其他区域则表示不符合性能指标的要求。

(2)参数性测试设备。参数性测试设备是指地空导弹测试时,测试结果显示的具体的测试数值。测试结果的显示方式可能通过波形显示器、数码管、模拟仪表的指针、数字化仪表的显示器、计算机显示器、笔录仪等等显示测量值、测量波形等。

某些参数性测试设备给出的数值并非实际测量结果,而是经过归一化无量纲的参数值。

采用这种导弹测试的过程,通常称为导弹参数测试,或者简称导弹测试。

大部分的测试设备对参数的显示,既有功能性参数显示方式,也有具体参数性的显示方式。其中有些是以前一种为主,而有些是以后一种显示为主。

**三、对测试设备的主要要求**

地空导弹测试设备是保障导弹在使用时能可靠工作,检测导弹的主要功能和性能是否符合要求,确定在导弹寿命期内能否作战使用,并判断故障,将故障定位到最小可更换单元。为了部队行军作战机动性要求,设备应该尽可能具有通用化、系列化、模块化、多功能及具有扩展性。测试设备包括检测设备及其相应的工具。

对测试设备的主要技术要求包括以下几项。

(1)测试设备从接通电源、气源、液压源开始到做好准备工作(导弹与测试车的展开)时间,一般正常情况下不超过 30 min;在低温、湿热等环境下一般不超过 45 min。实际上,特别是早期的地空导弹,导弹与测试车的展开在数十分钟,甚至达到 1 h 以上。

(2)测试设备完成一枚导弹综合测试的时间一般应该在 20 min 内。若需要完成单元测试,则时间不应超过 45 min。

(3)测试设备连续累计工作时间应该不少于 8 h。

(4)一般要求测试设备的故障的正确检测概率≥95%,虚警率(误检率)≤5%。

(5)一般要求检测覆盖率≥95%。

(6)一般应该把故障定位到电路板级(对测试车)、舱段级或者组合级(对导弹)。

(7)设备应该具有良好的自检和自诊断功能。自检覆盖率≥95%。

(8)测试设备的各组成模块、插件、组件都具有良好的互换性;测试设备中故障率、易损的元器件和零部件互换率要高。设备易于拆装和操作。

(9)当测试设备管路的气压、液压和电路中的电压、电流超过最大规定值时,应具有过载保护措施和装置。当重要元器件或组件发生故障时,应能够隔离保护、自动报警。

(10)应能够模拟目标具有代表性的特征,模拟导弹与目标有代表性的相对运动的功能。

(11)测试设备的电源一般有工频电,为三相交流电 380($\pm$10%)V 或者 220($\pm$10%)V,50 Hz,消耗功率不大于 25 kW;有中频电为相电压(115$\pm$11.5)V,频率(400$\pm$20)Hz,消耗功率不大于 15 kVA。

(12)气源应根据弹上设备的要求确定,一般要求氮气压力为 21 MPa;露点$\leqslant$-65℃(在一个大气压状态);杂质颗粒$\leqslant$5 $\mu$m$\times$5 $\mu$m。空气压力为 15 MPa,流量为 150 L/min;露点$\leqslant$-55℃(在一个大气压状态);杂质颗粒$\leqslant$10 $\mu$m$\times$10 $\mu$m。

(13)测试设备工作环境中,能够在-40~50℃下正常工作;最大工作海拔为 3 km;若无其他规定,在风速 20 m/s 情况下,应能够正常工作。

(14)测试设备可装在放舱内便于运输。

(15)测试设备的使用应尽量降低对维修操作人员技术水平的要求;应严格控制噪声、温度、湿度、辐射、霉菌、盐雾等,确保操作人员和设备的安全;打印输出的检测结果,判读应简易、直观、不需要换算,并应该符合法定计量单位的规定。

(16)在操作测试设备时,可能接触超过 36 V 电压的部位,应采取防护措施;对地电压在 100~500 V 的所有触点,端子有防护措施;机柜、面板、外露金属件和屏蔽层都要良好接地;在使用中可能触摸到的操作件上的固定螺钉,应与电路绝缘;在更换元器件时,应防止高压电路中电容放电对人体的伤害。

(17)测试设备设计的标准校准周期一般为 1 年,有些为 2 年。在校准周期内,测试设备的仪器仪表的测量误差在公差要求范围内,超过校准周期的测试设备应该送维修工厂校修或者送国家法定计量单位校准。

## 第三节 地空导弹技术阵地

地空导弹技术阵地是用于导弹贮存、装配、测试、维护等勤务操作的阵地。技术阵地按照所处环境不同,可分为固定技术阵地和野战技术阵地,前者是修建的用于长期使用的技术阵地,一般与部队营房距离不远;后者是在部队演习、作战时临时构建的阵地。技术阵地一般由库房、导弹操作间、导弹测试间及其他附属设施设备组成。

### 一、对技术阵地的一般要求

对导弹技术阵地有相应的技术要求。技术阵地内应有避雷设施,其防护空间需遮盖技术阵地,避雷针不允许直接安装在库房上。库房与各操作间之间应有较好的路况,对路面宽度、坡度、转弯半径有相应要求。例如,国外某型地空导弹技术阵地要求路宽不小于 6 m,坡度不大于 5°,转弯半径不小于 15 m。

距库房 500 m 内不应有强辐射源和打火设备,技术阵地内的外电场强度一般要求不大于 1 V/m。

一般库房距离导弹操作间、导弹测试间距离较近,如果距离较远,还需要配置筒弹运输车和吊车。导弹操作间、导弹测试间、库房与人员住所距离一般要大于 50 m,必要时需设置防爆墙予以隔离。

## 二、对技术阵地设施设备要求

### 1. 库房

库房用于存放导弹、测试车以及导弹舱段、导弹战斗部、导弹火工品、导弹部组件和测试车备件等。

按照对库房的要求和环境不同,库房分为一般库房、良好库房和野战库房等。一般库房、良好库房是指在固定的技术阵地修建的长期用库房;野战库房是野战技术阵地上临时构建或者搭建的库房。对良好库房的温度、湿度等环境条件和设施要求比一般库房要求更为严格。对所有库房均有面积、高度、温度、湿度、通风、防静电、避雷、接地、水源等要求。对存放火工品的库房还有特殊要求。

库房的面积和高度与库房存储的装备类型、数量有关。例如,国外用于第三代地空导弹的某库房要求面积不小于 25 m×15 m,高度不小于 9 m。

对一般库房内温度和湿度的要求与导弹贮存的温湿度要求一致。例如,温度要求 $-25\sim40$ ℃,相对湿度 $30\%\sim80\%$。要求库房应有温度计、湿度计,每日应进行至少一次的温度、湿度登记。

要求库房应通风良好,无有害气体,不能有酸、碱、盐及其他化学物品,并有消防设备。

在选择野战库房场地时,场地要坚硬、平坦,不应有积水。

### 2. 导弹操作间

导弹操作间是用于导弹装卸箱、导弹装筒与出筒、导弹各舱段的分离与组装等操作的工作间。

对导弹操作间同样有面积、高度、温度、湿度、通风、防静电、避雷、接地、水源等要求。一般导弹操作间根据装备类型不同,其要求的面积不同。面积大小应便于导弹及其部件的操作。例如,对小型导弹操作间面积在 $60\sim120$ m² 之间。其他要求与库房要求类似。

在导弹操作间还应该有用于各类操作的设施设备,例如,导弹吊挂设备、运弹设备和导弹舱段的分离与组装设备等。

### 3. 导弹测试间

导弹测试间用于导弹、导弹部组件及其备件的测试维护。

导弹测试间的面积大小应可以放置导弹测试车、导弹,并留有不小于 30 m² 的面积用于人员的操作、设备移动的空间。在固定技术阵地的导弹测试间,如果采用市电供电,需要有相应的供电配电设备;如果采用电源车供电,为了防止电源车工作时噪声干扰正常操作,电源车应停放在导弹测试间围墙外部,在围墙壁上凿孔,用于通过电源电缆。

导弹测试间内温度、湿度等环境要求需满足导弹测试条件。与库房相似,在测试导弹及其部组件前,应检查室内温度、湿度,并予以记录。如果所属区域不满足环境要求时,需要加装空调、除湿等设备。如果测试的导弹及其部组件带有火工品时,导弹测试间应满足对火工品操作的要求,例如,设置防静电地板、防爆插座等。

导弹测试间内应设置水源,用于清洗工具和操作人员手臂。

导弹测试间外应设置固定的接地桩用于操作时导弹和测试车接地。接地桩上的接线柱距地面一般为 20～30 cm。为保证可靠接地，一般接地电阻应不大于 4 Ω。

导弹测试间外应设置防静电、防雷击的设施设备。

对带有火工品导弹在固定技术阵地测试时，导弹测试车与导弹之间应有防爆墙隔离；临时阵地测试时，也应采取隔爆措施隔离。导弹通电检查时，应至少有两人在现场。测试现场导弹数量不得超过 1 发。

4. 附属设施设备

附属设施包括根据需要设置的数据处理分析间、工具间、休息室、值班室、更衣室、洗手间等辅助设施。

## 第四节 地空导弹测试与维护

地空导弹及其测试设备在全寿命周期内，通常包括了装卸运输、贮存、测试、担任战备和报废等几种状态等。在不同的状态下，对其相应的环境等要求不同。

**一、地空导弹装卸运输**

地空导弹及其测试设备主要采用公路、铁路运输。

1. 导弹运输设备

导弹不论是采用公路运输还是铁路运输，在运输时应把地空导弹放置在特种车辆上。有些武器系统采用导弹运输车，有些则采用导弹运输装填车。

导弹运输车是一种特种车辆，只用于运输导弹或者箱弹。一般由底盘、装在底盘上的平板、支撑固定装置、夹紧器、篷杆、篷布等组成。另外，在汽车驾驶室还配有用于操作的各类工具，车上还配有备用轮胎等。给导弹运输车上装载导弹用另外的起重机车辆等。

导弹运输装填车与导弹运输车稍有不同，它除了运输导弹或者箱弹外，还可用于导弹或者箱弹的装卸。因此，导弹运输装填车除了与导弹运输车相应的汽车底盘、装在底盘上的平板、支撑固定装置、夹紧器、篷杆、篷布等组成部分外，还带有起重机。起重机用于吊装导弹或者箱弹。相应地，就有用于操作和控制起重机的操纵机构、起重臂、回转机构、支腿、液压传动系统等。

一般导弹运输车用于运送尺寸较大的导弹或者箱弹，导弹运输装填车则用于运输、卸载和装填尺寸较小的导弹或者箱弹。

与一般武器系统车辆的操作维护类似，对导弹运输车的操作也分为展开、使用与操作等几个步骤。

2. 对运输导弹要求

(1) 运输总里程要求。一般采用铁路运输的总里程要远远大于公路运输总里程。例如，对某型导弹和测试车规定铁路运输总里程不少于 10 000 km；公路运输不少于 2 000 km。

(2) 连续运输里程的要求。连续运输里程是指连续运输相应的里程后，需要进行检查的里程。例如，对某型导弹和测试车规定在连续运输 200 km 后，需要对遮盖物、紧固、外观进行检查。

(3) 对不同路况运输时的速度要求。通常对不同路况的划分按照高速公路、一级公路、二级及以下公路划分，或者按照柏油路、混凝土路、土路、碎石路等划分。公路运输时，对不同的路况的车辆行驶速度有相应的要求。例如，对某型导弹和测试车规定在土路、碎石路运输时，要求车速为 20～30 km/h。

(4) 对不同路况运输时的其他要求，主要包括车辆的越野能力、爬坡能力、涉水能力、转弯半径等要求。车辆的越野能力通常用整车接近角、离去角来描述。接近角是指水平面与切于车辆(静止、满载时)前轮轮胎外缘的平面之间的夹角，接近角越大，车辆在越野、爬坡时约不容易发生触头事故。与接近角类似，离去角是指车辆(静止、满载时)后端下部最低点向后轮外缘的切线与地面夹角，它反映了车辆离开障碍物时不发生碰撞的能力。车辆的接近角和离去角越大，其越野能力越强。例如，某车辆的接近角和离去角分别为 30°和 25°。

车辆的爬坡能力通常用最大爬坡度、接近角、离去角等来描述。例如，某型车辆的最大爬坡度最大为 20°。

涉水能力通常用最大涉水深度来表示。它是指车辆所能通过的最深水域。在小于最大涉水深度内，车辆不会因为涉水造成车辆故障，例如，排气口和吸气口进水、冷却风扇浸水等。

**3. 对特殊气象条件下的运输要求**

特殊气象条件是指严寒、潮湿、风沙等气象条件。

在严寒条件下运输时，由于导弹及测试车上的非金属材料容易变硬、变脆，造成塑性形变、裂纹，甚至断裂，造成设备故障，因此应采取加强检查，盖好蒙布，及时清除装载物的冰霜，防止冰霜进入设备；小心挪动受冻变硬的电缆，以免损坏等措施。

在多雨或湿度大的季节、地区的潮湿条件下运输时，为防止雨水进入，蒙布外应加盖防雨塑料布。雨过天晴，相对湿度小于 80% 时，取下蒙布和塑料布，通风干燥。对电缆的绝缘性能、对容易进水的脱落插座部位加强检查，盖好堵盖，必要时缠塑料布或胶带。加强对易锈蚀部位的检查，尤其是对镁合金件的检查，例如，有锈蚀或损伤，立即采取修复、涂漆或防锈等处理措施。

在风沙大的季节或地区，灰尘、砂砾若进入导弹内部，会使设备失灵、转动及活动部位磨损或不灵活，因此应采取盖好蒙布，及时清除导弹和测试车表面灰尘；加强导弹和测试车外观检查，特别注意各口盖密封是否良好。风力较大时，应及时改变载有导弹的车辆方向，使导弹纵轴顺风，以减少迎风面积等措施。

**4. 对装卸导弹要求**

装卸导弹时，装卸场地应平坦，车辆应可靠制动，若装卸场地结冰，应铺上沙子或炉渣，操作前应检查导弹前吊耳、后滑块连接是否牢固。装卸完后车辆应立即离开现场。

对包装箱、导弹及其各附件进行吊装操作时，严防碰撞(起吊导弹、包装箱转臂时，用绳子牵引着导弹、包装箱，以保持平衡)。起吊、放下或转臂时的速度要慢，不能超过 8 m/min。移动导弹时，移动轨迹周围 0.5 m 范围内不得有障碍物。

起吊导弹时，吊梁的吊挂位置必须与导弹状态(装战斗部、装战斗部)一致。起吊导弹及火工品时，必须对吊车接地进行检查，并且暂停其他带电作业。起重机的起吊重量不应超过其额定起吊重量,导弹(或火工品)、吊具应连接牢靠。

夜间装卸时,应使光源在导弹及火工品 5 m 以外(电池灯除外),禁止使用明火照明。

5.对带有火工品的导弹装卸运输要求

导弹若带有火工品装卸、运输时,禁止使用技术状态不满足使用要求的运输、起重设备及工具。运输、起重设备不得超载使用,不能带故障工作,并保证良好的接地。

(1)在装卸和运输中,禁止使用破损的包装箱,禁止撞击导弹和战斗部,装卸和运输导弹及火工品时必须可靠固定。搬运要平稳、轻拿轻放,禁止包装箱倒放,禁止扔、拖、撞击及钉钉子等不规范行为。

(2)在导弹带有火工品的装卸和运输中,操作场地 50 m 范围内禁止烟火,现场人员应关闭无线通信设备、用手触摸接地金属物体释放静电。必要时,需要佩戴防静电手腕带,防静电手腕带应可靠接地。

(3)战斗部运输时,堆放高度不超过 2 层,应尽量避免在雷雨天气运输导弹及火工品,如果无法避免,应选择不易遭受雷击的行军路线并采取防雷击措施。成批运输时,不同火工品或火工品与其他物资不得混装。少量运输时,经上级批准,在同一车厢内装运火工品与一般物资,必须分开放置,固定可靠,确保安全。

(4)起吊、放下或转臂时的速度要慢,一般要求在纵向不能超过 8 m/min,横向不能超过 6 m/min。移动导弹时,移动轨迹周围 0.5 m 范围内不得有障碍物。装卸导弹时,装卸场地应平坦,车辆应可靠制动,若装卸场地结冰,应铺上沙子或炉渣,操作前应检查导弹前吊耳、后滑块连接是否牢固。装卸完后车辆应立即离开现场。

运输时,车与车的距离应大于 50 m,在冰路上或上下坡时应大于 100 m。

## 二、地空导弹贮存

导弹及其部组件的贮存应放置于符合标准的库房内。

按照导弹及其舱段贮存方式的不同,地空导弹贮存可分为筒弹贮存、裸弹贮存、各舱段的贮存等。筒弹方式贮存是指某些导弹从生产厂家运送到部队直到导弹发射处于筒弹状态,则按筒弹贮存。这种方式下,一般装运发射筒也是作为包装箱使用。裸弹贮存则需要把裸弹放置在相应的包装箱进行贮存。某些导弹从生产厂家运送到部队是处于分解弹状态,即各舱段有单独包装箱,需要单独存放。例如,把导弹分解为火箭发动机、战斗部及所谓前弹身(包括制导舱、控制舱等),这些舱段有单独包装箱,需要单独存放。

对不同状态的导弹及其部件要按照分类存放的原则,对不同状态和类型的设备标示清楚,对火箭发动机、战斗部这样的带有火工品的导弹舱段或者相应的部组件、备份件等,需要存放在火工品的库房中。火工品专用库房电气设备安装方法按弹药库规定执行,并采取防爆防静电措施,禁止乱接电线或使用无绝缘包皮的电线。禁止在火工品库房内进行火工品的检测及安装等操作。

导弹存放应放置在停放架上,允许层叠,一般最多不超过 2 层,垛间距根据搬运方式确定。库房墙壁与垛之间的距离不小于 0.5 m。

对于贮存的导弹及其部组件,应该每日对库房的温度、湿度进行检查登记;对于裸弹贮存、各舱段的贮存方式的设备应每日进行外观进行检查,观察包装箱是否有鼠咬、虫蛀、霉变、破损等情况的发生。对筒弹贮存方式的筒弹,每日需要对筒弹进行外观检查,对筒弹内湿度检查和压力进行检查,必要时对筒弹进行补气和外表面漆层进行修补。

普通人体穿着的衣物在走动时会产生甚至高达上千伏的静电电压。为了防止静电损坏库房内存放的设备,进入库房的通道应设有释放人体静电的静电球。有必要时,库房应设置防静电地板,进入库房需穿着防静电服和防静电鞋。

在选择野战库房存放导弹及其部组件时,各包装箱应有垫木,尽量放在阴凉处或凉棚里,避免阳光直射和雨、雪侵袭。

库存导弹及其舱段的技术状态要求与出厂状态一致。

**三、地空导弹测试**

在地空导弹测试过程中,导弹或者其部组件是被测对象,需要把测试设备(导弹测试车)与被测对象(导弹)连接成为一个整体的测试系统,从而进一步完成测试操作。不同型号的导弹测试过程有所差异,大部分的地空导弹的整个测试及其测试准备过程大体可分为导弹与测试车的定位、测试车展开、导弹展开、连接地线和电源线、测试车与导弹连接、导弹测试、导弹和测试车撤收等几个步骤。

1. 导弹与测试车的定位

导弹和测试车的定位是指选择符合要求的便于导弹进行测试的场地,停放好导弹测试车,把导弹放置于导弹支架或者架车上的过程。导弹测试车驻车后,需要对通过阻挡车轮的挡板防止车辆滑动,通过千斤顶支撑车体,调整千斤顶,保持测试车基本水平和轮胎处于不受力状态,使测试车处于稳定的驻车状态,使导弹处于水平状态。测试车定位后,需要仔细检查车辆本身有无损坏和车内设备在装运过程中有无损伤和紧固螺钉松动现象。

2. 测试车展开

测试车的展开是指把导弹测试车分解,使其处于导弹测试状态的过程。

在测试车展开前使测试车成驻车状态。把需要与导弹连接的信号电缆、高频电缆及油管、气管等连接件与测试设备相应的接口相连。依次打开测试车车壁的舱门盖,通过测试车的舱口把上述连接件挂在电缆支架上,等待到导弹展开后与弹上设备相连。

3. 导弹展开

导弹展开过程是指把全弹或者导弹的部组件从包装箱内取出,完成包装箱的检查,分解导弹使导弹处于测试状态的全过程。导弹全弹展开到测试状态时,往往需要对导弹吊装,取出后的导弹还需要进行外观检查,主要是检查导弹或者筒弹外表面是否有划伤、碰伤、凹坑,导弹向外的接口是否有损伤、有异物等。对从包装箱内的取出导弹后,还需要检查导弹包装箱内的其他附件、配件是否完整;包装箱内的防潮砂是否过期等。

有些处于筒弹状态的导弹则不需要完成上述过程,只需要把筒弹放置成测试状态即可。对导弹测试内容不同,展开导弹的过程及操作程序是不同的。

4. 连接地线和电源线

在测试车和导弹展开后,需要使导弹和测试车良好接地。一般采用接地线或者接地辫,在野外条件下,将接地锥钻入地下2/3,在地桩接地位置应灌注适量的盐(工业用盐和食盐均可)

和清水。若没有盐,可只灌注清水以保证有良好的接地性能。地桩接地后,须测量接地电阻,一般接地电阻应不大于 4 Ω。从测试车上取出地线,将地线的一端与测试车或者导弹的接地螺栓连接,另一端与接地锥(或厂房接地线)连接。

在野外条件下,给测试车供电一般是通过专用的电源车。需要把电源车上相应的交直流电通过相应的电缆与测试车舱口的电源插座相连。完成连接,检查无误后,需要通电检查。通常导弹测试车上配备有配电箱,可通过配电箱对输送给导弹测试车的交直流电的电压、电流、功率、交流电的相位进行检查,确保无误。

在技术阵地的测试库房,给测试车供电可以采用武器系统配备的电源车,也可以采用市电供电。

5. 测试设备的功能检查

在对导弹测试前,为了确保测试设备的测量值在所要求的范围内,测试设备是完好的,需要对测试设备进行检查。对测试设备的检查测试也称为测试设备的功能检查。新型地空导弹的测试设备大多采用程控设备,因此,功能检查的主要工作由计算机自动完成,因此有时也称为测试设备的自检。一般测试设备功能检查的主要检查过程包括目视检查和通电检查两部分。目视检查主要包括观察测试设备的开关、按钮等是否在起始位置;仪器面板、连接电缆等是否和破损;仪表是否需要机械调零;等等。通电检查主要包括内容对仪表的电气调零;检查供给测试设备的电源是否在要求的范围内;仪器仪表是否能够正常完成相应功能;测试参数的误差是否符合要求;自动测试设备的初始化;等等。

自动测试设备的自检通常是按照一定的程序自动完成;手动测试设备的功能检查需要按照自检程序人工完成。如果自检不能通过则不能进行下一步的导弹测试,需要进一步检查测试设备,排除故障后,方可进行导弹测试。图 1-5 为一种自动测试设备在自检过程中,初始化未成功的,仪器自检失败提示信息框。

图 1-5 一种自检时仪器自检失败提示信息框

一般导弹测试设备的功能检查不需要另外设备,有些导弹测试车上也配有专门用于检测测试设备性能的自检装置,这种装置通常称为自检盒。

导弹测试设备的功能检查或者自检,通常是导弹和测试车日维护和周维护的主要内容之一,也是导弹在完成单元测试和综合测试前的重要内容。

6. 测试车与导弹连接

测试车与导弹连接过程是把测试用到的信号电缆、高频电缆及油管、气管等连接件与测试设备和导弹相应的接口相连的过程。

连接过程需要全体参与测试的人员共同完成。连接完成后,应有测试组织人员对连接情况进行检查,确保连接没有错误。

7.导弹测试

导弹测试过程需要严格按照操作教令,按照测试人员的不同分工,有序开展对导弹的测试操作。导弹测试按照操作教令,有可能只需要综合测试,也可能既要完成单元测试也要完成综合测试。

导弹测试教令中已经明确了测试各类项目的顺序、步骤、方法及各操作手的动作,一般不容许调整,除非操作教令中已经明确可以进行相应的调整。

在导弹测试过程中,由于导弹上的某些部件,例如速调管、磁控管等器件的工作寿命是有限的,因此,导弹一次加电时间不允许超过某一时间(例如,15～30 min,这一时间,对不同的导弹有不同的要求),需要休息时间某一时间段继续进行。对导弹的累计通电时间也有要求,一般为数十小时到上百小时不等。

8.导弹和测试车撤收

导弹和测试车撤收是按照导弹和测试车展开的逆向程序进行。撤收的内容包括外接电缆撤收、仪器设备的撤收、导弹的组装、导弹的装箱等。导弹及测试车型号不同,撤收的内容、程序也不同。

**四、特殊环境下地空导弹测试与维护**

导弹测试中有严格的环境要求,一般情况下均能满足要求。但是在某些特殊的环境条件下,如严寒、高温、潮湿、风沙、雷电等特殊条件下,可能无法满足测试的环境条件。导弹测试结果与测试环境紧密相关,只有满足测试环境要求,测试结果才能表征导弹的技术状态。因此,在特殊环境下,就需要按照操作教令的要求做出相应的处理。

1.严寒条件下地空导弹测试与维护

对导弹正常测试有严格的温度要求,导弹不同,要求的测试温度不同。如有的导弹测试要求的温度-20～40℃。而有些要求的温度 0～50℃,那么,低于要求的最低温度就属于严寒条件下测试。

在严寒条件下测试下测试维护导弹时:①要对设备进行加温处理,以达到正常测试温度的要求;②要按照严寒条件下的要求对相关设备进行维护。

对设备加温通常采用两种方法:①采用空调进行加温;②采用预热、暖风器或电炉加温等方法。

对设备严寒条件下的维护包括对测试车顶和舱口的冰霜及时清除,保持车辆各部位的清洁和干燥;在测试时,由于电缆、导线的胶皮易变硬发脆,故抽拉组合或检查电缆导线时,应小心谨慎,禁止用力弯曲或扭折,以免损伤电缆和导线等。

2.高温条件下地空导弹测试与维护

高温条件下容易造成仪器设备参数超差,甚至使某些通电的元器件因过热而损坏。使塑料、橡胶制品加速老化、变质,润滑油溢出,胶布、蜡布变质等。

测试车应放在阴凉和通风良好的地方,为防蚊虫飞入车内,需将纱窗和车门纱帘挂好,利用自然条件通风散热。如没有合适的条件,必须搭起晾棚,防止暴晒。晾棚距车顶的高度应大于 0.5 m。

和清水。若没有盐,可只灌注清水以保证有良好的接地性能。地桩接地后,须测量接地电阻,一般接地电阻应不大于 4 Ω。从测试车上取出地线,将地线的一端与测试车或者导弹的接地螺栓连接,另一端与接地锥(或厂房接地线)连接。

在野外条件下,给测试车供电一般是通过专用的电源车。需要把电源车上相应的交直流电通过相应的电缆与测试车舱口的电源插座相连。完成连接,检查无误后,需要通电检查。通常导弹测试车上配备有配电箱,可通过配电箱对输送给导弹测试车的交直流电的电压、电流、功率、交流电的相位进行检查,确保无误。

在技术阵地的测试库房,给测试车供电可以采用武器系统配备的电源车,也可以采用市电供电。

5. 测试设备的功能检查

在对导弹测试前,为了确保测试设备的测量值在所要求的范围内,测试设备是完好的,需要对测试设备进行检查。对测试设备的检查测试也称为测试设备的功能检查。新型地空导弹的测试设备大多采用程控设备,因此,功能检查的主要工作由计算机自动完成,因此有时也称为测试设备的自检。一般测试设备功能检查的主要检查过程包括目视检查和通电检查两部分。目视检查主要包括观察测试设备的开关、按钮等是否在起始位置;仪器面板、连接电缆等是否和破损;仪表是否需要机械调零;等等。通电检查主要包括内容对仪表的电气调零;检查供给测试设备的电源是否在要求的范围内;仪器仪表是否能够正常完成相应功能;测试参数的误差是否符合要求;自动测试设备的初始化;等等。

自动测试设备的自检通常是按照一定的程序自动完成;手动测试设备的功能检查需要按照自检程序人工完成。如果自检不能通过则不能进行下一步的导弹测试,需要进一步检查测试设备,排除故障后,方可进行导弹测试。图 1-5 为一种自动测试设备在自检过程中,初始化未成功的,仪器自检失败提示信息框。

图 1-5 一种自检时仪器自检失败提示信息框

一般导弹测试设备的功能检查不需要另外设备,有些导弹测试车上也配有专门用于检测测试设备性能的自检装置,这种装置通常称为自检盒。

导弹测试设备的功能检查或者自检,通常是导弹和测试车日维护和周维护的主要内容之一,也是导弹在完成单元测试和综合测试前的重要内容。

6. 测试车与导弹连接

测试车与导弹连接过程是把测试用到的信号电缆、高频电缆及油管、气管等连接件与测试设备和导弹相应的接口相连的过程。

连接过程需要全体参与测试的人员共同完成。连接完成后,应有测试组织人员对连接情况进行检查,确保连接没有错误。

7. 导弹测试

导弹测试过程需要严格按照操作教令,按照测试人员的不同分工,有序开展对导弹的测试操作。导弹测试按照操作教令,有可能只需要综合测试,也可能既要完成单元测试也要完成综合测试。

导弹测试教令中已经明确了测试各类项目的顺序、步骤、方法及各操作手的动作,一般不容许调整,除非操作教令中已经明确可以进行相应的调整。

在导弹测试过程中,由于导弹上的某些部件,例如速调管、磁控管等器件的工作寿命是有限的,因此,导弹一次加电时间不允许超过某一时间(例如,15~30 min,这一时间,对不同的导弹有不同的要求),需要休息时间某一时间段继续进行。对导弹的累计通电时间也有要求,一般为数十小时到上百小时不等。

8. 导弹和测试车撤收

导弹和测试车撤收是按照导弹和测试车展开的逆向程序进行。撤收的内容包括外接电缆撤收、仪器设备的撤收、导弹的组装、导弹的装箱等。导弹及测试车型号不同,撤收的内容、程序也不同。

**四、特殊环境下地空导弹测试与维护**

导弹测试中有严格的环境要求,一般情况下均能满足要求。但是在某些特殊的环境条件下,如严寒、高温、潮湿、风沙、雷电等特殊条件下,可能无法满足测试的环境条件。导弹测试结果与测试环境紧密相关,只有满足测试环境要求,测试结果才能表征导弹的技术状态。因此,在特殊环境下,就需要按照操作教令的要求做出相应的处理。

1. 严寒条件下地空导弹测试与维护

对导弹正常测试有严格的温度要求,导弹不同,要求的测试温度不同。如有的导弹测试要求的温度-20~40℃。而有些要求的温度 0~50℃,那么,低于要求的最低温度就属于严寒条件下测试。

在严寒条件下测试下测试维护导弹时:①要对设备进行加温处理,以达到正常测试温度的要求;②要按照严寒条件下的要求对相关设备进行维护。

对设备加温通常采用两种方法:①采用空调进行加温;②采用预热、暖风器或电炉加温等方法。

对设备严寒条件下的维护包括对测试车顶和舱口的冰霜及时清除,保持车辆各部位的清洁和干燥;在测试时,由于电缆、导线的胶皮易变硬发脆,故抽拉组合或检查电缆导线时,应小心谨慎,禁止用力弯曲或扭折,以免损伤电缆和导线等。

2. 高温条件下地空导弹测试与维护

高温条件下容易造成仪器设备参数超差,甚至使某些通电的元器件因过热而损坏。使塑料、橡胶制品加速老化、变质,润滑油溢出,胶布、蜡布变质等。

测试车应放在阴凉和通风良好的地方,为防蚊虫飞入车内,需将纱窗和车门纱帘挂好,利用自然条件通风散热。如没有合适的条件,必须搭起晾棚,防止暴晒。晾棚距车顶的高度应大于 0.5 m。

测试仪开机前,须将门、窗关好,然后启动车载空调机,使车内保持工作温度。使用空调前,应揭去空调室外机的防尘罩,并准备容器,接收冷凝水。天气炎热时,运转部分的润滑油黏度降低,必须经常检查,若发现润滑油变质应及时更换。定期检查维护时测试仪功能检查和导弹测试,最好在早晨或傍晚进行。

3. 在潮湿条件下地空导弹测试与维护

潮湿条件下,电机、变压器、电气元件、高压导线和电缆的绝缘性能降低,易引起打火、击穿、短路和烧坏等现象,还加剧了机件的锈蚀、霉烂。

在相对湿度大于85%时,一般不进行测试或内部的检修工作,如果一定要测试或工作时,应先给各仪器加温,关好门、窗,以防潮气侵入车内。雨天工作时,还应挂好车门、舱口的防雨帘、防止雨水进入车内或流进舱口。在雨季或在沿海地区露天停放的综合测试车,每周至少应给测试设备通电加温两次,每次加温时间不少于30 min,以驱散潮气。

在测试车内仪器设备的周围及测试仪内放置防潮砂。防潮砂应装入大小不同的布制口袋内,总质量约为5 kg,在雨季和沿海地区,应加强防潮砂的检查,若防潮砂变色失效应及时烘干或更换。

加强对高压电路的检查,如发现变压器发霉或电缆发黏,应及时清除,检查绝缘电阻。加强对车门、窗口密封橡胶垫的检查,如有损伤应及时修复。在长期潮湿情况下,遇有晴朗天气时,应打开车门、窗口,进行自然通风去潮。

## 第五节 地空导弹测试的特点

地空导弹是一个复杂的机电系统,地空导弹的测试既要考虑能够满足对地空导弹技术性能的评价分析,便于利用测试设备发现检测和隔离导弹故障,还要考虑地空导弹测试系统及其设备属于整个武器系统技术保障系统的一部分,要满足武器系统快速性和机动性的要求,因此,它有其自身的特点。

1. 地空导弹测试的参数种类差异性大

对地空导弹,由于受到其制导方式、控制方式、能源形式、弹上具体设备的实现方式、维护体制以及测试技术和方法的不同,具体测试的参数种类和数量差异较大。既有电参数的测试,也可能有气动参数、液压参数及其他物理量(如舵偏角等)的测试。具体需要测试哪些物理量以及测试哪些物理量的哪些参数,受到对导弹测试性设计要求,武器系统研制的总要求以及导弹的可靠性、维修性等的限制。因此,本书只能对大部分地空导弹的主要参数的测试原理和方法进行论述。

2. 地空导弹测试的参数大部分为电参数的测试

导弹测试包括对全弹及各分系统的测试。虽然被测对象包括各种装置,测试的参数种类多,除少数时间参数、相位和微波功率参数外,其他均为电压、电流等电子量测量。也就是说,从测试的具体参数来看,它们大多为电参数。电子测试技术仍然是导弹测试技术基础,电子测量是导弹测试的重要组成部分,测试中要使用大量的通用电子测量仪器。掌握电子测量技术、电子仪器的工作原理与使用方法,是顺利进行导弹测试的必要条件。

电子测量技术,作为电子技术的一个分支,近年来获得了很大的发展。电子测量仪器也经历了从分离元件到集成电路的变化,由模拟式向数字式仪器的变化,由传统仪器向自动化智能化方向发展。近几十年来,总线技术和虚拟仪器广泛应用到了导弹测试领域,使得导弹测试更加向自动化和智能化发展。随着智能故障诊断技术融入导弹测试领域,导弹测试设备也加入了智能故障诊断的功能,使其功能进一步扩展。

但导弹测试与普通的电子测试有很大不同,用多个通用电子仪器的简单组合是完不成导弹测试的。因此,导弹测试中需要接入诸多的专用测试设备,它们或直接与被测对象连接,将被测信号采集下来,经转换分配后传送到测量仪器,将对导弹的激励和控制信号传入导弹的有关部位或用以创造适当的工作环境和测试条件,以便得到规范化的测试数据。

随着电子技术、计算机技术的不断发展,采用通用测试也逐步成为导弹测试的一大发展方向。

3. 需要配备专用的动态激励装置

除电子测试系统的信号源以外,导弹测试需要各种类型的动态激励装置,这是导弹测试技术的重要特点之一。

对于指令制导导弹,采用对导弹(或部分舱段)进行动态激励的摇摆台或对弹上惯性器件进行动态激励的转台;对于寻的制导导弹,需要模拟目标与导弹相对运动的专用装置;对于旋转导弹应有专用设备使被测导弹处于旋转状态。

4. 配置多种导弹测试模拟器或目标模拟器

在导弹测试中,为了创造尽可能逼真的实际导弹飞行环境,除了动态激励外,还要有模拟目标某些特性的目标模拟器和代替地面制导指令的指令模拟器。为了测试系统自检和测试某些参数,也配备有导弹模拟器。

某些情况下还可能用到目标模拟器。

5. 测试的快速性的有较高的要求

由于地空导弹的作战对快速性要求高,因此对导弹测试的快速性特别重要,尤其对处于发射架上的导弹射前检测,测试参数须精选,操作要连续、自动、快速。

对地空导弹的测试虽然对其测试快速性提出了要求,但由于一般需要测试的参数较多,导弹和测试设备的各种连接也较多,测试过程中往往需要模拟导弹的飞行过程等因素,因此要完成一个全弹的测试,往往也需要 $1\sim2$ h,同时需要多个测试人员熟练牢记测试流程和操作方法,需要操作人员密切协同配合。

6. 测试系统小型化的要求

地空导弹可配置在陆上,也可配于舰上,可为固定阵地,也可机动发射。为了便于装备和部队的机动化,测试设备大多采用车载方案。随着电子技术和自动测试技术的发展,为了满足武器系统小型化的要求,测试系统也逐步小型化,一般由 $2\sim3$ 个小型机柜组成,也不再有专用车辆。例如,某些地空导弹的测试系统就是由电源机柜和测试机柜这两个机柜组成。

随着导弹可靠性的逐步提高及对在部队技术阵地和作战阵地要求简化武器系统维护复杂性需要,也有部分导弹(如俄罗斯的 S-300 系列的几种导弹)实现了免维护和免测试。

## 第六节　地空导弹测试技术发展

地空导弹测试系统是随着地空导弹的发展而逐步发展的，其发展经历了从手动型、半自动型、自动型的发展历程，将逐步过渡到网络型；从通用性上，逐步从专用测试系统和设备逐步向通用型过渡。到目前为止，已经发展到了第三代，逐步向第四代过渡。

1. 第一代——手动型导弹测试系统

自从20世纪50年代出现地空导弹第一代地空导弹以来，就出现了地空导弹测试系统。早期地空导弹的测试设备主要由分离的电子元器件组成，最早的是电子管式的，后来逐步过渡到晶体管。第一代地空导弹大多采用无线电指令制导体制，弹上被测对象可分为自动驾驶仪、遥控应答机（无线电控制探测仪）和无线电引信三大系统，因此导弹测试设备通常由用于单元测试的自动驾驶仪测试设备、遥控应答机（无线电控制探测仪）测试设备、无线电引信测试设备，还增加了一个测试导弹能源系统及其其他辅助设备的电气综合测试台组成。为了测量弹上敏感元件的动态性能，通常还配备了导弹摇摆台。有用于导弹综合测试的综合测试设备。除了这些测试设备外，还有各种供电、配电、供气等设备。主要的测试设备通常装载于一辆或者两辆可机动的越野车上构成了车载测试系统。测试系统的仪表的指示器采用指针式表头。

第一代导弹测试系统针对被测对象设置了专用设备和专用操作流程，测试程序复杂，由于测试参数多，通常要完成一发导弹的单元测试和综合测试需要近2 h。

2. 第二代——半自动导弹测试系统

从20世纪70年代后期发展起来的第二代地空导弹测试系统逐步采用了半自动测试系统。测试设备内部由晶体管和集成芯片组成。操作程序和流程由人工控制完成，具体测试可自动完成。

3. 第三代——自动导弹测试系统

最早的自动测试技术概念的提出，可以追溯到20世纪50年代中期美国提出的SETE计划的研究项目，该项目以采用高速计算机参与武器装备测试，大大降低了测试对人工的要求。在国内，真正对导弹的测试采用自动测试开始于20世纪80年代末期到90年代初。通过几十年的发展，导弹测试系统又经历了专用型、积木式、模块化和网络化自动测试系统的四个阶段。

早期的自动测试系统针对某一具体测试任务而设计的，主要用于测试工作量大的重复测试，通常采用的是如图1-6所示的数据采集型测试系统。

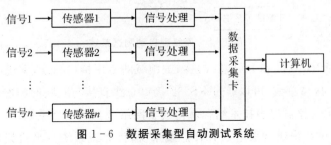

图1-6　数据采集型自动测试系统

它能完成对多点、多种物理量随时间变化的数据快速采集、实时测量,通过信号处理和滤波,完成信号分析,完成测试。

在第二个阶段,发展了积木式自动测试系统,如图1-7所示。它是在标准接口总线(如GPIB总线)上以积木方式组件的自动测试系统。系统中的各个设备(计算机、各种程控仪器、程控开关等)均配备有标准的总线接口,组成系统时,通过标准接口总线把各个设备连成统一的整体,构成系统。

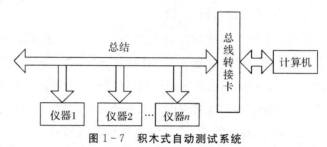

图1-7 积木式自动测试系统

这种自动测试系统组建方便,更改外挂设备和测试流程容易。系统中的外挂的仪器既可以用于自动测试系统,也可拆卸后作为独立仪器使用。

在第三阶段发展了模块化自动测试系统。这一阶段的自动测试系统普遍采用了VXI总线和PXI总线。在总线机箱中,仪器、设备等均以总线模块(如信号源模块、示波器模块、开关矩阵模块等)形式出现,总线插槽中的一个模块就相当于一台仪器或者特定的功能器件。VXI总线标准和PXI总线标准使得各模块实现了即插即用。同时,VXI总线标准充分考虑了军用环境下的电磁兼容、多电源要求、高速传输及环境和可靠性需求。它的高速率、模块化使得组建的测试系统紧凑、小巧轻便、可靠。

在第四阶段发展了网络型自动导弹测试系统。网络型自动测试系统组成如图1-8所示。网络型测试系统主要由两部分组成:①组成系统的基本功能单元,它本身可以构成测试子系统,包括网络化传感器、网络化测试仪器、网络化测试模块等;②连接各个基本功能单元的通信模块。通常网络型测试系统担负着测试、控制和信息交换的任务。如果以信息共享为主要目的,则一般采用Internet。

图1-8 网络型自动测试系统

上面提到的GPIB,VXI和PXI总线是测试领域的专用接口总线,现代许多测试仪器仪表同时配备了RS232接口总线,可以通过RS232接口总线直接与互联网相连接可以实现异地远程测试,将网络技术与仪器仪表技术结合就构成了网络型自动测试系统。

网络型自动测试系统通常采用了LXI总线系统,该总线系统是继机架堆栈式GPIB,VXI

和 PXI 总线系统后发展起来的新一代基于以太网 LAN 的自动测试系统模块化平台标准，它充分吸收了 GPIB、VXI 和 PXI 总线的优点同时具有兼容扩展性好、成本低廉、互操作性强，可以很方便地将现有厂商生产的仪器仪表移植到 LXI 系统平台上。

4. 第四代——通用自动测试系统

现在的导弹自动测试系统均是针对某一导弹型号进行研制生产的，导弹型号不同则测试系统就不同。通用型自动测试系统能够满足不同的测试需求，不但可以跨导弹型号使用，而且可以跨武器平台、跨兵种、跨军种使用。它可以构成一个的综合保障通用测试系统。

美国在 20 世纪 90 年代中期就由休斯公司研制了能够完成对 20 多种制导武器（导弹、鱼雷）的自动测试系统。在研的"灵巧可重构全球战斗支援系统"（Agile Reconfigurable Global Combat Support，ARGCS）测试对象涉及空军 F-15 战斗机、海军陆战队轻型装甲车、陆军的 M-1 主战坦克、"阿帕奇"直升机、"帕拉丁"火炮、海军的 F/A-18 和 E-2C 飞机等，形成多军种、跨武器平台的测试系统。另外，ARGCS 通过全球数据访问专家支持（JDSR）构成的封闭数据链路，整合来自武器装备使用部门、保障部门和工业部门的综合测试、训练、维修辅助过程中的故障诊断和维修信息，达到不模糊地隔离所有故障，提高综合武器保障能力。

5. 地空导弹测试的未来发展趋势

未来地空导弹测试的发展趋势展望。

(1) 导弹测试维护成为武器系统最初论证和设计内容的一部分。导弹测试是部队进行导弹维护和平时技术勤务工作的重要内容，也是导弹维修性设计的主要内容之一，它与导弹的可靠性和测试性紧密相关，与导弹战术技术指标的设计和论证同等重要，从武器系统的最初论证开始就予以高度重视，这一点已逐渐被人们所认识，并列入导弹研制任务书中。

(2) 简化地空导弹测试已经成为共识。在导弹可靠性日益提高的情况下，出现了简化、减少甚至取消使用部队的导弹测试的趋势。例如，美国的霍克导弹改型，除了提高其作战性能和抗干扰能力外，还增加了机内检测能力，部队库存的导弹，每年检测一次，测试合格后加封，导弹随时可以发射。"爱国者"导弹在部队也只进行简单的维护——通过机内自检程序检查导弹功能，发现问题时返回生产厂，部队不进行维修。

从保管维护和操作使用的角度看，地空导弹越来越像一枚普通高射炮弹。制定这一导弹维护思想的根据是加强导弹生产过程的品质控制，使出厂产品品质大大提高，故障出现概率下降，部队使用中测试和维修的重要性日益下降。国外研究表明，产品生产过程中随着工序的进展，检测和排除故障所付出的代价以十倍递增。

此外，最终检测是用户使用过程。用户使用中出现并排除故障所付代价除经济损失外，还败坏承制商的信誉，这是国外厂商的经营哲学。据此，不断地加强导弹生产过程中的品质控制，加强从原材料、元器件进料检查开始的全过程品质控制，使得产品品质不断提高，终于实现了上述的简化和减少使用部队导弹测试的趋势。目前，国内正在大力推行军工产品品质管理条例，加强研制和生产过程的品质控制，这必将大大提高国产导弹的品质和可靠性。因此，简化作战部队的导弹维护测试也是必然的趋势。

(3)测试的集成化、智能化、信息化、网络化程度越来越高。随着电子技术、人工智能技术、仪器仪表技术的迅速发展,导弹测试的集成化、智能化、信息化、网络化程度越来越高。专家系统技术、分布式总线测试技术、网络化测试技术及免测试免维护的广泛应用,使得以检查、验证导弹系统的主要技术性能,进行故障定位,必要时调整不合格参数、更换有故障的部件为目的的导弹测试,逐步出现导弹故障自诊断、远程诊断、自修复、故障智能提示逐步获得应用。

(4)测试时间越来越短。早期的地空导弹在部队的测试,从导弹和测试车的展开、完成导弹测试全过程到导弹和测试车撤收,往往需要 1~2 h,甚至更长时间。随着自动测试技术和智能化信息处理技术的发展,测试时间越来越短,达到几分钟甚至更短时间,大大提高了导弹的生存能力和快速反应能力。

(5)测试系统的环境适应能力越来越强。为应对战场的恶劣环境,导弹测试系统普遍采用耐高温、耐高压、抗强电磁辐射等耐环境设计和可靠性设计保障措施,使得测试系统的环境适应能力越来越强。

# 第二章　地空导弹的维修性与可靠性

20世纪50年代以前,维修基本上是一门技艺,缺乏系统的理论,当时采用的是定时维修方式。随着武器装备的现代化、自动化和智能化程度地提高,维修费用急剧上升,装备可用性不断下降,原有的维修方式已经无法适应客观的需求。随着维修理论的发展,产生了现代以可靠性为中心的现代维修理论,它是从现代维修管理方面分析指导维修实践的理论。现代维修理论认为,装备的可靠性既是确定维修需求的依据,又是维修工作的归宿,维修工作必须围绕可靠性的需求来做工作。因此,本章围绕地空导弹装备维修,讲述地空导弹维修、维修性和可靠性的基本理论。

## 第一节　概　　述

### 一、维修的概念

维修(maintenance)是指为使产品保持或恢复到规定状态所进行的全部活动,包括所有技术、管理和监督活动。维修可能包括对产品的修改。与维修概念紧密相关是维护。维护也称为保养,是指为使产品保持规定状态所需采取的措施,如润滑、加燃料、加油和清洁等,但不包括零部件的预防性维修和修复性维修工维护与保养。严格意义上,维修和维护属于两个不同的概念,但实际工作中常常混用。另外,从第二代地空导弹开始,对导弹设备更多是维护工作,维修工作很少;而对导弹测试设备(主要是导弹测试车)则既有维修工作也有维护工作。下面论述中,不特别强调时,维修也包括维护。

上述概念中的"产品"是一个非限定性的术语,用来泛指任何元器件、零部件、组件、设备、分系统或系统,可以指硬件、软件,或两者的结合。

按照上述定义,地空导弹维修是指为使地空导弹及其各组件、舱段、设备、分系统或系统保持或恢复到规定状态所进行的全部活动,既有技术活动,还有管理和监督活动。从第二代地空导弹开始,在部队的技术阵地,一般不需要对导弹开舱维修。因此,地空导弹及其测试设备的维修主要包括对导弹舱段外部的连接件、外部接插件的维修,对导弹测试车各组合、各电路板、接插件等的维修。在部队的技术阵地,对导弹更多的是维护工作,例如对导弹表面的清洁,导弹电气接口、机械接口的检查与清洁,给导弹注油、除气。导弹大部分的维修工作是在工厂中进行的。

地空导弹维修之前,首先要判断地空导弹是否有故障以及故障部位,即所谓的故障检测和故障隔离。这两项工作主要通过对导弹测试来完成的。对导弹测试所用的测试设备的维修工作也是由导弹测试工程师来完成的。

在部队,作为导弹测试工程师或者技师,实际上导弹测试和维护难度最大和最重要的工作是对导弹测试车的检查和维修。因为对导弹测试车的维修需要对测试设备内部从组合直至电路板、元件以及与导弹的连接件等都需要进行各种维修和维护工作,而对导弹的维修只需要把故障定位到舱段级即可。

**二、维修的分类**

1. 按照维修的目的划分

维修活动按照目的不同可分为预防性维修和修复性维修。

预防性维修是指通过对产品的系统检查、检测和发现故障征兆以防止故障发生,使其保持在规定状态所进行的全部活动。它可以包括调整、润滑、定期检查和必要的修理。

修复性维修是指在产品发生故障后,使其恢复到规定状态所进行的全部活动。它包括故障定位、故障隔离、分解、更换、再装、调准及检测等一个或全部步骤。

2. 按照计划性不同划分

按照计划性不同可分为计划维修和非计划维修。

维修活动按计划维修是指在产品寿命周期中按预定的安排所进行的预防性维修。非计划维修是指不按预定安排,而是根据产品的某些异常状态或某种需要而进行的修复性维修。在部队,经常需要按照地空导弹的使用维护细则完成日维护、周维护、月维护、半年维护和年维护的相关内容,这些就属于计划维修(维护)。而一旦发现装备出现故障或者导弹需要上架发射时的维护或者维修工作,属于非计划维修(维护)。

3. 按照维修时机划分

维修活动按按照维修时机不同可分为平时维修和战场抢修。

战场抢修是指战斗中装备遭受损伤或发生故障后,在评估损伤的基础上,采用快速诊断与应急修复技术,对装备进行战场修理,使之全部或部分恢复必要功能或实施自救的工作。这种抢修虽然属于修复性的,但是修理的速度、环境、条件、时机、要求和所采取的技术措施与一般修复件维修不同,也是一种单独的维修工作。

战场抢修和平时维修相比,有显著差别。平时维修的目标是使装备处于完好状态,将装备修复到具有全部任务的能力,必须采用标准的修复方法,由有资格的维修人员利用规定的工具、器材及其替换件进行维修,修复时间是次要的因素。而战场抢修的时间是首要因素,它并不要求恢复装备的规定状态或全部功能,有的情况下,只要求能自救,也不必限定人员、工具和器材等。

**三、维修级别**

维修级别是指根据产品维修时所处的场所或实施维修的机构来划分的等级。一般分为基层级、中继级和基地级三级。维修级别也称为维修体制。对各维修级别,需要确定与设备使用和维修有关的维修要求、使用维修环境、维修保障设备、维修人员、维修场地及维修管理等相关内容。

1. 确定维修级别的意义

维修级别在地空导弹武器系统研制的初期就需要确定。确定维修级别后,可以对武器系统内所有设备提出维修要求使系统的性能特点与使用与维修保障要求相协调,可以确保在武器系统研制初期就把使用者对于维修保障的要求体现在设计方案中并在后续研制和生产中予以落实。

维修级别也决定了对维修检测设备的要求,可以使维修检测设备与武器系统的其他设备同步展开研制。维修级别也决定了对各类设备的操作及维修人员的数量、人员技术水平。维修级别也决定了对各设备的使用与维修场地及环境,也决定了维修的技术管理的程序与要求。

2. 维修级别划分的依据

维修级别划分是根据维修工作的实际需要而形成的。现代装备的维修项目多,而每一个项目的维修范围、深度、技术复杂程度和维修资源各不相同,因而需要不同的人力、物力、技术、时间和不同的维修手段。事实上不可能把装备的所有维修工作需要的人力、物力都配备在一个维修级别上。合理的办法就是根据维修的不同深度、广度、技术复杂程度和维修资源而划分为不同的级别。

划分维修级别需要考虑使用要求、武器装备性能、维修环境、装备的数量及其部署、维修保障资源等。如武器系统是要地防空还是野战防空,是独立作战还是与其他防空武器系统协同作战;导弹是筒弹还是裸弹;是在高原、严寒、高温还是在湿热等条件下作战;是分散部署还是集中部署等等。上述各因素不同,各维修级别的要求的维修保障设备、维修人员、维修场地及维修管理等具体内容不同。

3. 基层级维修

基层级维修是由直接使用装备的单位对装备所进行的维修。主要完成日常维护保养、检查、维护、润滑、调整和更换零件、组件和部件以及定期维护等周期性工作。例如,以地空导弹营为作战单元的地空导弹武器系统,在营级对相应装备的维修就属于基层级维修。

在对导弹及其测试设备基层级维修中,通常是日常性的维护保养工作,通过目视或者测试设备,把故障隔离到导弹的舱段级。对测试车的深度维修一般是通过更换组合或者电路板的形式。通常为了缩短排除故障和维修的时间,要求尽量采用自动化的机内测试设备(Built-In Test Equipment,BITE),并提出故障检测率(Fault Detection Rate,FDR)和故障隔离率(Fault Isolation Rate,FIR)的要求。

4. 中继级维修

中继级维修指装备所在使用单位的某上级修理部(分)队及其派出的修理分队的维修。主要任务是对复杂装备的中修及简单装备的大修,同时担负支援基层级维修的任务;对作战装备定期(1年以上)做全面预防性维护检查。

一般中继级维修的主要内容包括对基层级维修更换下来的部件、组合或接插件进行校准、修理或更换已损坏的或不能再用的零件、元器件或组件,紧急加工得不到的部件,将不可修理的组件集中送基地级维修并为基层级维修提供备件周转库。

中继级维修除利用基层级维修具备的检测设备外,还需配备专门设计的维修车和测试设备。由维修人员在装备现场或专门设置的技术支援阵地进行。例如,以地空导弹营为作战单元的地空导弹武器系统,在地空导弹营的上一级,即旅或者团维修队或者修理所完成的维修活动。对某些型号的地空导弹的中继级维修还配备有专门的中继级导弹测试车。

**5. 基地级维修**

基地级维修是指在专门的维修工厂或者原生产厂进行的维修,其任务是对中继级维修更换下来送修的部件和中继级维修不能进行的大修项目进行维修;到大修年限的装备的大修及维护保养;为中继级维修提供技术与备件支援。基地级维修要由专门训练的专业人员利用适用的工具和设备进行,基地级维修所需配套设备按维修基地设计要求研制。

一般地空导弹的维修采用上述三级级别,也有采用两级或者四级维修级别的。

### 四、维修目标

维修的目标是以最小的经济代价,使装备经常处于完好和战斗准备状态,保持、恢复和提高装备的可靠性,保障使用安全,确保作战和训练任务的进行。

(1)保障装备的完好状态,提高可用性。装备的完好状态是其可用性的主要标志。装备在使用过程中,需要进行预防性维修、修复性维修、改进性维修和战场抢修,在这些维修工作实施期间,装备不能正常使用。因此,应尽量缩短维护、修理以及运输、等待器材备件所占用的时间,减少对使用的影响,以提高可用性或使用可用度。

(2)保持、恢复和提高可靠性。维修的基本任务是保持和恢复装备设计时赋予的固有可靠性,在发现固有可靠性水平不足时,除了向工业部门反馈改进设计信息外,也需要通过改进性维修来提高可靠性。

(3)保障使用中的安全性要求。装备在使用中,一旦发生意外,不仅不能完成任务,还会给装备、人员和环境造成严重后果。因此必须保证使用中的安全性。有各种因素影响使用安全性,从维修方面来讲,主要是预防出现故障,特别是出现故障后会影响安全性时,要尽力避免维修中的人为差错;对于出现的事故征候,应分析原因,找准根源,防患于未然。

(4)力求以最低的消耗取得最佳的维修效果。维修速实现可用性、可靠性和安全性的指标,需要消耗一定的人力、物力、财力,应该进行维修的经济性分析,降低维修成本,力求以最低的消耗取得最性的维修效果。

现代战争中,防空导弹武器系统所面临的空中威胁常常是突然来袭的目标,留给防空导弹作战反应时间是很有限的。因而要求武器系统具有高的可靠性,不出故障或少出故障,以便及时投入作战。实际上,要使系统一直不出故障是不可能的,因此要求防空导弹必须具有良好的可修复性。可靠性保障防空导弹尽量少出现故障,而维修性则要求一旦有了故障,能够很容易修复。因此,维修性维修目标是要力求以最低的消耗取得最佳的维修效果。

## 第二节 地空导弹的维修性

早期装备常常是在装备定型之后才考虑装备的可靠性及维修性工作,往往造成装备不方便维修,而且维修的代价也很大。通过多年来的实践和操作使用表明,装备可靠性低、维修性差造成装备可用性不好,战备状态差、难于维修。很多问题都是由于装备研制、生产和使用维修脱节,研制中很少考虑维修,使得装备先天不足,后患无穷。只有在装备从研制、生产的各个阶段充分考虑维修工作,搞好维修性设计,才能确保装备具有较好的可用性。

维修性是在装备设计时通过全面综合考虑装备的维修工作,而赋予系统的一种先天的、基本的使用性能。它是装备的一种设计特性,是在装备设计之初,由系统设计师、维修设计师等综合参与完成的工作。从装备可行性论证开始直到整个研制、生产过程为止,进行合理协调、全面综合设计权衡的结果。

### 一、维修性概念与描述

维修性是指产品在规定的条件下和规定的时间内,按照规定的程序和方法进行维修时,保持或恢复到规定状态的能力。维修性的概率度量称维修度或者维修度函数,常用 $M(t)$ 来表示。$t$ 为维修活动所持续的时间。实践表明,维修时间越长能够完成维修任务的概率越大。维修度是时间的非减函数,它表示在时刻 $t$ 完成修复的概率。由于每次修复产品的时间 $T$ 是一个随机变量,则维修度函数 $M(t)$ 可定义为 $T$ 不超过规定时间 $t$ 的概率,相应的概率密度用 $m(t)$ 表示为

$$M(t) = p\{T \leqslant t\} \tag{2-1}$$

维修度函数是一种概率分布。具体的概率分布与采用的维修设备、维修人员、被修理对象等有关。在维修活动中,当利用自动检测设备进行维修时,完成维修时间与以前的维修经验无关。常为指数分布,表达式为

$$M(t) = 1 - \exp(-t/\overline{M_a}) \tag{2-2}$$

当维修任务是由许多子任务构成时,则完成某一规定任务的时间近于正态分布,表达式为

$$M(t) = \frac{1}{\sigma\sqrt{2\pi}}\exp\left[-\frac{1}{2}\left(\frac{t-\overline{M_a}}{\sigma}\right)^2\right]dt \tag{2-3}$$

式中,$\overline{M_a}$ 为平均修复时间(MTTR),是指在规定的条件下和规定的时间内,产品在任一规定的维修级别上,修复性维修总时间与该级别上被修复产品故障总数之比;$\sigma$ 为修复时间 $t$ 对于平均修复时间的标准差。指数分布为

$$m(t) = \frac{1}{\overline{M_a}}\exp(-t/\overline{M_a}) \tag{2-4}$$

正态分布对应的概率密度函数为

$$m(t) = \frac{1}{\sigma\sqrt{2\pi}}\exp\left[-\frac{1}{2}\left(\frac{t-\overline{M_a}}{\sigma}\right)^2\right] \tag{2-5}$$

图 2-1 所示为 $\overline{M_a} = 1$ h 和 $\overline{M_a} = 0.5$ h 的维修度指数函数曲线。

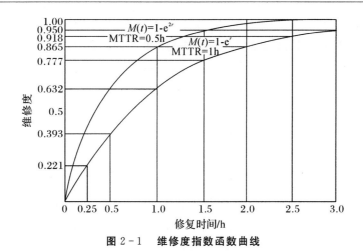

图 2-1 维修度指数函数曲线

图 2-2 所示为服从正态分布的维修度函数曲线。

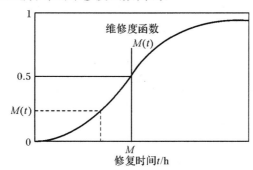

图 2-2 维修度服从正态分布的函数曲线

维修性是一种设计特性。产品设计定型后,其维修性也就基本确定了。

维修性也可分为固有维修性和使用维修性。固有维修性也称设计维修性,是在理想的保障条件下表现出来的维修性,它完全取决于设计与制造。然而,使用部门、部队最关心的是使用中的维修性,同时使用阶段也要开展维修性工作。

使用维修性是在实际使用(含维修)中表现出来的维修性。它不但包括产品设计、生产质量的影响,而且包括安装使用环境、维修策略、保障延误等因素的综合影响。使用维修性不能直接用设计参数表示,而要用使用参数表示,例如可用平均停机时间(MDT)、使用可用度($A_0$)等表示。这些参数通常不能作为合同要求,但更好地反映了作战使用需求。在使用阶段考核维修性时,最终还是要看使用维修性。

维修性是一种设计特性,这种特性在使用阶段又会受多方面的影响。

(1)维修组织、制度、工艺、资源(人力、物力)等对装备使用维修性水平的影响。在装备设计确定的情况下,其固有维修性不变,但使用维修性水平却可能因维修的组织、制度和工艺是否合理,资源保证是否充分而发生变化。

(2)维修活动可能影响固有维修性。固有维修性取决于设计的技术状态,但不良的维修措施或工艺可能破坏零部件的互换性、可修复性、识别标志乃至维修的安全,给以后的维修带来困难。

(3)通过改进性维修可望提高装备的维修性。装备在使用维修中暴露的维修性问题,提供的数据,为维修性的改进提供了依据。结合维修,特别是结合在基地级维修(以及某些中继级维修)中进行装备改进,可能提高其维修性。

由于使用阶段的活动对装备维修性有相当大的影响,所以,在使用中要通过多方面的活动,采取措施保持甚至提高装备的维修性,并为新装备研制提供信息。使用阶段的维修性工作,与可靠性相似。

**二、维修性要求**

维修性要求是在一定的保障条件下,在产品设计之前就必须明确和确定的。对于不便于采用量化指标进行描述的维修性要求,一般用定性要求来描述,维修性定性要求通过转化为设计准则来实现。

1. 可达性要求

可达性是维修时接近产品不同组成单元的相对难易程度,也就是接近维修部位的难易程度。可达性与维修要求的级别、难易程度、提供的空间等紧密相关。

影响可达性的因素包括工作环境、工作条件和维修人员因素等。工作环境是指在维修过程中必须提供必要的工作空间以便完成测试、更换、修理等工作;必须提供必要和合适的通道以完成维修操作;对维修需要进入的通道的形状、通道间隙等有一定要求。工作条件是指维修过程活动必须提供合适的工具,需要移动的组合等有必要的支撑架,对维修人员提供用于防护和便于维修的服装,提供必要的资料等。在可达性方面,还要考虑维修人员的身体能力、知识水平等因素。

随着机内测试和自动检测技术的广泛应用,设备检测时间不断缩短,可达性成为影响维修时间长短的重要因素。

2. 标准化要求

标准化要求是指装备尽量采用各级标准,把符合系统大多数要求的零部件的种类限制在最少限度。

实现标准化有利于产品的设计与制造,有利于零部件的供应和储备,使符合系统要求的零部件种类限制在最小的限度内,从而使产品的维修更为简便,特别是便于装备在战场快速抢修中采用换件和拆拼修理,也有利于研制部门查阅资料、部队相关技术人员理解文档资料内容及后续武器装备的改进。也有利于简化保障,节省保障费用,降低对维修人员技术水平的要求,大大缩短维修工时,显著提高装备的战备完好率。

标准化的主要形式是系列化、通用化、组合化。系列化是对同类的一组产品同时进行标准化的一种形式。通用化的实质,就是零部件在不同产品上的互换。模块是指能从产品中单独分离出来,具有相对独立功能的结构整体。

标准化包括零部件、组合、机柜、接口等机械性能的标准化,包括上述产品电气性能(信号格式等)及功能的标准化,也包括图样、文档资料、描述术语的标准化。

各类通信接口及测试、遥测接口应尽量采用标准总线接口。

防空导弹在研制过程中,所研制的各级产品都要符合标准化大纲的要求。标准化大纲规定了产品标准化目标,实施要求,产品通用化、系列化、组合化要求,产品接口与互换性要求,研制过程中的图样和技术文件的标准化要求,标准化工作范围及标准化协调要求等。

3. 互换性要求

互换性是指同种产品之间在实体上、功能上能够彼此互相替换的性能互换性使产品中的零部件能够互相替换,便于换件修理,减少零部件的品种规格,简化和节约了备品供应及采购费用。

互换性按照互换的程度可分为功能互换性和实体互换性;按照互换的范围可分为通用互换性和局部互换性。

功能互换性是指,如果两个给定的项目不管其实体如何,而具有相同的功能,则称二者具有功能互换性。实体互换性是指,如果两个项目能够在同一地方用同一种方式安装、固定、连接等,就存在实体互换性。

通用互换性是指不同厂家的零部件、组件及产品等均可以互换。局部互换性是指同一厂家生产的零部件、组件及产品的互换。

互换性一般有以下要求:①具有实体互换性时,也要具有功能互换性;②不具有功能互换性时,不能具有实体互换性;③不能设计成实体互换性时,尽量采用功能互换性;④互换要在说明书或标牌上应提供充分说明;⑤对于零部件的改进,不得变换它使用方式;⑥对于互换的零部件,要提出公差等要求。

4. 安全性要求

安全性是指产品具有的不导致人员伤亡、装备损坏、财产损失或不危及人员健康和环境的能力。对于防空导弹而言,其中既含有火箭发动机燃料、战斗部、燃气发生器等火工品,还有高压电子电气设备、大功率电磁辐射设备及具有腐蚀性的油料等,因而维修活动中的安全性尤为重要。

对装备安全性工作的目标是在装备的寿命周期内,综合权衡性能、进度和费用,将装备的风险控制在可接受的水平。

风险是指某一危险的可能性和危险严重性的度量。对于武器装备,对危险严重性按照国军标《装备安全性工作通用要求》,一般划分为4级,见表2-1。

表2-1 危险严重性等级划分

| 等级 | 程度 | 定义 |
| --- | --- | --- |
| Ⅰ | 灾难的 | 人员死亡、装备完全损毁或报废、严重的不可逆的环境破坏 |
| Ⅱ | 严重的 | 人员严重伤害(或严重职业病)装备严重损坏、较严重但可逆的环境破坏 |
| Ⅲ | 轻度的 | 人员轻度(含轻度职业病)、装备或环境轻度破坏 |
| Ⅳ | 轻微的 | 轻于Ⅲ类的人员伤害、装备或环境破坏 |

在防空导弹维护过程中,其主要的安全措施包括以下几方面。

(1)贮存安全。导弹长期处于贮存状态,特别是在和平时期贮存时间将很长。对于贮存安全问题:①要保证导弹中的火工品物质在贮存期间不变质。通常要求贮存的温度、湿度等环境符合要求。②要保证不发生意外爆炸。保证贮存环境不遭受雷击、贮存库房保证不产生高压放电、释放静电、打火、强电磁辐射的措施等。③保证贮存火工品的库房与人员居住环境有效隔离,包括远距离隔离、采用防爆沙墙等隔离措施。

(2) 运输安全。防空导弹的运输包括公路运输、铁路运输和水路运输等。在运输过程中存在吊装、振动等情况,也可能存在撞击、跌落等情况。在运输过程中应注意以下安全措施。

应熟练掌握导弹吊具和起重机的性能和使用方法;遇有雷雨和风速达到 15 m/s 时,应停止野外装卸导弹;导弹起吊应采用专用吊具,应使用专用吊挂点;用起重机吊装导弹时,要严格按照其升降、运行和回转的速度执行。在公路运输和铁路运输时,应保证车辆运行方向与导弹航向一致,运输速度和运输里程应按照装备运输要求。公路运输时,应遵守道路交通法规,注意车辆对离地角、擦地角的要求;押运人员要注意检查装备状态,检查装备及其附件包装有无破损,检查紧固件有无松动。在铁路运输时,装车时,导弹贮运箱纵向质心应尽可能与车辆纵向质心在同一铅垂面内,贮运箱与平车之间的加固方案应按照铁路部门的要求或认可的方案执行。

(3) 测试安全。在导弹使用之前的长期贮存过程中,一般要进行测试和必要的维护。装备的测试是维修过程的重要环节。通过测试,判断产品工作状态(是否有故障)并将其内部故障隔离到需要修理位置,是维修性的重要内容。在测试维护过程中,必须注意以下安全措施。

确保在测试时不会接通导弹战斗部引爆(或自毁)电路;导弹测试电路要与火工品电路完全隔离;火工品电路测试采用专用测试装置,并利用小电流测试,确保测试安全;导弹分解测试时,要使火工品测试部分脱离其他参数的测试范围;对测试过程中的电磁辐射应该具有屏蔽措施;对装有战斗部的全弹测试时,应在导弹放置前方有防爆墙和防爆坑;对导弹连续加电的时间及加电间隔时间有相应规定;导弹测试时,应该使得导弹和测试车良好接地;测试场地应具有防雷击、防静电措施与设施。

**5. 测试性要求**

新型防空导弹大多数为筒弹,合理选择测试点和测试策略,满足防空导弹测试性,已经成为防空导弹维修性的重要内容。

测试性是产品便于确定其状态并检测、诊断故障的一种设计特性。测试性设计内容包括测试点选择和测试策略。

在测试点选择时,应注意:全部测试点应安排在一起;必要时,为了便于测试,应对送给测试点的信号进行某种变换传送;在设计试验时,核准了的信号应该适用于维修工作的现场条件;测试点设置的具体位置应是可达的。必要时应把每一个可更换件的输入端和输出端作为测试点;设计时应尽可能将元件安装在底板或底盘的一面上,而在另一面引出测试点,这样可对每个测试点充分标明有关的说明而不致受其他部分妨碍;每个测试点应标以与维修手册相同的名称、编号、字母或其他标志;可考虑采用不同颜色来标明各测试点以便判明位置。

测试策略及测试顺序的选择,除了按照能够尽快判明故障部位的原则外,还应重点考虑对设备加电、信号传输及操作简便化的要求。

**6. 对贵重件的可修复性要求**

可修复性是当产品的零部件磨损、变形、耗损或其他的形式失效后,可以对原件进行修复,使之恢复原有功能的特性。实践证明,贵重件的修复,不仅可节省维修资源和费用,而且对提高装备可用性有着重要的作用。因此,装备设计中要重视贵重件的可修复性。

为使贵重件便于修复,应使其满足以下几项要求:①装备的各部分应尽量设计成能够通过简便、可靠的调整装置,消除因磨损或漂移等原因引起的常见故障;②对容易发生局部耗损的贵重件,应设计成可拆卸的组合件;③需加工修复的零件应设计成能保持其工艺基准不受工作负荷的影响而磨损或损坏;④采用热加工修理的零件应有足够的刚度,防止修复时变形;⑤对需要原件修复的零件尽量选用易于修理并满足供应的材料。除一般修复外,零部件还可以通过再制造技术批量处理,恢复甚至提高其性能。零部件,特别是贵重件设计应当使其具有再制造的特性。

**7. 具有完善的防差错措施及识别标记**

装备维修保障过程中,操作者难免发生差错,影响装备正常使用和安全。因此需要在产品设计时,有防差错措施和识别标志。对那些外形相似、大小相近的零部件,对维修要有防装错、装反或装漏等措施。为避免装备在采购、储存、保管、请领、发放中出现差错,造成重购、返工、拖延维修及管理时间;甚至会发生事故、人员伤亡及设备损坏,必须在设计上要有有效保障措施及防差错标记。

**8. 减少维修内容和降低维修技能要求**

减少维修项目,降低故障率,将产品设计成不需要或很少需要预防性维修的结构。如设置自动测试系统,机内测试,自动报警装置,不需测量和判断具体数值,只需通过信号灯的"通过"与"不通过"来显示装备的状态,改善润滑、密封装置,防止锈蚀减缓磨损等,以减少维修工作量。减少复杂的操作步骤和修理工艺要求,如尽量采用换件、更换组合修理或简易的检修方法等使维修简便,以缩短维修时间,缩短维修人员培训期限,这些都要从产品设计时加以考虑。

**9. 符合维修的人机工程要求**

人机工程也称为人素工程。它研究的核心问题是不同作业中人、机器与环境三者之间的协调,涉及心理学、生理学、人体测量学、医学、美学、设计学以及工程技术等多个领域。

维修的人机工程是研究设备维修中人的各种能力(如体力、感观力、耐受力、心理容量)、人体尺寸等因素与设备、维修环境的关系,以及如何提高维修工作效率、质量和减轻人员疲劳等方面的问题。

在设计维修设备和制订维修程序时,应充分考虑时人、机器与维修环境的协调,主要要考虑人体测量学数据、人的感觉能力及人体适应环境的能力。

(1)人与机器的协调。首先要考虑人体测量数据。这些数据包括人体各部位的尺寸,肢体动作范围,肌肉力量,对声音、色彩的敏感性甚至性别差异等。这些数据特别对与维修设备座位的安排、工作空间、显示器的显示方式、通道入口尺寸、能由一个人举起或携带的单件大小与质量等。

其次要考虑人体感官。人体除了具有视、听、味、嗅与触觉五种主要感觉之外,人还能感知温度、位置、旋转运动与直线运动、压力、振动以及加速度等能力。尤其在防空导弹武器的初级维护过程中,大多使用人体感官判断装备的性能。

(2)人与环境的协调。工作环境中会存在噪声和振动等。过大的噪声会降低工作效率,干扰语音通话联络,在通常噪声低于 90 dB 可认为无害,噪声超过 120 dB 时,开始产生物理感受(痒的感觉);超过 130 dB 会感到痛楚。振动会扰乱维修操作人员的思维能力和体力。尤其是大幅度低频率的振动会引起疲劳、影响观测力、干扰观测者对前后、左右距离的判断,干扰操作仪器和及人工判读能力。

（3）尽量防止人为差错。虽然在实际操作中，不管如何训练或者使操作员的操作技能达到何种水平，任何操作员在实际工作中难免会发生差错。为使差错降低到最小必须注意以下事项：①在满足要求情况下，尽量使操作数量和步骤达到最少，操作时间最短，尽量采用计算机控制完成。②在设计设备时，尽量采用防差错设计。如增加标示、接插件在错误接插时，无法接入等。③在设计设备时，充分考虑人与机器、人与环境的协调。④操作人员必须经过严格训练，熟悉操作策略、方法和原理等。⑤要有检查、监督等程序和措施等。

## 第三节　地空导弹的可靠性

传统上，一般认为产品只要符合生产图纸和工艺规定的要求，就是好的。当代质量观念更强调产品的适用性要求，也就是说，产品只有在使用时能成功地适合用户需要才是高质量的。用户的需要是多方面的，因此产品质量是产品满足规定或潜在需要的特性的总和。这些特性除了技术性能外，还有维修性、可靠性、安全性和经济性等。

如果说，维修性描述的是产品出了故障要能够很容易维修，使其能够尽快恢复到规定的状态，那么，可靠性描述的则是产品尽量不要发生故障，因此，可靠性与维修密不可分。本节就可靠性的基本理论进行论述。

**一、可靠性概念**

可靠性(Reliability)是指产品在规定的条件下和规定的时间内完成规定功能的能力。从定义不难看出，产品可靠性的高低，必须是在规定的时期内，在规定的条件下，按完成规定功能的大小来衡量。这 3 条规定是衡量可靠性高低的前提。

1. 可靠性与规定的条件密切相关

规定的条件是指产品完成规定功能的约束条件，即产品所处的使用环境与维护条件，主要是指环境条件、负荷条件、使用维修条件和工作方式等，包括：使用时的环境条件，如温度、湿度、振动、冲击、辐射；使用时的应力条件，维护方法，贮存时的贮存条件；使用时对操作人员技术等级的要求。在不同的规定条件下产品的可靠性是不同的。条件越恶劣，产品的可靠性越差。不同条件，同一产品的可靠性不同。由于这些条件对产品故障(失效)都有影响，条件变化了，产品可靠性也随着变化，因此，只能在指定的条件下谈产品可靠性。

2. 可靠性与规定的时间密切相关

规定的时间是可靠性的核心，是可靠性度量的依据。因为随着时间的增长，产品的可靠性是下降的。因此在不同的规定时间内，产品的可靠性将不同。另外，不同的产品对应的时间指标也不同，如火箭发射装置，可靠性对应的时间以秒计；海底通信电缆则可以年计，而且这里的时间应看作是广义含义，即对某些产品也可用次数、周期等(如继电器的动作次数)来计算。不同的产品和不同的使用目的则相应规定的时间也不同；这里时间是指广义的时间，或者称为寿命单位，比如飞行小时、行驶公里、射击发数、存放时间。如导弹在规定的发射准备时间内完成检测,并使系统处于良好的可发射状态,称导弹有效。否则,在规定的时间内不能完成发射准备,称导弹无效。只能在规定的时期和规定的时间之内谈可靠性。

3. 可靠性与规定的功能密切相关

这里所指的规定的功能就是产品应具备的技术指标及其发挥的作用。规定的功能在产品技术文件中具体明确,各个产品在系统中承担着不同的任务,有着不同的功能。产品完成了规定的功能要求,就算是可靠的,否则,就说是不可靠的。完成功能的能力,通常表示可靠性的定性要求。完成功能的概率,通常表示可靠性的定量要求,是可靠性大小的度量。比如战斗机飞上天不能算完成规定功能,还应完成作战飞行、进入目标、武器投放、击毁目标等任务才算完成规定功能。

## 二、可靠性分类

可靠性可以从功能、设计和使用的角度进行分类,一般可分为基本可靠性与任务可靠性、固有可靠性与使用可靠性。

1. 基本可靠性与任务可靠性

(1)基本可靠性。基本可靠性定义为,产品在规定的条件下,规定的时间内,无故障工作的能力。基本可靠性反映产品对维修资源的要求。它考虑要求保障的所有故障影响,包括维修和供应有关的可靠性,国外也称后勤可靠性。基本可靠性是衡量产品对保障系统无要求的工作能力。确定其特征量时,应统计产品所有寿命单位和所有故障,而不局限于发生在任务期间的故障或只危及任务成功的故障,通常用平均故障间隔时间(MTBF)来度量。

(2)任务可靠性。任务可靠性定义为,产品在规定的任务剖面内完成规定功能的能力。这里任务剖面是指产品在完成规定任务这段时间内所经历的事件和环境的时序描述。任务可靠性仅考虑造成任务失败的故障影响,即只统计任务期间危及任务成功的故障,用于描述产品完成任务的能力,通常用任务可靠度和致命性故障间隔任务时间来度量。

一般情况下,同一装备的任务可靠性高于或者等于基本可靠性。

2. 固有可靠性与使用可靠性

(1)固有可靠性。固有可靠性定义为,设计和制造赋予产品的,并在理想的使用和保障条件下所具有的可靠性。固有可靠性可从为仅考虑承制方在设计和生产中能控制的故障事件与不可靠因素,用于衡量产品的设计和制造的可靠性水平,是装备在设计、制造过程中所赋予的。

装备设计定型后,在生产工艺稳定的条件下,其固有可靠性不变。

(2)使用可靠性。使用可靠性定义为,产品在实际的环境中使用时所呈现的可靠性,它反映产品设计、制造、使用、维修、环境等因素的综合影响。使用可靠性可认为是综合考虑了产品设计、制造、安装、环境、使用、维修等环节中的可能性影响因素,用于衡量产品在预期环境中使用的可靠性水平。从装备任务需求出发考虑保障要求时,提出的可靠性指标必须是使用可靠性值,如可靠性目标值与门限值。使用可靠性的量值一般低于固有可靠性量值。

## 三、可靠性度量

可靠性度量是描述和衡量可靠性的各种参数和指标。可靠性设计与分析中就是通过有关技术与方法以保证实现可靠性度量值,它们是可靠性设计与分析的基础。

1. 可靠度

可靠度是产品在规定时间内和规定条件下,完成规定功能的概率,是可靠性的概率度量。可靠度值愈大则产品完成规定功能的能力愈大,即产品愈可靠。

设有同一种类的产品 $N$ 个,在 $t=0$ 时刻开始使用或试验,该产品工作到一定的时间 $t$,余下 $N_s$ 个(残存数)产品还继续工作,写成 $N_f(t)$。由于某个事件的概率可用大量试验中该事件发生的频率来估计。因此,经验可靠度 $R^*(t)$ 可表示为

$$R^*(t) = \frac{N_s(t)}{N}$$

即某一时刻的经验可靠度可用到该时刻正常工作的产品数量与投入使用或试验的产品数量之比来表示。

**例** 从某产品总数中抽取 110 个样品经试验,其故障时间经分组整理见表 2-2,试估计其可靠度。

表 2-2 产品故障时间分组表

| 组 号 | 故障时间范围 /h | 故障频数 | 组 号 | 故障时间范围 /h | 故障频数 |
|---|---|---|---|---|---|
| 1 | 0 ~ 400 | 6 | 4 | 1 200 ~ 1 600 | 23 |
| 2 | 400 ~ 800 | 28 | 5 | 1 600 ~ 2 000 | 9 |
| 3 | 800 ~ 1 200 | 37 | 6 | 2 000 ~ 2 400 | 5 |

$\hat{R}(0) = 1, \hat{R}(400) = \frac{104}{110} = 0.945, \hat{R}(800) = \frac{76}{110} = 0.691, \hat{R}(1\ 200) = \frac{39}{110} = 0.355$

$\hat{R}(1\ 600) = \frac{16}{110} = 0.145, \hat{R}(2\ 000) = \frac{7}{110} = 0.064, \hat{R}(2\ 400) = \frac{2}{110} = 0.018$

2. 可靠度函数

可靠度函数是指产品在规定的条件下和规定的时间 $t$ 内,完成规定功能的概率,记为 $R(t)$。

可靠度函数描述的是一批产品可靠性的统计值。不能表示单个产品或少数产品的可靠性。对于一种产品,它规定的条件和规定功能的情况下,其可靠度是时间 $t$ 的函数。

设产品的寿命为 $T$,规定的时间为 $t$,那么当 $T \geqslant t$ 时,产品在规定的时间 $t$ 内能完成的功能;当 $T < t$ 时,即产品不能在规定时间 $t$ 内完成规定的功能。对同一水平的产品,规定的时间越长,则可靠度越低,则有

$$R(t) = P(T \geqslant t) \qquad (2-6)$$

也可以定义不可靠度为

$$F(t) = P(T < t) \qquad (2-7)$$

那么,就有 $R(t) + F(t) = 1$。不可靠度也称为故障分布函数。

典型的可靠度函数与不可靠度函数如图 2-3 所示。

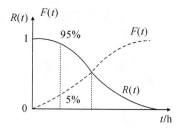

图 2-3 可靠度函数和不可靠度函数

从图中看出,随着产品使用时间增大,可靠度在降低,不可靠度在增加。

3. 故障率

故障率是工程中常用的概念:一般故障率越小,其可靠性越高;故障率越大,可靠性越低。常用的故障率指标分为平均故障率和瞬时故障率两种。

(1) 平均故障率。已经工作到时刻 $t$ 的产品,在时刻 $t$ 后,单位时间内发生的平均故障数。若设在 $t=0$ 时刻有 $N$ 个产品工作,到了 $t$ 时刻有 $r(t)$ 个产品发生了故障,有 $N_s = N - r(t)$ 个产品正常工作。现在研究在 $t$ 时刻后工作情况。再观察 $\Delta t$ 时间,如果在 $(t, t+\Delta t]$ 时间段内又有 $\Delta r$ 个产品出现故障,发生故障的频率为

$$\frac{\Delta r(t)}{N_s(t)} = \frac{在(t, t+\Delta t]故障的品}{在刻 t 仍在工作的品} \tag{2-8}$$

在 $t$ 时刻后的平均故障率为

$$\bar{\lambda}(t) = \frac{\Delta r(t)}{N_s(t)\Delta t} \tag{2-9}$$

它是时间 $t$ 的函数,用 $\bar{\lambda}(t)$ 来表示。平均故障率的单位用 $1/h$ 或者 $10^{-5}/h, 10^{-6}/h, 10^{-9}/h$ 等来表示。

例如,在 $N$ 个产品中,若设 $t=1\,600\,h, N_s(t) = N_s(1\,600) = 116$。经过 $\Delta t = 800\,h$ 后,$N_s(t+\Delta t) = N_s(2\,400) = 88$,求在 $[1\,600, 2\,400]$ 的时间段内的平均故障率。

用式(2-7)求解得

$$\bar{\lambda}(t) = \frac{N_s(t) - N_s(t+\Delta t)}{N_s(t)\Delta t} = \frac{116-88}{116 \times 800} = 3.02 \times 10^{-4}\,h$$

(2) 瞬时故障率。瞬时故障率定义为:已经工作到时刻 $t$ 的产品,在时刻 $t$ 后的某一时刻,当时间间隔 $\Delta t$ 趋近于零时的故障率。记为 $\lambda(t)$。根据式(2-8)可表示为

$$\lambda(t) = \frac{1}{N_s(t)} \frac{\mathrm{d}r(t)}{\mathrm{d}t} \tag{2-10}$$

# 第三章　导弹系统中基本电参量的测量

导弹的许多技术性能指标是通过电压、电流、功率、频率、周期等电参量的形式表现出来的。在导弹测试中,常常需要对上述基本电参量进行测量。另外,这些电参量的测量技术也是其他各类测试技术的基础。这些电量测量可能存在于导弹各个分系统、各个舱段的测试中,因此,本章就讲述导弹测试设备上对最常用的电参数的基本测量方法和测量原理。

## 第一节　电 压 测 量

对导弹许多性能指标的测量,其结果往往是以电压形式变现的,电压是导弹性能指标测量最重要的基本测量参量。另外,许多电参量可视为电压的派生量,或以电压的形式反映出来,或者表现为电压量。因此电压测量是许多电参量测量的基础。比如频率特性、失真度、灵敏度、增益、衰减、调制度以及噪声系数等均可视为电压的派生量。

### 一、导弹系统电压测量值的特点和要求

导弹系统中的电压同一般电子电路中的被测电压相比,具有以下特点。

(1)被测电压频率范围宽。在导弹及其测试设备中,被测电压有直流、超低频、低频、高频及超高频。波长范围可到毫米波。

(2)被测电压的量限极宽。在导弹及其测试设备中,被测电压的量限最小可到毫伏级,最大到数百伏。对不同量限的电压值其测量方法有所不同。

(3)被测电压的波形多种多样。除正弦波电压外,还有各种非正弦电压,如矩形波、三角波、脉冲波、调制波和噪声波电压等。

(4)被测电压所在电路具有多样性。电路阻抗可以为低阻抗或高阻抗,电路形式可以谐振的或非谐振的。

(5)被测电压中,往往是交流与直流电压并存,甚至还可能串入一些噪声干扰。

由于以上特点,因此在制订电压测量方案时,既要根据被测电压的特点全面考虑,又要按照具体要求有所侧重。一般说来,对电压测量设备的基本要求主要有以下几条。

(1)频率范围要足够宽。应尽量包含被测电压的频带。

(2)电压量程足够宽,并有一定的超载能力。

(3)应有足够高的输入阻抗,以减小测量仪器对被测电路实际工作状态的影响。目前,直流数字电压表的输入电阻在小于 10 V 量程时可高达 10 GΩ,甚至更高(可达 1 000 GΩ)。对

于交流电压的测量,由于需通过 AC/DC 转换电路,即使是交流数字电压表,其输入阻抗也不很高,一般为 1 MΩ。

(4)精度要足够高,以便正确反映被测量值。目前数字电压表测量直流电压的准确度可达 $10^{-4} \sim 10^{-8}$ 量级,模拟电压一般只能达到 $10^{-2}$ 量级。至于交流测量,由于要通过 AC/DC 转换电路,在测量高频电压时,分布参量的影响不可忽视,再加上波形误差,故既是采用数字电压表,其测量精度也只能达到 $10^{-2} \sim 10^{-4}$ 量级。

(5)具有较高的抗干扰能力。测量工作通常在充满各种干扰条件下进行,当电压测量仪器工作在高灵敏度时,干扰会引入测量误差。对数字电压表来说,这个要求更为重要。

另外,还应考虑电压测量的数字化、自动化、多功能、智能化等问题。

## 二、直流电压的测量

直流电压测量是电压测量的基础,交流电压测量也通常是转换成直流后进行测量。对直流电压的测量采用直流电压表,按照测量原理分为模拟式直流电压表和数字式直流电压表。

1. 模拟式直流电压表的测量原理

模拟式直流电压表测量原理电路框图如图 3-1 所示。

图 3-1 模拟式直流电压表测量原理电路框图

简单模拟式直流电压测量电路通常由分压器、跟随器、放大器和表头构成。

表头由测量电路和测量机构构成,表头实际上是一个直流电流表。

测量线路的作用是把被测电压 $x$ 转换为测量机构可以接受的过渡量 $y$(如电流),也起到电压调理变换、提高电压表的输入阻抗等作用。测量机构则是把过渡量再转换为指针的偏转角位移 $\alpha$。这里要求保持 $x$ 和 $y$ 与 $\alpha$ 一定的函数关系,这样通过角位移 $\alpha$ 的大小可以直接读出被测量 $x$ 的值。

测量机构(即表头)一般由驱动装置、控制装置和阻尼装置三部分组成。驱动装置用于在被测量的作用下产生转动力矩。控制装置用于产生反作用力矩,它控制驱动装置,根据被测量的大小转到相应角度。阻尼装置用于产生阻尼力矩。指针偏转 $\alpha$ 角后,由于惯性和转动力矩的共同作用,它总会 $\alpha$ 角附近来回摆动。为了尽快读数,通过阻尼力矩可使指针尽快恢复到反映测量值的转角 $\alpha$ 上。

表头的等效电路如图 3-2 所示。$I_m$ 为表头通过的最大电流值,如 50 μA,100 μA,1 mA 等;$R_0$ 为表头的内阻,一般为几百欧到数千欧。由于表头具有一定内阻,当表头两端加上不同的电压时,表头指针偏转也不同,因此经过校准后,在表盘上按电压数值刻度后,就可以测量电压。表头允许通过的电流较小,所以测量范围一般为毫伏级。

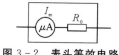

图 3-2 表头等效电路

为了扩大电压表的量程,采用一组电阻组成的分压器与表头串联就构成多量程电压表。其电路原理图如图3-3所示。该电压表由1 V,10 V,100 V 3个量程。分压器中各分压电阻的大小由表头灵敏度和电压量程决定。

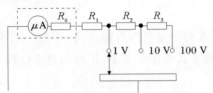

图3-3　直流电压的电路原理图

设表头内阻$R_0 = 3 \text{ k}\Omega$,允许通过的最大电流值$I_m$为50 μA,则3个分压电阻值分别为

$$R_1 = \frac{V_1}{I_m} - R_0 = \frac{1 \text{ V}}{0.05 \text{ mA}} - 3 \text{ k}\Omega = 17 \text{ k}\Omega$$

$$R_2 = \frac{V_2 - V_1}{I_m} = \frac{10 \text{ V} - 1 \text{ V}}{0.05 \text{ mA}} = 180 \text{ k}\Omega$$

$$R_3 = \frac{V_3 - V_2}{I_m} = \frac{100 \text{ V} - 10 \text{V}}{0.05 \text{ mA}} = 1800 \text{ k}\Omega$$

电压表实际使用时往往与被测电路并联,为了避免从被测电路中分流比过多的电流,要求电压表内阻越大越好。在多量程电压表中各量程的内阻是不一样的,不难算出,图3-3所示分压器构成的电压表1 V,10 V,100 V 3个量程,分别为20 kΩ,200 kΩ和2 MΩ。

跟随器的输入阻抗很高,与分压器配合使用后,可以使电压表的输入阻抗达到数十兆欧以上。直流放大器可以提高电压表的灵敏度,因而可以测量较低的电压。

2.数字式直流电压的测量原理

近几十年来数字电压表(DVM)得到了飞速的发展,不管其形式如何千差万别,它们的基本原理都是将模拟量转换成数字量,通过计数器计数并通过数字显示设备显示出来。数字式直流电压表测量原理电路框图如图3-4所示。

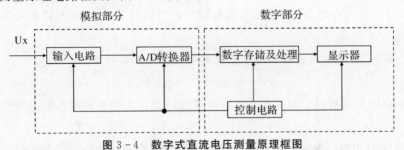

图3-4　数字式直流电压测量原理框图

由图3-4可以看出,数字式直流电压表测量原理电路主要由模拟部分和数字部分构成。模拟部分由输入电路和A/D转换器构成。输入电路又包括有高阻分压器、阻抗变换器、放大器等,其作用同模拟式电压表中的相关电路,是把被测电压转换成后续可以接受的过渡量,即起到电压调理变换、提高电压表的输入阻抗等作用。A/D转换器是数字电压表的核心,它能将被测电压转换成与之成比例的数字量。数字部分由数字存储及处理、控制电路、显示器等部分构成。数字存储及处理用于对A/D转换后的数据进行存储,完成计算平均值、减去零点漂

移等处理工作。控制电路用于控制和协调 A/D 转换器、数字存储及处理及显示器的工作,如对 A/D 转换器、数字存储及处理时序的控制等。

对于一个具体的数字电压表来说,其工作性能的优劣,主要由测量范围、分辨力、测量误差、测量速率等方面来衡量。

(1)测量范围。数字电压表的测量范围与模拟式不同。对于模拟式电压表,利用量程就可以表征它的测量范围。但对数字式电压表来说,还要用显示位数、超量程能力才能较全面地反映它的测量范围。

1)量程。数字电压表的量程,是以基本量程(即 A/D 转换器的电压范围)为基础,借助于步进分压器和前置放大器向上下两端扩展,下限可低至毫伏级,上限可达 1 kV。数字电压表的基本量程多半为 1 V 或 10 V,也有 2 V 或 5 V 等。量程转换除手动外,一般要求自动,或者两者兼有之。

2)显示位数。数字电压表的显示位数,一般都指完整显示位,即能够显示 0~9 十个数码的那些位。在数字电压表的量程术语中,经常可以看到如 $3\frac{1}{2}$ 位、$4\frac{1}{2}$ 位、$6\frac{1}{2}$ 位等表示方法,所谓 $\frac{1}{2}$ 位,它有两种含义:①若数字电压表的基本量程为 1V 或 10V,那么带有 $\frac{1}{2}$ 位的 DVM,表示具有超量程能力。例如,在 10.000 V 量程上,计数器最大显示为 9.999 V,很明显这是一台 4 位 DVM,无超量程能力,即计数大于 9.999 就会溢出。另一台 DVM,在 10.000 量程上,最大显示 10.000 V,即首位只能显示 1 或 0,这一位不应该与完整位混淆,它反映有超量程能力,故形式上虽有 5 位,但是首位不是完整显示位,故对这种首位不是完整显示位的量程叫做 $4\frac{1}{2}$ 位。②基本量程不为 1 V 或 10 V 的 DVM,其首位肯定不是完整显示位,所以不能算一位。例如,一台基本量程为 2 V 的 DVM,在基本量程上的最大显示为 1.999 9 V,我们说这是一台 $4\frac{1}{2}$ 位 DVM,无超量程能力。

(2)分辨力。分辨力是 DVM 能够显示的被测电压的最小值,也就是使显示器末位跳一个字所需要的输入电压值。

(3)测量误差。数字电压表的固有误差用绝对误差 $\Delta V$ 表示为

$$\Delta V = \pm(\alpha\% V_x + \beta\% V_m) \tag{3-1}$$

式中,$V_x$ 为被测电压读数;$V_m$ 为所读量程的满度值;$\alpha$ 为误差的相对项系数;$\beta$ 为误差的固定项系数。

式(3-1)中右边第一项 $\alpha\% V_x$ 与读数成正比,称为"读数误差";第二项 $\beta\% V_m$ 为不随读数而变的固定误差,称为"满度误差"。

读数误差包括转换系数(刻度系数)、非线性等产生的误差。从形式上看 DVM 似乎没有模拟电压表那样的表头刻度,但实质上有刻度的概念,那就是每个字所代表的电压值。

非线性误差也是数字电压表误差的一个重要因素。主要来源是数字电压表中的积分器以及放大器的非线性。尽管在设计放大器时要尽可能减少非线性,但是非线性总是不可避免的。

满度误差包括量化、偏移、内部噪声等因素产生的误差。

(4)测量速率。测量速率是每秒对被测电压的测量次数,或测量一次所需要的时间,它主要取决于数字电压表中 A/D 转换器的转换速度。除以上讨论的主要特性外,还有抗干扰能力、输入输出阻抗和响应时间等性能指标。以上指标不是独立的,它们相互关联、相互作用决定着 DVM 的整体性能。

### 三、交流电压的测量

**1. 交流电压的表征**

一个交流电压可用峰值、平均值、有效值、波形因数、波峰因数等来表征其特性。

(1)峰值。任意一个周期性交变电压 $v(t)$,在所观察的时间或一个周期内,其电压所能达到的最大值,称为该交流电压的峰值,记为 $V_p$。峰值是从参考零电平开始计算的,有正峰值和负峰值之分,正峰值记为 $+V_p$;负峰值记为 $-V_p$,如图 3-5 所示。

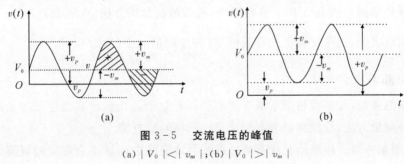

图 3-5 交流电压的峰值
(a) $|V_0|<|v_m|$;(b) $|V_0|>|v_m|$

常用的还有振幅值 $V_m$,如图 3-5 所示,它是以直流电压 $V_0$ 为参考电平计算的。因此,当电压中包含直流量时,振幅值与峰值是不相同的,而且正峰值与负峰值不相等。

(2)平均值。若周期性的交流电压 $v(t)$ 含有直流分量和交流分量,且交流分量的周期为 $T$,则其平均值 $\overline{V}$ 在数学上定义为

$$\overline{V} = \frac{1}{T}\int_0^T v(t)\mathrm{d}t \tag{3-2}$$

按照式(3-2),当 $v(t)$ 含有直流分量时,$\overline{V} = V_0$;当 $v(t)$ 仅含有交流分量时,$\overline{V} = 0$。这样对纯交流电压来说,由于其平均值总是为 0,将无法用它来表征纯交流电压的大小。在实际测量中,总是将交流电压通过检波器变换成直流电压再进行测量,因此通常所说的交流电压的平均值是指检波以后的平均值。根据检波器的种类又可分为全波平均值和半波平均值。

全波平均值是指交流电压经全波检波后的平均值。

半波平均值是指交流电压正半周或者负半周在一个周期内的平均值,分别记为 $\overline{V}_{\frac{1}{2}}$ 和 $\overline{V}_{-\frac{1}{2}}$,如图 3-6 所示,则有

$$\overline{V}_{\frac{1}{2}} = \frac{1}{T}\int_0^T v(t)\mathrm{d}t \quad v(t) \geqslant 0 \tag{3-3}$$

$$\overline{V}_{-\frac{1}{2}} = \frac{1}{T}\int_0^T v(t)\mathrm{d}t \quad v(t) < 0 \tag{3-4}$$

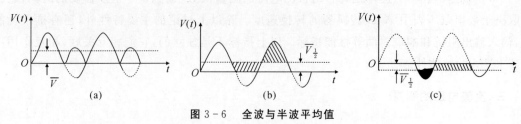

图 3-6 全波与半波平均值

(a) 全波平均值;(b) 正半波平均值;(c) 负半波平均值

对于纯交流电压,有 $|\overline{V}_{\frac{1}{2}}| = |\overline{V}_{-\frac{1}{2}}|$;全波平均值则为 $\overline{V} = 2\overline{V}_{\frac{1}{2}} = 2\overline{V}_{-\frac{1}{2}}$。一般不加特别注明时,平均值就是指的全波平均值。

(3) 有效值。交流电压的有效值 $V_\sim$(或 $V_{rms}$)是指交流电压在纯电阻负载中产生的热量等效于产生同样热量的直流电压 $V_0$。在数学上,有效值就是均方根值(RMS)。

理论和实践表明,正弦交流电的有效值 $V_\sim$ 等于峰值的 $\frac{1}{\sqrt{2}}$(约为 0.707)倍。

2. 交流电压的测量方案

交流电压的测量,在多数情况下都需要测量其有效值。在实际实施过程中交流电压的常用主要有两种测量方法,检波测量方案和计算机采样测量方案。

(1) 检波测量方案。检波测量法是通过检波器将交流电压转换为相应的直流电压进行测量。一般常用平均值、有效值、峰值等表征交流电压,因此,出现了平均值检波器、有效值检波器和峰值检波器三种构成的平均值电压表、峰值电压表和有效值电压表。下面重点减少其中的前两种。

1) 平均值电压表。按照交流电压平均值的定义,平均值电压表就是将交流电压通过检波器变换成直流电压,获得交流电电压平均值,进行测量的交流电压表。平均值检波器由整流电路实现。图 3-7(a)(b)分别为二极管桥式全波整流电路和半波整流电路。图中,微安表两端一般并接一个小电容,用来滤除整流后的交流成分,防止表头抖动,并消除它在表头内阻产生的热损耗。

经过检波后,流过微安表的直流电流的平均值 $\overline{I}_0$ 与被测电压 $v(t)$ 的平均值 $\overline{v(t)}$ 成正比,而与 $v(t)$ 的波形无关,即 $\overline{I}_0$ 正比于被测电压的平均值 $\overline{v(t)}$。

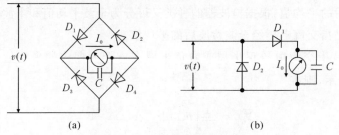

图 3-7 二极管检波整流电路

(a)二级管桥式;(b)半波

平均值电压表的一般组成如图3-8所示。

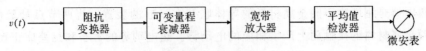

图3-8 平均值电压表的一般组成

图3-8中,阻抗变换器通常采用跟随器,以提高平均值电压表的输入阻抗。可变量程衰减器通常为阻容分压电路,用来改变平均值电压表的量程,以适应不同幅度的被测电压。宽带放大器通常采用多级负反馈电路,以牺牲增益来扩展频带。如果电路通频带小于输入电压的频谱宽度,就会造成一部分频谱电压信号不能通过而丢失,因此其性能往往是决定电压表性能的关键。平均值检波器通过整流和滤波(即检波),提取宽带放大器输出电压的平均值,并输以与它成正比的直流电流,最后驱动微安表指示电压的大小。

平均值电压表属于放大-检波式电子电压表,由于受宽带放大器带宽增益等因素的限制,平均值电压表的频率范围一般为20 Hz～10 MHz,灵敏度为mV级,适合于做成低频毫伏表。

2)峰值电压表。峰值检波器是指检波输出的直流电压与输入交流信号峰值成正比的检波器。其基本电路和工作波形如图3-9所示。

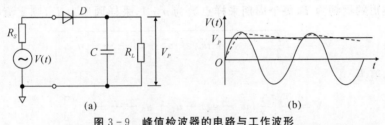

图3-9 峰值检波器的电路与工作波形

(a)基本电路;(b)基本工作波形

在峰值检波二极管正向导通时,其输出电压应能快速充电达到输入电压的峰值,在二极管反向截止时,应能"保持"该峰值。因而要求充电时间常数远小于放电时间常数。图3-9中,充电时间常数 $\tau_{充}=(R_s+r_d)C$;放电时间常数 $\tau_{放}=R_LC$,则检波元件应该满足 $(R_s+r_d)\ll R_L$ 且 $R_LC\gg T_{max}$,其中 $T_{max}$ 为被测交流信号的最大周期;$R_s$ 为信号源的内阻;$r_d$ 为二极管的导通电阻;$R_L$ 为负载电阻。

峰值电压表的一般组成如图3-10所示。由于峰值检波器的输入电阻很高,因此常将峰值检波器作为电压表的输入级,并制作仪器的探头内,以减小测试线的长度,使输入电容可小到1～3 pF,因此,峰值电压表适合于高频电压的测量。内于流经 $R_L$ 的电流比较小,很难推动电流表,因此检波后应加直流放大器。

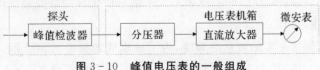

图3-10 峰值电压表的一般组成

峰值电压表特点是增益高、漂移小,其灵敏度可达数十微伏。

放大检波式是被测电压先经宽带放大器放大后再检波,其频率范围和灵敏度主要受放大带宽和内部噪声的限制,一般灵敏度为毫伏级,频带为20 Hz～10 MHz,见图3-8。

3)有效值电压表。按照有效值的概念,利用热电偶与相应的电路可构成热电偶式有效值电压表。热电偶是用两种不同金属材料的导体联结在一起的装置。当两节点处温度不同时,将在电偶两金属材料的接触面上产生相应的电动势。热电动势的大小和温差成正比。同时热电动势 $E$ 与被测电压有效值 $V$ 成正比,用毫伏表测量 $E$,便可得出被测电压的有效值 $V$。

(2)计算机采样测量方案。计算机采样测量方案是对交流电压信号采用计算机采样的数字化测量技术进行的交流电压测量。

该方法不但能简化测量系统的硬件结构,提高电压测量的准确度,而且也能为功率测量、波形分析等提供一定的条件。所以目前这种方法在智能化仪表中得到了较广泛的应用。

计算机采样测量法测量交流电压是建立在计算机或者微处理器所具有的控制、判断、信息存储、数值计算等功能基础上的一种方法,其理论基础是采样定理。

图 3-11 所示为这种方案的原理框图。首先对输入电压信号进行调理变换,然后计算机通过 A/D 转换器,采样保持器和通道开关获得被测电压波形的离散点 数值(瞬时值) $u_0, u_1, u_2, \cdots, u_{n-1}, u_n$,然后采用近似计算中的梯形法求定积分的公式求得交流电压的有效值和平均值,通过搜索内存法得到波形的正负峰值。由此还可以求出电压波形的波峰系数。

设电压波形的周期为 $T$,每个周期采样点数为 $n+1$,采样周期为 $T_s$,则交流电压有效值为

$$V_x = \sqrt{\frac{T_s}{T}\left[\frac{1}{2}(u_0^2 + u_n^2) + u_1^2 + u_2^2 + \cdots + u_{n+1}^2\right]} \quad (3-5)$$

交流电压平均值为

$$V = \frac{T_s}{T}\left[\frac{1}{2}(u_0 + u_n) + u_1 + u_2 + \cdots + u_{n+1}\right] \quad (3-6)$$

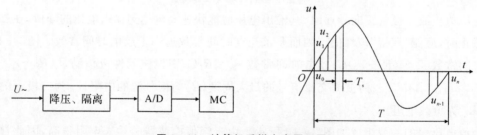

图 3-11 计算机采样方案原理图

这种方案中,主要影响测试准确度有采样频率和被测信号的频率。

1)采样频率。根据采样定理,如果对一个具有有限频谱($-\omega_{max} < \omega < \omega_{max}$)的连续信号进行采样,当采样频率 $\omega_s \geq 2\omega_{max}$ 时,即采样频率大于信号所包含的最高频率的两倍时,离散采样信号能无失真地复现原来的连续信号。

而实际上,为了保证一定的测量准确度,为了较准确地描绘被测波形,往往使采样频率为信号最高频率的 3~4 倍,甚至 10 倍。但采样频率高,则采样点增多,会占用过多的机器内存和增加数据处理时间。因此,应适当选取采样频率。

2)被测信号的频率。被测信号的频率有可能是变化的,这时如果不相应改变采样频率就不能保证测试准确度。所以必须监测频率的变化,相应地自适应调整采样频率。

## 第二节 电流测量

电流的测量一般也按电流的强弱也可以分为大、中、小3个范围。直流电流：$10^5 \sim 10^2$ A 为大电流，$10^2 \sim 10^{-6}$ A 为中等电流，$10^{-6} \sim 10^{-7}$ A 为小电流。交流电流：$10^5 \sim 10^3$ A 为大电流，$10^3 \sim 10^{-3}$ A 为中等电流，$10^{-3} \sim 10^{-7}$ A 为小电流。

直流大电流的测量常用以下几种方法。

### 一、分流器法

常用于 10 kA 以下电流的测量，具有结构简单、牢固可靠、抗干扰能力强等特点。现已有准确度为 $0.1\% \sim 0.5\%$，测量范围达 100 kA 的分流器，但分流器与被测电路大电流要连接，所以安装使用不便，且体积庞大，笨重。

分流器可用来扩展电流表量程，分流器两端的电压降则产生流往电流表的电流；分流器还可与电位差计配合，通过测量分流器上的电压降来测量电流。

图 3-12 为电阻为 $R$ 的通用分流器线路图。开关在触点 $a$，检流计电流为

$$I_g = \frac{\frac{R}{1\,000}}{R+R_g} \cdot I$$

如果 $R \gg R_g$，则

$$I_g = \frac{I}{1\,000}$$

同样，开关在触点 $b$，检流计电流为

$$I_g = \frac{I}{100}$$

开关在触点 $c$，检流计电流为

$$I_g = \frac{I}{10}$$

在 $d$ 点

$$I_g = I$$

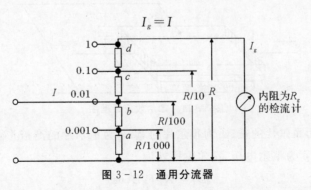

图 3-12 通用分流器

早期的许多导弹测试仪器仪表，如苏制"萨姆-2"导弹测试仪器上的电流表分流器就采用这种方式。

## 二、电流互感器法

电流互感器又称为仪用变流器,它是一种将高电压大电流变换成低电压小电流的仪器。由闭合的铁芯和绕组组成。它的原边(一次)绕组串联在被测电路中,匝数很少;副边(二次)绕组匝数很多,串联接电流表、继电器电流线圈等低阻抗负载,近似短路。副边回路要求始终为闭合,不可开路。它依据的是电磁感应原理,其工作原理和变压器相似,利用的是变压器在短路状态下电流与匝数成反比的原理制成。原边电流(被测电流)和副边电流取决于被测电路的负载,而与电流互感器的副边负载无关。由于副边接近于短路,所以原边和副边电压都很小。

图 3-13 为电流互感器测量电流原理图,其一次线圈与主电路串联,且通过被测电流 $i_1$,它在铁心内产生交变磁通,使二次线圈感应出相应的二次电流 $i_2$。如将励磁损耗忽略不计,则 $i_1 N_1 = i_2 N_2$,其中 $N_1$ 和 $N_2$ 分别为一、二次线圈的匝数。电流互感器的变流比为

$$k = \frac{i_1}{i_2} = \frac{N_2}{N_1} \tag{3-7}$$

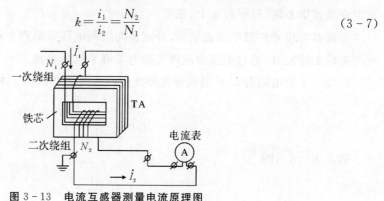

图 3-13 电流互感器测量电流原理图

## 三、霍尔效应法

霍尔效应是导电材料中电流与磁场相互作用而产生电动势的物理效应。如图 3-14 所示,置于磁场中的静止载流体中,若电流方向与磁场方向不相同,则在载流体的平行于电流与磁场方向所组成的两个侧面将产生电动势。

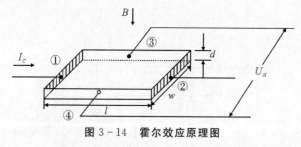

图 3-14 霍尔效应原理图

图 3-14 中,$l$ 为霍尔片的长;$w$ 为霍尔片的宽;$d$ 为霍尔片的高;$I_C$ 为霍尔片内通过的电流;$B$ 为磁场强度;$U_H$ 为霍尔电压,霍尔电压就为

$$U_H = K_H I_H B \cos\theta \tag{3-8}$$

式中:$K_H$ 为霍尔灵敏度;$θ$ 为磁感应强度 $B$ 的方向与器件平面法线 $n$ 的夹角;$I_H$ 为图 3-14 电极③和④上流过的电流,称为霍尔电流。

通过式(3-8),在已知 $K_H$,$B$ 和 $\theta$ 后,通过测量霍尔电压 $U_H$ 就可获得电流 $I_H$。

霍尔效应法可以测量大电流,测量范围可达 200 kA,准确度可达 0.2%,且抗干扰能力强。测量电流的方法很多,除了上述提到的方法外还有直流比较仪法、磁位计法、核磁共振法等。测量电流用仪器、仪表的范围与误差见表3-1。

表3-1 测量电流用仪器、仪表的范围与误差

| 仪器、仪表名称 | 测量范围/A | 误差范围/(%) |
|---|---|---|
| 指示仪表 | 直流 $10^{-7} \sim 10^2$ | $2.5 \sim 0.1$ |
| | 交流 $10^{-4} \sim 10^2$ | $2.5 \sim 0.1$ |
| 电位差计 | 直流 $10^{-7} \sim 10^4$ | $0.1 \sim 0.005$ |
| 霍尔效应大电流仪 | 直流 $10^3 \sim 10^5$ | $2 \sim 0.2$ |
| 磁位计 | 直流 $10^2$ 以上 | 0.1 |
| | 直流 $10^2$ 以上 | 0.1 |
| 检流计 | 直流 $10^{-11} \sim 10^{-6}$ | |
| 分流计 | 直流 $10 \sim 10^4$ | $0.5 \sim 0.02$ |
| 互感器 | 直流 $10^3 \sim 10^5$ | $2 \sim 0.2$ |
| | 交流 $10^{-1} \sim 10^{-4}$ | $0.2 \sim 0.005$ |
| 电子测量放大器 | 直流 $10^{-12} \sim 10^{-4}$ | $2 \sim 0.1$ |
| | 交流 $10^{-10} \sim 10^{-4}$ | $0.5 \sim 0.1$ |
| 电容放大器 | 直流 $10^{-15} \sim 10^{-5}$ | $5 \sim 2$ |

直流比较仪法测量范围可达 20 kA,测量准确度高达 $10^{-7}$,但要求被测电流稳定,且对仪器中所用磁芯的要求较高,所以一般用于校验仪器。

磁位计是一种较轻巧的测量装置,用该装置测量时被测电流范围几乎不受限制。另外,它的抗外界磁场干扰能力强,测量准确度可达 0.5%。

采用核磁共振法测量时,首先把被测电流转换成磁感应强度,然后再转换为核磁共振频率,测量装置直接用数字频率表对核磁共振频率进行读数。这种方法属于绝对测量的范畴,是测量技术发展的方向,目前已有准确度可达 0.05%,可测 35 kA 的装置。

## 第三节 频率和时间测量

### 一、概述

时间是国际单位制中 7 个基本物理量之一,它的基本单位是秒,用 s 表示。在电子测量以及地空导弹武器系统中常用毫秒(ms,$10^{-3}$ s)、微秒($\mu$s,$10^{-6}$ s)、纳秒(ns,$10^{-9}$ s)、皮秒(ps,$10^{-12}$ s)等作为单位来计量。

时间有两种概念,时刻和时间间隔。时刻是指某一时间点;时间间隔是指两点之间的时间差。二者既有联系,又有区别,测量的方法也不相同。

频率的是周期性信号在单位时间内重复出现的周波数。频率和周期是从不同角度来描述用期性信号的两个参量,二者互为倒数关系。

频率、时间和周期的测量原理大体相似。以对频率为例,其测量技术大体有直读法、比较法和计数法等几类方法。

直读法测量是直接利用电路的某种频率响应特性来测量频率值。其中的谐振法和电桥法为其典型代表。谐振法测频是利用电感、电容和电阻串联或并联谐振回路的谐振特性来实现频率的测量。谐振法测频的误差在 $0.25\%\sim1\%$ 的范围内,常用于频率粗测。电桥法测频是利用电桥的平衡条件与被测信号频率有关这一特性来测频的。电桥法测频的准确度为 $0.5\%\sim1\%$,高频时测量准确度下降,适用于 10 kHz 以下的音频。

## 二、计数法测量频率

频率是单位时间内被测信号重复出现的次数,则有

$$f=\frac{N}{t} \tag{3-9}$$

计数法测频实际上就是完全按此定义设计的测量方案,其原理框图如图 3-15 所示。在图中被测信号接输入端后,经过放大整形,变成脉冲信号后送往闸门。而控制闸门开启与关闭的标准时间间隔(时基),则由振荡器整形放大再分频后产生,分频的宽度是可调的。这样,在闸门开启时间内通过 $A$ 端输入的脉冲数与开启时间之比即为频率。为简单起见,只要使开启时间 $t$ 均为 $10^n$ s($n$ 为任意整数),即可从显示器上直接读出被测频率的大小。

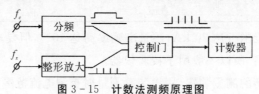

图 3-15 计数法测频原理图

根据式(3-9),由计数法测频时,频率测量的误差为

$$\Delta f_x=\frac{\Delta N}{N}-\frac{1}{t^2}\Delta t \tag{3-10}$$

总相对误差一般可采用分项误差绝对值合成,即

$$\frac{\Delta f_x}{f_x}=\left|\frac{\Delta N}{N}\right|+\left|\frac{\Delta t}{t}\right|$$

在式(3-10)中等号后的第一项($\Delta N/N$)常称为量化误差,而第二项($1/t^2 \cdot \Delta t$)常称为闸门开启时间误差,这两项误差共同左右着测量的准确度。

## 三、计数法测量时间

时间间隔的测量和周期的测量,都属于对时间长度的测量,它们的测量方法是相同的。这里以计数法测量周期为例说明对时间的测量方法。

计数器法一般是用来测量信号的频率的,但是用一个频率计通过对其转换开关稍做变动也可以用来测信号周期,图 3-16 为计数法测周期原理框图。被测信号 $T_X$ 由 $B$ 端输入,经由

整形放大电路分频($m$ 倍)后控制闸门的开与关,而计数脉冲由石英晶体振荡器经放大整形分频后(时标 $T_0$)提供。

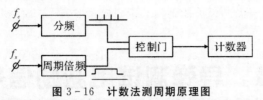

**图 3-16 计数法测周期原理图**

这时被测信号周期为

$$T_X = NT_0 \tag{3-11}$$

被测时间间隔 $\Delta t$ 与计数器的计数 $N$ 及时标信号周期 $T_0$ 之间有如下关系:

$$\Delta t = NT_0 \tag{3-12}$$

通过电路也可得到时间间隔。

测周期误差,由式(3-10)可得

$$\Delta T_X = \Delta N T_0 + \Delta T_0 N \tag{3-13}$$

总相对误差取分项绝对值合成,得

$$\frac{\Delta T_X}{T_X} = \left|\frac{\Delta N}{N}\right| + \left|\frac{\Delta T_0}{T_0}\right| \tag{3-14}$$

# 第四章 导弹测试用激励信号装置

在导弹测试中,被测参数的特性只有在适当的激励信号作用下才能测量。由于导弹测试的特殊性,对导弹性能参数的检测不仅需要一般的通用信号源的激励,还需要各种非标专用设备或者装置,以便产生测试导弹所需的各种激励信号和提供所需的测试条件。

非标专用设备主要包括用于模拟导弹机动飞行的导弹飞行模拟器,用于模拟地面制导站发射指令信号的指令模拟器,用于模拟目标特性的目标模拟器等。非标模拟设备实际上属于模拟导弹拦截目标飞行过程及其环境的设备,模拟过程属于对导弹飞行过程的仿真。

## 第一节 信 号 源

信号源,又称信号发生器、激励信号源,它是指电子测量中作为激励使用的信号来源。信号源是测量工作不可缺少的组成部分之一,也是电子测量中最基本、使用最广泛的电子测量仪器之一。在电子测量的技术领域内,除了部分对设备运行实施监控的机内测试(BIT)的测试不用信号激励装置外,几乎所有的电参数,都需要或可以借助于信号发生器进行测试。在对导弹进行测试以及性能分析评估过程中,最常用的方法是采用激励-响应法,即在对导弹性能分析中,通常导弹的状态和性能是通过激励信号与对应的输出响应之间关系进行评定的。因此,通用的激励信号源同样也是导弹测试中应掌握和熟练使用的重要设备。

### 一、信号源的分类

信号源按照不同参考点可以划分为很多不同的类型,常见的有以下几种划分方式。

(1)按信号源的用途划分。按信号源的用途划分,可以将信号源分成通用信号源和专用信号源两大类。其中专用信号源是为了特定的测试目的而专门设计的信号源,它只适用于特定的测试对象及测试条件。而通用信号源则有较强的通用性和较宽的使用范围,既可用来测量的某些普通电子设备和系统的某些参数,也可以用来测量导弹、雷达、飞机、计算机、电视机等一些特定设备的某些参数。因此,通用信号源或某种通用仪器,往往可作为某些特定设备测试系统的一个组成部分。本节就地空导弹测试中的通用信号源进行论述。

(2)按信号源的输出波形划分。按信号源的输出波形划分,可以将信号源分为正弦波信号发生器、脉冲信号发生器、函数信号发生器、噪声信号发生器、任意波形发生器等。正弦波信号发生器也常称为正弦信号发生器,它是用来产生电压、电流和频率等不同电参数的正弦波,是最常用的信号发生器,也是其他不同信号输出波形信号源的分析基础,是研究的重点。脉冲信号发生器用来产生脉宽和频率等不同电参数的脉冲波。函数信号发生器通常产生各种三角波、锯齿波、梯形波等信号。噪声信号发生器通常产生随机的噪声信号。任意波形发生器具有生成任意函数波形及其他特殊波形信号的产生与仿真功能。例如除了产生上述正弦波、三角波等波形外,还可产生各种尖峰脉冲、频率突变等信号波形。

(3)按信号源工作的频段划分。按信号源工作的频段划分,可以将其划分为以下几种类型。

1)超低频信号发生器,$f=0.0001\sim1000$ Hz。

2)低频信号发生器,$f=1\sim20$ Hz。

3)视频信号发生器,$f=20\sim100$ MHz。

4)高频信号发生器,$f=200$ kHz$\sim30$ MHz,即相当于长、中、短波段的范围。

5)甚高频信号发生器,$f=30$ kHz$\sim300$ MHz,即相当于米波段。

6)超高频信号发生器,$f>300$ MHz,即相当于分米波和厘米波段。

按照上述方法划分时,常将工作在厘米波及更短波长的信号发生器,称为微波信号发生器。这里需要强调的是,上述波段的划分,并非严格不变的,一方面,目前有许多信号发生器都能工作在极宽的频率范围内,工作频率从数千赫兹到1 GHz或更高;另一方面,频段还有不同的划分方法,例如我国就很少有甚高频信号发生器的称呼,而将工作在几十千赫兹到几百兆赫兹频段内的信号发生器统称为高频信号发生器。再则,对于一个具体的产品,它可能工作在某一频段的全部,也可能只工作在某频段的部分频率上,也可能占有多个频段。因此,这种按照信号源工作的频段划分的方法只是给我们对信号源的工作频率提供一种大概描述,实际使用中完全没有必要去深究它具体的归属。

(4)按信号源的性能优劣划分。按信号源的性能优劣划分,可以将其分为普通信号发生器和标准信号发生器两种类型。

1)普通信号发生器。它主要用来向电子设备提供高频能量,如向电桥、测量线等供给能量,以便测试其性能。例如,测量天线方向图时,就使用这种信号发生器作为信号源。普通信号发生器一般具有较大的输出功率,而输出信号的频率和幅度可能有较大的误差,其波形可能有较大的失真,一般所说的功率信号发生器就属于这一类。

2)标准信号发生器。输出信号的频率、电压和调制系数能在一定范围内调节(有时调制系数可固定),并能准确读数、屏蔽良好的信号发生器,称为标准信号发生器。标准信号发生器的输出电压一般不大,要求提供足够小而准确的电压,以测试接收机等高灵敏度的电子设备,因此,标准信号发生器中要有精密的衰减器和精细的屏蔽设施,以防止信号的泄漏。

(5)按信号源的调制类型划分。以正弦波信号发生器为例,按调制类型可将其分为调幅信号发生器,调频信号发生器、调相信号发生器、脉冲调制信号发生器及组合调制信号发生器等。超低频和低频信号发生器一般是无调制的,高频信号发生器一般是有调制的,甚高频信号发生器应有调幅和调频,超高频信号发生器常用脉冲调制。雷达接收机灵敏度和导弹导引头的测试试验常使用脉冲调制信号发生器。

(6)按信号源的频率调节方式划分。按信号源的频率调节方式划分,根据调节方式不同,可以将信号源分为手动调节和自动调节两种。普通信号发生器都是手动调节的,而扫频信号发生器、程控信号发生器和频率合成信号发生器采用自动或半自动调节方式。在自动测试系统中需要自动调节信号发生器。

(7)按信号源产生频率的方法划分。按信号源产生频率的方法划分,可以分为谐振法与合成法两种。一般的信号发生器多采用谐振法来合成所需要的频率(即用具有频率选择性的回路来产生正弦振荡而形成正弦波信号)。另外,也可以通过对基准频率的加、减、乘、除,从一个或多个基准频率,得到一系列所需的频率,这种产生频率的方法称为合成法。基于频率合成法原理制成的信号发生器,可以得到很高的频率稳定度的精确度,因此发展迅速,在设计制造的雷达、导弹测试系统中,就采用了频率合成信号发生器,作为被测对象的频率源。

### 二、信号源性能指标

有各种性能指标对激励信号源进行描述。由于信号源产生信号波形不同,其工作原理也有差异,这里主要对常用的正弦波信号源和脉冲信号源的性能参数做一简单介绍。

1. 正弦波信号源

正弦波信号发生器质量的优劣,对被测参数进行测量的精确度是有影响的。因此,对一个正弦信号源应满足以下两种要求:①频率特性要好,能迅速而准确的把信号源的输出信号调到所需的频率上;②输出特性要好,即能够提供所需信号的电平。

(1)频率特性。频率特性是正弦波信号的一个重要特性,它可以从以下几方面来表征。

1)有效频率范围。有效频率范围指的是信号源的各项指标都能得到保证时的输出频率范围,一般要求该频率范围越宽越好,在有效频率范围内频率调节可以是连续的,也可以是离散的,当频率范围很宽时,常分为若干分波段。

2)频率准确度。信号源频率准确度可用频率的绝对偏离,即绝对误差 $\Delta f=|f-f_0|$ 来表示,其中的 $f_0$ 为信号源产生频率的中间值(期望值),$f$ 为实际产生的频率值。也可用相对偏离,即相对误差 $\alpha=\Delta f/f_0$ 来表示。用刻度盘读数的信号源,其频率准确度在 $1\%\sim10\%$ 的范围内,标准信号发生器则优于 $1\%$。

3)频率稳定度。信号源频率稳定度是指信号源频率随时间和温度的漂移的程度。

对于由 RC 振荡电路或桥式振荡电路组成的低频信号发生器,其频率稳定度只能够做到 $10^{-4}/d$ 以下。高频信号发生器一般由 RC 振荡器组成,其频率稳定度能做到 $10^{-5}/d$。由石英晶体谐振器组成的高稳定度信号发生器,其频率稳定度能达到 $10^{-5}/d$ 或 $10^{-6}/d$。近几十年来,利用锁相环路做成的合成信号发生器,其领率稳定度可以做到 $10^{-10}/d$ 以上。

利用频率合成技术将一个基准频率 $f_r$($f_r$ 一般用高稳定度的石英振荡器产生),通过加、减、乘、除基本代数运算,产生一系列所需的频率,其稳定度可达到与基准频率稳定度相同的量级。这样,可把信号源的频率稳定度提高 2~3 个数量级。目前,在信号源中广泛采用锁相技术来完成频率合成,生产高稳定度的自动测试信号源。频率合成技术将在后面有详细论述。

近年来,由于大规模集成电路的发展,制造出了体积小、质量轻、耗电少(仅几十毫瓦)的集成电路计数器,这就用频率计数器代替了机械驱动的频率刻度,使连续可调信号的输出频率准确度达到一个新的水平。

(2)输出特性。一个正弦信号源的输出特性主要包括以下 5 种。

1)输出电平范围。微波信号源一般用功率电平表示,高频和低频信号源一般用电压表示,也可用相对电平表示,总的说来,信号源的输出电平是不大的,而调节范围却可能很宽。一般标准高频信号发生器的输出电压为 $0.1\mu V\sim 1 V$,其调节范围达 $10^7$,而一般电平振荡器的输出电平则在 10～60 dB 范围内可调。

2) 输出电平的频率响应。输出电平的频率响应,也称输出电平的平坦度。它是指在有效频率范围内调节时输出电平的变化,对电平振荡器来说,其输出电平平坦度的要求较高,一般相对于中频段的输出电平,其平坦度优于 0.3 dB。输出电平的平坦度与输出电平的稳定度不同,输出电平的稳定度反映的是输出电平随时间的变化情况。

为了提高输出电平的平坦度及稳定度,在现在的信号源中,往往加有自动电平控制电路(ALC),具有 ALC 的信号源的平坦度,一般在 1 dB 以内。

3) 输出电平的准确度。输出电平的准确度指输出电平误差,一般在 3‰～10‰ 范围以内,即大约与电压表的准确度相当。它是由 0 dB 准确度 $a_0$、输出损耗衰减换档误差 $a_d$ 表头刻度误差 $a_m$ 以及输出电平平坦度 $a_r$ 等四项误差决定的。根据均方根误差来计算,则输出电平的准确度为

$$a = \sqrt{a_0^2 + a_d^2 + a_m^2 + a_r^2} \tag{4-1}$$

此外,输出电平还将随温度与供电电源的电压波动而变化。

4) 输出阻抗。信号源的输出阻抗,视不同的信号源的类型而异。在低频信号源中,一般用匹配变压器输出,因此,可能有几种不同的输出阻抗,如 50 Ω,600 Ω,5 000 Ω 等,高频信号源一般只有一种输出阻抗,如 50 Ω 或 75 Ω。

5) 输出信号的频谱纯度。输出信号的频谱纯度描述输出信号的频谱的纯净情况。正弦信号发生器所提供的正弦波不可能是理想的,但要求正弦波信号发生器输出频谱纯净的正弦信号是很重要的,频谱不纯的主要因素有三个,即由非线性失真产生的高次谐波、混频器输出的组合波(对差频法而言)以及噪声,一般要求信号源的非线性失真应小于 1‰,某些测量(例如高传真系统),则要求优于 0.1‰。

除以上工作特性以外,还有调制特性,其中包括调制频率、调制系数或最大频偏以及调制线性等。

**2. 脉冲信号源**

在这里主要讨论矩形波信号的主要性能参数。

(1) 脉冲幅度。脉冲幅度是指一个脉冲从底部到顶部的数值量的大小。实际产生的脉冲,可能不是非常规整的矩形波,经过对脉冲放大,如图 4-1 所示的波形,其脉冲幅度即为图 4-1 中的 $E$ 值。

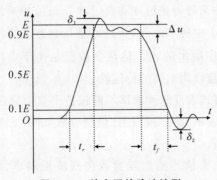

图 4-1　放大了的脉冲波形

(2)脉冲宽度。脉冲宽度就是脉冲的持续时间,用 $\tau$ 来表示。理想的矩形脉冲的宽度就是脉冲上升到脉冲下降之间的时间间隔。由于通常的矩形脉冲并非理想的波形,所以脉冲宽度又有不同的定义方法,通常是指脉冲幅度的 50% 的上升与下降之间的时间间隔作为脉冲的宽度。

(3)脉冲上升时间和脉冲下降时间。从脉冲幅度的 10% 处,即从 $0.1E$ 处开始上升到 $0.9E$ 处所经过的时间,是脉冲的上升时间,用 $t_r$ 表示。对于正极性的脉冲,这个时间代表了脉冲的前沿。脉冲从顶部转入下降点开始,或者脉冲幅度从 $0.9E$ 处下降到 $0.1E$ 处所经历的时间,称为脉冲下降时间,表示为 $t_f$,如图 4-1 所示。对于正极性的脉冲来说,下降时间就是脉冲后沿。脉冲前沿和脉冲后沿是描述脉冲中的两个非常重要的两个参数。在用矩形脉冲研究放大器的频率特性时,或者研究数字电路的反转时间等方面,这两个时间的大小直接影响着研究结果的精度。

(4)脉冲重复周期与重复频率。脉冲重复周期与重复频率是表征脉冲序列的两个参数。同正弦波一样,一个周期性的脉冲序列也有它的信号周期 $T$ 定义为:两相邻脉冲之间的时间间隔,脉冲序列如图 4-2 所示。在许多场合,也用到脉冲的重复频率 $f_0$,它是指脉冲重复周期的倒数。

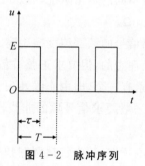

图 4-2 脉冲序列

(5)脉冲占空系数。脉冲的重复周期 $T$ 与脉冲宽度 $\tau$ 之比称为脉冲的占空系数,可用 $Q$ 表示为

$$Q = \frac{T}{\tau} \tag{4-2}$$

占空系数越大,表示脉冲重复周期内的脉冲宽度所占的时间越短。把 $Q$ 的倒数称为脉冲的工作比。

(6)脉冲过冲。脉冲过冲又分为正过冲和负过冲。正过冲是指脉冲上升沿超过幅度以上所呈现的突出部分,如图 4-1 中所示的 $\delta_1$;负过冲是指脉冲下降沿一直透过零值以下所呈现的向下突出部分,如图 4-1 中所示的 $\delta_2$。这两个数值是由于电路中的 LC 分布参数所引起的,如果该数值较大,会影响被作用电路的稳定性。

(7)平顶跌落。平顶跌落式表征脉冲顶部不能保持平直而呈现倾斜降落的数值,常用以其对脉冲幅度比值的百分数来表示,$\Delta u$ 与 $E$ 的比值百分数如图 4-1 所示。该值越大,说明脉冲失真越厉害。

对于锯齿波脉冲信号,主要描述的性能参数包括波形斜率、线性度、正回程和负回程时间等。

## 三、基本模拟信号源

基本模拟信号源是最早采用一种信号源产生方式,它由振荡源、波形转换电路和功率输出电路几部分组成,如图4-3所示。

图4-3 基本的模拟信号源的组成

### 1.振荡源

模拟式信号源都是基于模拟电子技术而设计的。其中的振荡源是核心,随着信号源输出的频率和信号波形的不同,振荡源构成的形式也不同。振荡源按照频率不同可分为以下几种。

(1)超低频振荡源。它是指振荡频率在50 Hz以下的振荡源,通常采用LC反馈网络构成正弦振荡器。这里为了减小体积,电感$L$通常采用由运放和反馈电容网络构成方波振荡器,用分频方法很容易产生各种频率。如果采用微机系统,那么用编程方法也可以很容易实现。

(2)音频振荡源。它是指振荡频率在20 kHz以下的振荡源。通常采用RC反馈网络实现。用双T型反馈网络和文氏电桥可构成正弦波振荡器,但是为形成高稳定源,必须采用晶体管高稳定频率源,再通过RC滤波获得。

(3)高频信号振荡源。它是指振荡频率在20~30 MHz的振荡源。通常用LC振荡源实现较容易。为提高频率稳定性可用晶体振荡分频、LC选频得到正弦波。方波振荡源用分频的形式更容易得到。

(4)超高频信号振荡源。它是指振荡频率在30~300 MHz的信号源。通常用声表面滤波器作反馈网络构成正弦波振荡器。声表面滤波器(Surface Acoustic Wave Filter,SAWF)是利用石英、铌酸锂、钛酸钡晶体的压电效应性质制作的滤波器。这些晶体在受到电信号的作用下产生弹性形变而发出机械波(声波),即可把电信号变成声信号,由于这种声波只在晶体表面传播,故称为声表面波。

(5)微波信号源。它是指振荡频率在300 MHz~10 GHz的振荡源,通常采用谐振腔或者微带构成LC谐振回路。频率1 GHz以上时,用介质振荡器。放大器使用场效应管或者HEMT(High Electron Mobility Transistor)器件,即高迁移率晶体管器件。对毫米波只能用HEMT器件。

### 2.波形转换电路

波形转换电路是采用积分器、微分器、比较器等实现各种波形之间的转换,或者对振荡产生的矩形整形、锯齿波整形、三角波整形等得到规整的波形信号。例如,当积分电路输入阶跃信号(方波信号)的周期$T$小于积分电路的时间常数时,积分电路就实现了方波到三角波之间的转换。$T$值越小于时间常数,三角波的线性越好。

### 3.功率输出电路

功率输出电路是将波形转换电路输出的波形信号进行可调的放大或者衰减。通常采用功放管。在许多电子设备中,要求其输出级能够带动某种负载,例如驱动仪表,使指针偏转;驱动扬声器,使之发声;驱动控制系统的执行机构,这就要求有较大的负载能力。一般要求功率输出电路的输出功率大,要求功放管的电压和电流有足够大的输出幅度。要求效率高,效率是指负载得到的有用功率与电源供给的直流功率之比。要求非线性失真要小,对测试系统,非线性失真要求更高,否则影响测量精度。

模拟式信号源具有结构简单、频率范围宽等优点,但其频率稳定度和正确度都较差。

随着电子科学技术的发展,被测参数的指标及测试手段不断提高,对信号源频率的稳定性、准确性和可控性的要求也越来越高。一个信号源输出频率的准确度,在很大程度上是建立在主振器输出频率稳定度的基础上的,所以,如何在宽的频率范围内获得输出频率的高稳定度,是研制信号源的一个主要问题。

### 四、直接模拟频率合成技术的信号源

#### 1. 频率合成技术

采用频率合成技术是解决如何在宽的频率范围内获得高稳定度输出频率,提高信号源性能的关键技术。频率合成技术是将一个高稳定度和高准确度的标准信号源,经过某种技术处理,产生同样高稳定度和高精确度的大量离散频率的技术。这里所说的技术处理方法,可以是用硬件实现频率加、减、乘、除基本运算的传统技术,可以是锁相技术,也可以是各种数字技术和计算技术。

在现代电子系统中,往往需要在一个频率范围内提供一系列高准确度和高稳定度的频率,而普通的晶振输出只能是单一的或者只能在一个极小的范围内微调,远远达不到要求,这就需要采用频率合成技术来完成这一任务。

频率合成器是从 20 世纪 50 年代开始发展起来的,起初是利用多个基准频率进行合成。这种方法虽然比较简单,但必须采用多个基准频率源,因此难以采用频率稳定度很高的频率源作为基准,另外,由于各基准频率是独立无关的,而合成后的频率与基准频率之间、各输出频率之间也都是不完全相关的,因此称这种合成方法为非相关合成法,在某些情况下,频率之间的这种不相关是不允许的。

现代的频率合成器,大多只用一个基准频率源,因此可以采用高稳定度晶体振荡器作基准源,它一般能获得优于 $10^{-8}/d$ 的频率稳定度。因为只有一个基准频率,所以各输出频率与基准频率之间、各输出频率之间都是完全相关的,故称这种合成方法为相关合成法。

频率合成技术主要有以下 3 种方法。

(1)直接模拟频率合成技术(Direct Analog Frequency Synthesis,DAS),它是采用模拟硬件实现的一种频率合成技术,即可以采用硬件实现频率的加、减、乘、除基本运算的频率合成技术。

(2)锁相频率合成技术(Phase Locked Loop,PLL),它是利用锁相环路跟踪输入信号的频率,实现频率和相位同步的频率合成技术。

(3)直接数字频率合成技术(Direct Digital Frequency Synthesis,DDS),即采用数字电路和计算机技术,通过编程运算实现频率合成技术。

从上述技术路线看,信号源的发展是随着电子技术和计算机技术的不断发展而发展的,基本上经历了模拟信号源、数字信号源到程控信号源的发展阶段。

直接模拟频率合成(Direct Analog Frequency Synthesis,DAS)技术,是利用一个(或几个)基准频率通过一系列的混频器(加、减)、倍频器(乘)和分频器(除)等基本电路的组合,对基准频率进行基本代数运算,以合成所需频率,然后再通过必要的放大和窄带滤波,以分离并选出所需频率信号的技术。其合成步骤一般是先由基准频率合成一系列为数不多的辅助参考频率,再由这些辅助参考频率合成所需的各个输出频率。也称为直接频率合成法。

直接模拟频率合成技术有谐波法、连续混频法、漂移抵消法等不同的实施方法。这里只介绍谐波法和连续混频法。

2. 谐波法

谐波法常用来产生辅助参考频率,其工作原理如图 4-4 所示。从基准源来的频率为 $f_r$ 的信号加到谐波发生器,形成含有丰富谐波分量的窄脉冲,然后利用窄带滤波器选出所需的某次谐波分量,改变滤波器的中心频率,则可改变输出频率。

显然,利用谐波法产生的输出频率 $f_0$ 是基准频率 $f_r$ 的整数倍,即 $f_0=mf_r$,且相邻两输出频率之间的间隔都是相等的,并等于 $f_r$。谐波法的缺点是在某一特定时刻只能输出一个频率。

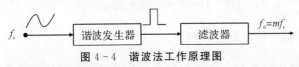

图 4-4 谐波法工作原理图

3. 连续混频法

连续混频法可以用来合成覆盖频率较宽、频率间隔较密的大量频率。其工作原理如图 4-5 所示。

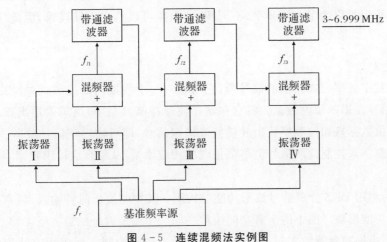

图 4-5 连续混频法实例图

由图 4-5 可见,该例由 4 个增量振荡器、3 个混频器和 3 个滤波器以及放大器(图中未画出)等组成,能在 3~6.999 MHz 的范围内产生 4 000 个频率,各振荡器在基准频率控制下,与混频器连续混频,产生相应频率,经带通滤波器滤波后得到所需频率。应特别指出的是,增量较小的振荡器必须放在前面,增量较大的振荡器必须放在后面,否则所需的滤波器将大量增加。

（Ⅰ）393～404 kHz　（Ⅱ）3.555～3.645 kHz　（Ⅲ）35.05～35.95 MHz　（Ⅳ）36～36 MHz
（Ⅰ）$\Delta f_1 = 1$ kHz　（Ⅱ）$\Delta f_2 = 10$ kHz　（Ⅲ）$\Delta f_3 = 100$ kHz　（Ⅳ）$\Delta f_4 = 1$ MHz

图中，$f_r$ 为基准频率。

振荡器Ⅰ的工作频率为
$$f_{L1} = 395 \sim 404 \text{ kHz}, \Delta f_T = 1 \text{ kHz}$$

振荡器Ⅱ的工作频率为
$$f_{L2} = 3.555 \sim 3.645 \text{ MHz}, \Delta f_2 = 10 \text{ kHz}$$

振荡器Ⅲ的工作频率为
$$f_{L3} = 35.05 \sim 35.95 \text{ MHz}, \Delta f_3 = 100 \text{ kHz}$$

振荡器Ⅳ的工作频率为
$$f_{L4} = 33 \sim 36 \text{ MHz}, \Delta f_4 = 100 \text{ kHz}$$

因此可以看出：
$$f_{I1} = f_{L1} + f_{L2} = 3.950 \sim 4.049 \text{ MHz}$$
$$f_{I2} = f_{L3} + f_{I1} = 39 \sim 39.999 \text{ MHz}$$
$$f_{I3} = f_0 = 3 \sim 6.999 \text{ MHz}$$

**五、直接数字频率合成技术的信号源**

直接数字频率合成技术是指产生系列数字信号并经数模转换器转换为模拟信号的技术。

直接数字频率合成技术是从相位的概念出发进行频率合成的。由于这种方案是采用数字计算技术，因此人们把这种频率合成法称为直接数字频率合成法。它的基本原理是建立在不同相位给出不同电压幅度的基础上的，在一个周期内就给出按一定电压幅度变化规律组成的波形。因为它不但可以给出不同频率、不同相位，而且可以给出不同波形，因此这种方法又称波形合成法。

1. 基本原理

采用直接数字频率合成技术的信号源，它通过对一个周期内的连续信号波形幅值进行采样，可以得到信号波形的幅值数据。将它存储在波形存储器当中，当需要输出该波形时，再将存储器中的幅值数据按相位顺序读出并转换成模拟信号，即可输出该信号波形。DDS技术就是通过频率控制字来控制读取信号波形幅值时的相位增量，从而合成输出频率、相位可调节的信号波形。

图4-6为利用DDS合成信号波形功能结构图。其中主要由时钟输入、频率控制、数模转换等几个主要功能模块。图中的所有功能模块在同一个系统时钟的输入下工作。在每个时钟脉冲的触发下，由微控制器输入频率控制字，电路通过频率控制字生成相应的相位增量，相位累加器负责将每次的相位增量相累加，相位累加器将累加得到的相位信息作为新的地址码输入到存储信号波形数据的波形存储器。相位存储器里存储着信号波形在一个周期内的各个相位上的采样幅值据，根据新地址码读出的幅值数据被输出到D/A转换器，转换器再将离散的值采样数据转换成输出电平。这样，随着系统时钟的增加，查找相位随着时间的推进不断累加，系统也就会随着时间的推进不断输出信号波形。

由于波形存储器中的信号波形数据是由上位机软件生成的信号一个周期内的幅值采样数据，因此配合 DDS 的频率控制技术，本系统可以产生多种波形的信号输出，具有很大的灵活性和易修改的优点。

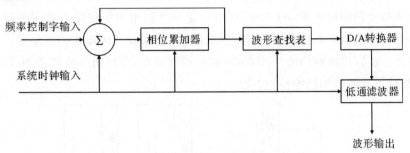

图 4-6　DDS 合成信号波形功能结构图

**2. 采用数字调频技术设计的程控信号源**

采用直接数字频率合成技术的信号源可以与调频、调相和调幅等技术相结合产生各种不同信号波形。这里介绍一种 DDS 技术与数字调频技术结合设计的程控信号源。

该程控信号源采用了直接数字频率合成技术，其产生波形的方法是先将正弦波的数据写入波形 ROM 中，然后定时地读出并输入到 D/A 变换器。其原理框图如图 4-7 所示。波形并非由 CPU 直接产生，而是由硬件产生，CPU 仅用来进行调节控制。数字波形合成就是把波形的采样点存储在 ROM 中，然后通过计数器计数使波形点依次输出。其中倍频器的设计采用了数字调频原理。倍频电路由锁相环 PLL 和 N 进制计数器组成。使用晶体振荡器产生基准时钟，经过可编程倍频器倍频，这样就实现了对输出信号频率的高精度调节。该程控信号源的幅度控制是通过单片机控制幅度 D/A 转换器，改变 D/A 转换器的参考电压来实现的。

该程控信号源是作为工频信号发生器来设计的，其频率调节细度为 0.01 Hz，频率调节范围为 0.1～99.99 Hz。该程控信号源采用了数字调频技术，从频率合成角度来看，采用的是锁相环频率合成技术。

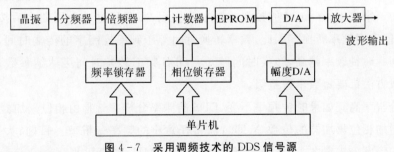

图 4-7　采用调频技术的 DDS 信号源

**3. 采用直接数字频率合成技术的集成电路**

由于直接数字频率合成技术的信号源采用的是数字电路，易于集成，因此，已经有了大量的专用 DDS 集成电路。

目前国内主要使用美国 Qualcomm（高通）公司（如 Q2220，Q32161，Q2334，Q2230C 等）和 Analog Devices（模拟器件）公司（如 AD7008，AD9850 等）的产品。

AD7008 的内部硬件结构如图 4-8 所示。AD7008 是 Analog Devices 公司生产的基于直接数字合成技术的高集成度 DDS 频率合成器,其内部包含可编程 DDS 系统、高性能 10 位 DAC、与微机的串行和并行接口以及控制电路等,能实现全数字编程控制的频率合成和时钟发生器。如果接上精密时钟源,AD7008 即可产生一个频率和相位都可编程控制模拟正弦波输出。根据需要还可以对此信号进行调频、调相或调幅控制。此输出的信号可直接用作频率信号源或转换方波以作时钟输出。AD7008 接口控制简单,可以用 8 位或者 16 位并行口直接输入频率、相位以及调幅幅度等控制参数。

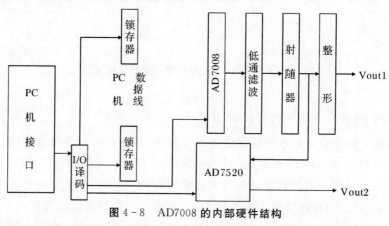

图 4-8 AD7008 的内部硬件结构

**4. 直接数字频率合成的特点**

(1) 优点。从上述分析看,采用直接数字频率合成技术的信号源与传统信号源相比其有下述优点。

1) 输出频率相对带宽较宽。输出频率的带宽为 50% 的时钟频率(理论值)。但考虑到低通滤波器的特性和设计难度以及对输出信号杂散的抑制,实际输出信号的带宽仍然能够达到 40% 的时钟频率。

2) 频率转换时间短。DDS 是一个开环系统,无任何反馈环节,这种结构使得 DDS 的频率转换时间极短。事实上,在 DDS 的频率控制字改变后,需要经过一个周期之后按照新的相位增量累加,才能实现频率转换。因此,频率转换时间等于频率控制字的传输时间,也就是一个时钟周期时间。时钟频率越高,转换时间越短。DDS 频率转换时间可达纳秒数量级,比使用其他频率合成方法都要短数个数量级。

3) 频率分辨率高。如果时钟频率不变,DDS 的频率分辨率就是由相位累加器的位数 $N$ 决定的。只要增加相位累加器的位数 $N$ 即可获得任意小的频率分辨率。目前,大多数 DDS 构成的信号源的频率分辨率在 1Hz 数量级,有些达到 1MHz 甚至更小。

4) 相位连续变化。改变 DDS 输出信号频率,实际上是改变每一个时钟周期的相位增量,相位函数曲线是连续的,只是在改变频率的瞬间其频率发生了突变,因而保持了信号相位的连续性。

5) 输出波形灵活。只要在 DDS 内部加上相应控制,如调频 FM、调相 PM 和调幅 AM 控制,即可方便、灵活地实现调频、调相和调幅功能,产生 FSK(Frequency-Shift-Keying,频移键控,也称数字频率调制)、PSK(Phase-Shift-Keying,相移键控)、ASK(Amplitude-Shift-Keying,幅移键控,也称振幅键控)和 MSK(Minimum-Shift-Keying,最小频移键控)等信号。另外,只要在 DDS 的波形存储器中存放不同波形数据,就可输出如三角波、锯齿波和矩形波甚至任意波形。

6)其他优点。由于 DDS 中几乎所有的器件属于数字电路,易于集成,功耗低、体积小、质量轻、可靠性高,易于程控,使用相当灵活,性价比高。

(2)缺点。直接数字频率合成技术构成的信号源也有其以下缺点。

1)输出频带范围有限。由于 DDS 内部 DAC 和波形存储器(ROM)的工作速度的限制,使得 DDS 输出的最高频率有限。目前,市面上采用 CMOS,TTL,ECL 工艺生产的 DDS 信号源工作频率一般在几十 MHz 至 400 MHz 左右。采用 GaAs 工艺的 DDS 芯片的工作频率达到了 2 GHz。

2)输出杂散大。由于 DDS 采用全数字结构,不可避免地引入了杂散。其来源主要有以下三方面:①相位累加器的相位舍位误差引起的杂散;②幅度量化误差(由于存储器有限字长引起)的杂散;③DAC 非理想特性造成的杂散。

## 第二节　导弹模拟器

对于导弹模拟器没有统一的概念,一般认为是为了研制导弹测试系统、测试导弹的动态参数、测试训练等目的,研制生产能够模拟导弹飞行状态,模拟导弹部分功能和性能的装置。

在导弹测试过程中,既要测试导弹的静态参数,也要测试导弹的动态技术性能,测试导弹的动态技术性能就需要模拟导弹在飞行不同过程中的各种机动飞行及其飞行环境(如空气扰动、气动加载等)状态用以测试导弹的动态性能,这时就需要有模拟的导弹即导弹模拟器。

另外,在某些情况下,为了检验测试设备性能(测试设备的功能检查),也需要有对被测对象(导弹)的模拟,需要有导弹模拟器。由于实装导弹价格高,导弹的部分组件工作时间有限,而且实装导弹上有火工品,因此为了完成对导弹的多次测试训练、装卸等勤务工作,在经济性、安全性上考虑也需要导弹模拟器。

本节就导弹模拟器的分类、导弹部分组件模拟器、导弹模拟器的实现方法和用于模拟导弹机动飞行及飞行环境所用的主要设备(转台、负载模拟器、摇摆台和线加速度模拟台等)进行论述。

### 一、导弹模拟器的分类

按照模拟内容,导弹模拟器可分为全弹模拟器和分组件模拟器。全弹模拟器是一种把导弹的主要功能组件封装在一起,以模拟导弹主要部件性能的模拟器;分组件模拟器是用于模拟导弹上的部分功能组件或者舱段的技术性能的模拟器,如导引头模拟器、引信模拟器等。

按照导弹的状态,导弹模拟器可以分为裸弹模拟器和筒弹模拟器。前者是对导弹技术性能进行的模拟,后者则除了对导弹的技术性能模拟外,还可以模拟导弹与装运发射筒之间的电气连接、装运发射筒的内部环境以及导弹发射、发射前参数装订的技术性能等。

按照模拟器的形式,导弹模拟器可分为实物模拟器、半实物模拟器和虚拟模拟器(数字化模拟器)。实物模拟器是指导弹模拟器由相应的实物构成,例如导弹测试训练时的模拟训练弹就属于实物模拟器,它用于模拟的实物筒弹或者裸弹等。半实物模拟器是指一部分是实物,而另一部分采用数学模型构成。一般情况下,为了模拟导弹的组成、外形等可采用实物,而对导弹的动态性能、飞行特性的模拟则采用数学模型。虚拟模拟器也称为数字化模拟器,是指导弹模拟器全部采用数学模型构成。这类数学模型可以是导弹的弹道方程、传递函数等。通过对这类数学模型的解算,来分析导弹的动态的性能。

半实物模拟器和虚拟模拟器常用于导弹制导控制系统仿真试验中,而实物模拟器常用于测试、吊装、装填、运输等训练中。

按照导弹模拟器使用阶段和使用目的,导弹模拟器可分为测试系统研制阶段中的导弹模拟器和部队使用阶段的导弹模拟器。在导弹装备到部队的使用阶段,导弹模拟器按照使用目的可以分为自检用导弹模拟器、测试维护用的导弹模拟器和训练用导弹模拟器。训练用导弹模拟器一般包括有吊装训练模型弹和作战训练模型弹两类,如图4-9所示。

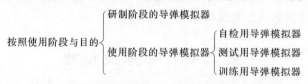

**图4-9 按照使用阶段与目的的导弹模拟器分类**

1. 研制阶段的导弹模拟器

在导弹测试系统研制阶段,导弹测试系统的调试依赖于导弹,但导弹复杂度高,研制周期长,直接影响导弹测试设备的调试、验收、交付的时间周期;而且通常导弹无法提供故障数据,测试设备的测试性和其技术性能难以评估,故障诊断能力得不到验证,因此,在导弹与测试设备对接匹配之前,需要采用导弹模拟器。

在导弹研制阶段,导弹模拟器通常同其他设备一起组成半实物仿真系统用主要用于模拟导弹的机动飞行,分析和验证弹上功能单元及其整弹的电气功能和技术指标;分析和验证导弹各组成部分(导弹制导控制系统、导弹气动舵机、燃气舵机、导引头、自动驾驶仪、惯测组合、惯性系统及其元件等)的动态性能;验证研制的导弹测试系统的各项功能和性能参数是否满足要求。

为了模拟导弹的机动飞行,要用到转台。把导弹或者导弹各组成部分等放置在转台上,模拟导弹的飞行环境和状态来验证相关设备的动态性能。用于分析和验证导弹制导控制系统时,通常把导弹模拟器、目标模拟器、负载模拟器以及相应的控制设备和信号产生装置等构成一个导弹制导控制系统半实物仿真系统。整个导弹制导控制系统半实物仿真系统放置在微波暗室中,通过运行该系统,可以分析、验证导弹制导规律、对目标的锁定跟踪情况以及控制特性等。

2. 用于测试系统自检的导弹模拟器

由于一个完整的测试系统包括被测对象和测试系统本体。为了在导弹测试前验证测试系统有无故障,往往需要构建被测对象,即采用导弹模拟器。该类模拟器的主要功用是模拟地空导弹上部分电气信号和控制信号,包括弹上部分供电设备、部分弹上电气状态、通信信号、信号通路等。

用于测试系统自检的导弹模拟器配套于导弹测试系统,装备于导弹测试车,供测试系统进行自检使用。导弹模拟器对导弹基本电气特性和测试接口进行模拟,并通过测试电缆与测试设备相连。在测试系统自检程序的控制下,对测试设备所有硬件接口、通路和软件程序工作状态的正确性进行检查,并能够对故障做出响应。它主要由全弹供电系统模拟组件、导引头总线通信与数据传输组件、指令传输总线通信与数据传输组件、惯测组合通信与数据传输组件、导弹复位模拟组件等组成。全弹供电系统模拟组件用于验证导弹一次电源和二次电源的供电电压、电流以及功率能否正确地被导弹接受(在测试时,采用地面模拟给导弹供电,采用全弹供电系统模拟组件是为了验证地面模拟供电的良好性)。

测试系统的自检过程通常称为测试系统的功能检查。

3. 导弹测试用导弹模拟器

在部队导弹测试维护时,除了要测试导弹的静态性能指标外,还需要测试导弹的动态性能指标。为了模拟导弹的机动飞行,从而测试导弹的动态性能指标,就需要构建导弹模拟器。在实际使用时,这类模拟器是把导弹上能够敏感导弹运动状态的组件放置在转台上,通过控制转台的运动来模拟导弹的机动。具有敏感导弹运动状态的组件包括导弹自动驾驶仪、导引头等部件或者舱段。

4. 训练用导弹模拟器

训练用导弹模拟器主要包括导弹测试训练模拟器、导弹测试教学训练模拟器、吊装训练模型弹和作战训练模型弹等。它是以训练部队导弹操作手或者军队院校相关专业的学员掌握导弹测试、吊装、作战流程和操作步骤为目的。按照训练模拟器的构成形式,有全实装的导弹测试训练模拟器(测试训练弹)、半实物性质的导弹测试训练模拟器、吊装训练模型弹、作战训练模型弹,也有全数字仿真形式的导弹训练模拟器。近年来,在武器系统研制过程中,配套研制了测试训练弹,配属于武器中。

测试训练弹与实装导弹比较,去除了实装导弹上的火工品,包括火箭发动机、燃气发生器、战斗部等,其他设备与实装导弹完全相同。由于训练测试时,为了安全性考虑,一般不对火工品的性能进行检查,因此,对测试训练弹的测试操作与跟实弹完全相同。

另一种训练用导弹模拟器与实装完全不同,它追求的是导弹模拟器与实装导弹的对外的功能和技术性能上的一致性。这种导弹模拟器通常同测试设备一起使用,其中的功能既可以复现导弹测试的全过程,也可以加入导弹故障设定、测试效果评估与考核等内容。这类训练模拟器,其中的大部分导弹设备的性能用软件来代替。

为了测试导弹上某些部组件的性能,还有各种用于导弹部组件的模拟器,如惯测组合模拟器、导引头模拟器、引信模拟器等等。

由于地空导弹的型号不同,导弹的制导体制、各部组件实现方式和技术的差异,以及采用导弹模拟器的目的不同,各类导弹模拟器的实现方法及具体组成有较大变化。导弹模拟器正朝着硬件设计标准化、模块化和网络化;软件实现的通用性、可配置性、可扩展性和可维护性等方向发展。

### 二、导弹模拟器的实现方法

导弹模拟器实际上就是对导弹飞行状态、全弹或者导弹某一部分的全部或者部分技术性能指标参数进行模拟的装置。对导弹飞行状态的模拟主要是模拟导弹的俯仰、偏航和滚动方向的机动飞行状态;模拟导弹技术状态的转换、模拟导弹处于不同飞行高度时内外飞行环境等。对导弹技术性能参数的模拟主要包括有电源参数模拟、各传递信号的输入输出模拟、通信信号模拟、电气转换控制模拟,等等。

**1. 对导弹飞行状态的模拟**

对导弹飞行状态的模拟采用以下两种方法:①采用导弹模拟飞行,对全弹电气系统进行综合性能检查的方法;②给导弹上的敏感元件的组件加动态激励的方法。

(1)导弹模拟飞行方法。导弹模拟飞行(简称"模飞")是采用飞控计算机(仿真计算机)实现对导弹的制导和导航控制,利用一条标准弹道数据以及多条偏差弹道数据让导弹各系统(包括惯测组合、飞控计算机、伺服系统、机电设备等)参与模拟飞行,根据各系统反馈信号及各时序信号来确定飞行器工作状态性能。

导弹的模飞测试是利用惯性测量组合(包括加速度计和陀螺)模拟弹载信息处理系统真实飞行时的输出信号,从而实现对加速度和角速度的模拟。在实际测试中用计算机模拟弹上惯测组合和姿态敏感器件,实时地向弹上计算机发送飞行过程中每个时刻的敏感量,由弹上计算机实时地对输入信息进行处理,输出姿态和制导控制指令,控制舵系统,操纵舵的动作等。

导弹的模飞测试是测试技术与半实物仿真技术的结合。它是将被测对象(导弹)的动态特性构造成数学模型,通过在计算机上完成导弹弹道的仿真,然后把仿真数据加到导弹上,完成对导弹的性能测试。其基本原理如图 4-10 所示。

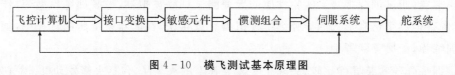

图 4-10 模飞测试基本原理图

仿真计算机是仿真测试系统的主要组成部分,主要用于弹道解算,输出驱动弹上敏感元件的激励信号,并进行接口变换,驱动对应的模拟设备。仿真计算机输出的弹道信号经过接口变换后,加至敏感元件的偏置线圈上,该线圈上一般加的是偏置电流,使陀螺仪和加速度等敏感元件工作,使它们产生模拟导弹机动飞行时的输出信号。

与此同时,经过敏感元件输出的信号经过惯测组合处理后加至舵伺服系统和舵机。舵机执行的是反映仿真计算机解算的模拟弹道,执行的结果信息反馈到仿真计算机,供仿真计算机进行仿真结果分析。

一种典型的模飞测试原理图如图 4-11 所示。图 4-11 中,$\varphi$,$\psi$ 和 $\gamma$ 分别为导弹机动飞行过程中的俯仰角、偏航角和滚动角;$\delta_1 \sim \delta_4$ 为导弹 4 个舵的舵偏角。

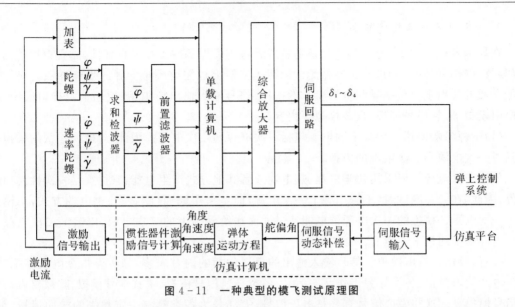

图 4-11 一种典型的模飞测试原理图

这种仿真测试方法,不能直接测试和验证陀螺仪和加速度的动态特性,可以测试和检验陀螺仪和加速度测量电路、弹载计算机、导弹伺服系统、导弹舵系统及自动驾驶仪等后续对指令的处理和对指令的响应性能。

由于弹道是由软件仿真产生的,因此,影响弹道的目标和导弹的各种飞行状态都可以通过软件装订和实现。如在模拟弹道中,可以装订和加入目标的高低角、方位角、海拔、弹体的动力学、运动学参数等状态参数。

如果导弹采用指令制导,还可以模拟出地面制导站发出的指令,该指令送到导弹指令接收组合,经过解调、译码后,可以译出相应的导弹控制指令和给弹上其他部分(如无线电引信)的指令。

(2)给导弹敏感元件加动态激励的方法。上述采用模飞方法来模拟导弹的动态飞行由于采用软件仿真,灵活性大,其优点是显而易见的。很明显,它不能测试和验证敏感元件实际动态情况下的响应。

要测试和验证敏感元件在导弹实际动态飞行情况下的响应,就需要用到转台。转台的具体论述参见下小节的内容。通过给转台施加相应的激励使其工作(转动、滚动),就可以测试敏感元件的动态性能。敏感元件的动态输出就可以加到惯测组合、舵机等,用来测试导弹的动态性能。

在测试敏感元件及其导弹的动态性能时,转台有以下 3 种工作模式。

1)标准函数模式。标准函数模式是由转台控制计算机内部产生规定幅值、频率和占空比的标准正弦波、三角波或方波指令信号,并根据所选的闭环方式位置速度控制转台跟随指令信号运转。该工作模式可用于位置传感器或速率传感器的标定与检测。

2)速率模式。速率模式是由转台控制计算机内部发生使转台恒速率运转的控制信号,保证转台以高精度恒速运转。该工作模式可用于速率传感器的标定和检测。

3)仿真模式。仿真模式是指转台的运动参数来自外部信号源,包含位置伺服和速度伺服两种工作模式,该工作模式可实现飞行控制系统含实物在内的半实物仿真,具有较高的动态跟踪精度与静态定位精度。

## 2. 对导弹性能参数的模拟

在导弹测试过程中，为了测试设备自检或者检查弹上部件工作的良好性，需要模拟被测对象（导弹）的部分性能。另外，在导弹测试训练模拟器上也需要模拟导弹的性能参数。对导弹性能参数的模拟主要包括导弹电源参数的模拟、信号输入输出模拟、弹地通信及接口模拟、测量电阻模拟、应答信号模拟、负载模拟等内容。

(1) 电源参数模拟。导弹上的电源包括一次电源和二次电源。因此，对电源参数的模拟也包括对一次电源和二次电源的模拟。

导弹一次电源一般采用化学电池、热电池或者其他方式产生电能，它往往是一次性使用的部件，因此，在导弹测试时，不采用弹上一次电源，而是采用地面（测试车）供电的方式，来模拟弹上一次电源。模拟的一次电源的电能通过地面送给导弹上的二次电源，以验证二次电源对一次电源变换的技术性能。

(2) 信号输入输出模拟。信号输入输出的模拟包括的内容较多，如各类指令电压模拟、导引头电压输出模拟、各类导弹工作状态信号、各类导通信号模拟、干扰信号模拟、陀螺仪启动模拟信号模拟等。这些模拟信号有些是电压信号，大部分为各类具有一定频率的脉冲信号。地空导弹上常用的模拟电压信号有 $\pm 5$ V, $\pm 10$ V, $\pm 27$ V 和 $\pm 30$ V 等。

指令电压模拟需要模拟导弹偏航、俯仰、滚动舵的偏转角等电压信号，这类信号电压有正有负，通常从电源中分压出各种需要的正、负电压值。各类导弹工作状态信号包括导弹工作状态的转换、导引头锁定与跟踪目标状态、中末制导交班状态、弹目近区状态等等，这类模拟通常是通过信号的高低电平来表示。

(3) 通信模拟。在导弹位于发射车上以及导弹测试时，需要完成导弹与发射车或者导弹测试车的通信，称为弹地通信。弹地通信是弹载计算机与发射车和导弹测试车之间的通信。在导弹发射前，需地面测控计算机向弹载计算机装订飞行参数、目标参数等数据。另外，在地面对导弹测试过程中，弹载计算机也起着配合导弹测试车，对导弹本身进行测试的作用。这就需要弹载计算机和地面（发射车、导弹测试车）进行大量的数据交换，来完成弹地通信。

弹地通信中数据通常采用总线传输，采用的总线有 RS-232, RS-422, RS-485 等总线接口。通常采用软件模拟的形式完成，能够实现地面总线命令码与弹载计算机的匹配与相应数据的应答。在总线工作时，依据弹上相应总线通信协议，通过总线方向控制端可以实现与模拟弹上总线上设备的通信接收和应答关系，命令匹配成功之后返回应答数据。

一个采用 RS-232 总线接口的弹地通信原理示意图如图 4-12 所示。

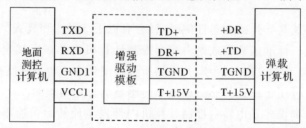

图 4-12 采用 RS-232C 通信接口的弹地通信组成示意图

图 4-12 中，RXD 和 TXD 分别表示接收数据线和发送数据线；GND1 和 VCC1 分别表示接地线和电源线。上述模拟通信工作在主从方式，由发送方提供同步时钟；总线接口电路采用光电隔离方式；相应总线对外输出要有方向控制信号端，可由地面测控计算机完成发送控制。

普通计算机一般都具备标准的 RS-232C 通信接口,但是其物理层的信号方式和弹载计算机的增强型通信接口不匹配,其驱动能力、总线的通信速率、抗干扰能力、通信距离都不适合进行弹地通信,但可以充分利用此标准通信接口,在此基础上设计"通信增强驱动模板",将标准的 RS-232C 电平信号 TXD,RXD 进行电平转换、光电隔离、放大驱动后,产生与弹载计算机通信接口相匹配的信号,经屏蔽双绞线交叉连接后,实现弹地通信的物理层电路设计。

(4)惯性测量组合输出信号模拟。对于采用惯测组合的导弹,在导弹测试车自检时,需要模拟弹上惯性测量组合输出的全部测量信号和时钟信号,各信号形式和参数(如信号电平极性、电平幅值、脉冲宽度等)。这些信号应与实际的弹上惯性测量组合输出的各信号形式和参数一致。可以根据导弹测试车测试设备自检的需要,控制其参数(如脉冲频率等)的变化;能够模拟惯性测量组合的接口电路功能和信息处理功能,信息处理完成后送给地面导弹测试车上的测控计算机。

惯性测量组合输出信号模拟的目的是检查测试车输送给惯测组合的信号是否满足要求,检查测试车与惯测组合的通信程序的良好性。

(5)捷联系统模拟。对于采用捷联惯导系统的地空导弹,还要有捷联惯导系统的模拟器,其应具有以下功能。

1)用于模拟弹上惯性组合输出的全部测量信号和时钟信号,各信号形式和参数(如信号电平极性、电平幅值、脉冲宽度等)应与实际的弹上惯性测量组合输出的各信号形式和参数一致。而且可以根据导弹测试系统自检的需要,能够控制其参数(如脉冲频率等)的变化。

2)具有弹上计算机与惯测组合的接口电路功能和信息处理功能,并且可将处理结果送给地面测控计算机。

3)具有弹上计算机与地面测控计算机的通信接口和相应的检测程序,能检查导弹综合测试系统与弹上计算机之间的各种通信命令和测试程序。

4)该模拟器应具有自检功能,可对其自身的全部功能进行自检。

(6)其他模拟方法。它主要有以下几种。

1)模拟导弹供电电源和陀螺供电电源的负载。通常采用外接电阻,以模拟导弹供电电源和陀螺供电电源的负载。

2)模拟导弹上产生的电压信号。在有些导弹模拟器需要模拟导弹偏航、俯仰、滚动舵的偏转角等电压信号,为此,导弹模拟器中设置有正、负直流电源,从这个电源分压出各种需要的正、负电压值。

3)检波器和转接插件模拟。在某些导弹测试步骤中需要模拟弹上状态转换,如为了检查导弹测试系统的指令模拟器、微波产生器工作是否正常,导弹模拟器设置了检波器和转接插件。

### 三、转台

转台(Turntable)是导弹动态性能测试以及制导控制系统仿真中的重要设备,是一类复杂的精密机电设备,也称为仿真转台、飞行转台或者运动控制器。它主要用于导引头、自动驾驶仪、惯测组合、惯性系统及其元件等的测试、研制、试验和鉴定,是保证惯性元件及其构成系统的精度的关键设备之一。

**1. 转台的功用**

转台主要功用有以下几种。

(1) 用于模拟导弹和其他飞行器的机动飞行,对导弹和其他飞行器上的惯测组合和惯性器件进行检定和标定。惯测组合是惯性测量组合的简称,目前并没有统一的定义,一般认为是利用惯性器件(加速度计、陀螺仪)敏感导弹飞行状态,并经过处理,输出导弹飞行状态信息的装置。它包括了弹上敏感器件及其匹配和处理电路。有时,也只把弹上敏感器件输出的信号进行处理的装置称为惯测组合。

惯性器件主要有陀螺仪、加速度计等。陀螺仪主要有速率陀螺仪和自由陀螺仪,分别用于测量导弹转动角速率和角度。加速度计用于测量导弹纵向加速度。

惯性导航是利用惯性元件作为位置和方向传感器的一种导航方式,常用于地空导弹采用复合制导体制的中制导段。惯测组合和惯性导航系统通常由陀螺仪、加速度计以及计算机等部件组成。陀螺仪是其中的核心部件,起到定向和定位的作用,陀螺仪的误差是整个惯性导航系统和惯测组合的主要误差源,其精度在很大程度上取决于陀螺仪的精度。陀螺仪及惯性导航系统和导弹惯测组合在研制过程中经常用到测试转台进行性能测试。另外,惯性导航系统和惯测组合在实际应用时也需要测试转台对其进行误差补偿的标定。

(2) 测试和标定导引头对目标的跟踪角度和角速度的精度。对导引头来讲,其稳定跟踪目标的角度、角速度精度是其重要的指标。在测试导引头技术性能时,通过转台可以测试和标定导引头对目标的跟踪角度和角速度的精度。

(3) 测试自动驾驶仪对指令响应的精度。对导弹自动驾驶仪来讲,其中在偏航、俯仰和滚动(针对三通道自动驾驶仪)均有陀螺仪,通过控制转台的转动来模拟仿真导弹的机动飞行,就可以测试自动驾驶仪对指令响应的精度。

**2. 转台的使用**

转台上既可以安放导弹控制系统上的惯性器件,也可以安放导弹导引头控制系统中的敏感元件、导引头、自动驾驶仪或者其他装置。它能够模拟导弹的机动飞行,响应弹体姿态运动;模拟导引头跟踪目标时位标器控制导引头天线转动的状态;模拟飞行器(目标)的机动飞行。

在对导弹测试时,为了测试仿真导弹控制系统上的惯性器件或者导引头控制系统中的敏感元件的性能,通常是把整个导弹控制系统(自动驾驶仪、惯测组合等)或者整个导引头都放置在转台上。由转台控制器控制转台的运动,以模拟导弹飞机姿态及机动。

**3. 转台的分类**

按照转台的自由度或者轴的数量,可以把转台分为单轴转台、二轴转台、三轴转台和五轴转台。"轴"的数量是表示有几个自由度。三轴转台是最常用的转台,指具有三自由度,可以提供符合导弹或其他飞行器飞行的偏航(外环)、俯仰(中环)、滚动(内环)运动,从而提供符合导弹或其他飞行器状态的较高角速度的运动模拟装置。它能够承受所加的负载,并能够允许误差范围内输出相应的角位置、角速度、角加速度。单轴转台和二轴转台分别只能提供飞行器一个自由度或者两个自由度的转台。五轴转台是在三轴转台的外、中环上分别安装一套用于仿真俯仰、偏航目标视线角变化的单轴转台。某些情况下,采用五轴转台的目的是用三轴来模拟导弹的机动飞行,用二轴用来模拟(飞机)目标的机动飞行。五轴转台常在制导控制系统仿真中使用,把导引头或者飞控组件安装在偏航、俯仰和滚动通道构成的三轴姿态转台上,目标模拟器安装在高低和方位通道构成的二轴转台上。

图 4-13 为单轴转台示意图,图 4-14 为两种不同结构的二轴转台示意图,它沿内框轴(横轴)和垂直轴摆动和转动。其中的图 4-14(b) 中,左侧放置的是转台的电控机柜,用于控制转台的运动。图 4-15 为三轴转台示意图,它除了具有上述二轴转台的功能外,还可以沿内环轴转动。

图 4-13 单轴转台示意图

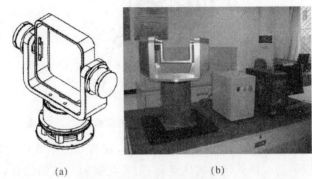

图 4-14 二轴转台示意图

三轴测试转台要求其每个框轴、任意两框轴或三个框轴同时做精密角运动,即外框可以对飞行器的偏航角度进行测试,它绕铅垂轴(外框轴)旋转,称为方位环;中框可以对飞行器的俯仰角度进行测试,它绕俯仰轴(中框轴)旋转,称为俯仰环;内框可以对飞行器的自旋转角度进行测试,它绕横滚轴(内框轴)旋转,称为滚动环。

图 4-16 是一种五轴转台,它分为二轴转台和三轴转台两部分,其中的二轴转台用于模拟目标的运动,外框代表目标高低,内框代表目标方位。三轴转台用于模拟弹体姿态,外框代表航向.外框代表俯仰,内框代表滚动。

转台按照它的承载质量可以分为小型转台和大型转台。按照它的驱动方式有电动式转台、电液式转台等。电动式转台是采用电能驱动其运动的转台。它可以施行数字式控制,采用无刷交流力矩电机进行驱动,具有功率大,易于控制等特点。小型转台均采用电能驱动,大型电动式转台需要较高的三相电源驱动。电液式转台是采用电和油液驱动的转台,其具有驱动功率大,运转平稳等特点。小型转台一般不采用电液转台。

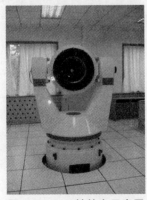

图 4-15 三轴转台示意图

图 4-16 五轴转台示意图

按照转台的结构划分,有卧式转台和立式转台两种。图 4-17 和图 4-18 所示分别为卧式和立式三轴转台的结构。

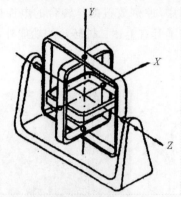
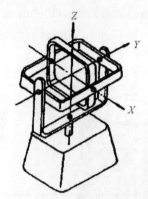

图 4-17 卧式三轴转台的结构图　　图 4-18 立式三轴转台的结构图

卧式转台的外框架为 O 形结构,其两端分别支撑在刚度很高的两个立柱上,用两个电机同步驱动。卧式转台的优点有:①外框架的型结构设计,使外框架的机械结构刚度很高,有利于提高转台外环的固有频率,便于控制系统的设计与实现;②由于外框用两个电机同步驱动,电机输出力矩大,因而重力偏载力矩占的比例较小。其主要缺点是,当外框架轴向尺寸较大时,弯曲刚度低,在重力作用下的弯曲变形不容忽视。

立式转台的外框结构多数为音叉式,中框架为 U 形,而内框架结构多数为圆盘式。音叉式结构的主要优点有:①前方和上方敞开,便于装卸和观察被测产品;②当转台实现方位和俯仰运动过程中,框架处于不同位置时,框架自身重力引起的静态变形小,这一点对设计高精度仿真转台有利。缺点是存在重力偏载问题,为解决这一问题,常利用机械配重的方法解决,而这又加大了转台的负载,给驱动电机增加了负担。

4. 转台的组成

转台由台体(含驱动电机)和转台电子控制设备两大部分组成。转台台体上有用于安装被测负载(导引头、自动驾驶仪、惯测组合、惯性系统及其元件等)的框架、转台测角传感器、测速传感器以及驱动电机;它为被测部件提供准确的初始对准位置;提供必要的运动自由度;响应和执行转台电控组件发出的转动指令。转台的电控设备由产生转台转动和运动的指令产生器(一般为计算机)、功率驱动装置和运动控制装置等组成,用于产生控制转台的指令,监控转台的响应,如图 4-19 所示。

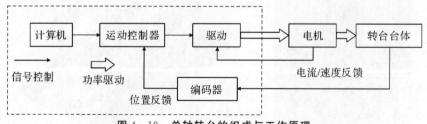

图 4-19 单轴转台的组成与工作原理

5. 转台的基本工作原理

以单轴转台为例,来说明转台的基本工作原理,二轴和三轴转台的同单轴转台的工作原理相似。

转台其本质是一个高精度伺服控制系统,它的工作原理图如图4-19所示。图中的虚线框内为转台的电控设备。计算机按照需要转台运动的形式(如匀速、加速或者正弦等的时间、位置、角度)产生指令信号,该指令信号与编码器的反馈信号一起,经过控制器运算生成控制信号,控制信号经过驱动后,控制电机转动来控制台面转动;同时,角位置传感器将测得转台转动角度反馈图4-19给控制器,从而形成闭环控制系统,对转台的运动进行精确控制。

转台的控制既要在角位置上控制,也要在角速度上进行控制,因此有角位置和角速度的控制回路。同时对转台台体的响应进行反馈,构成一闭环伺服控制系统。转台的控制系统框图如图4-20所示。

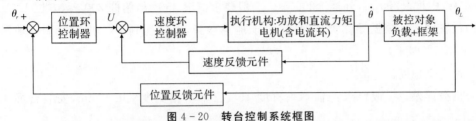

图4-20 转台控制系统框图

典型的较为复杂的三轴电动转台的控制系统的组成原理如图4-21所示。图中有计算机组成的伺服控制系统、人机操作控制界面及控制逻辑单元;有敏感转台位置的传感器和驱动电机;有对角度进行微分转换为角速度的微分器等组成。

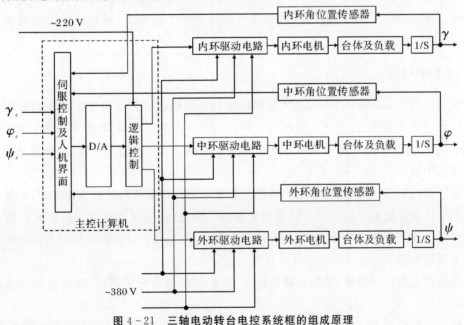

图4-21 三轴电动转台电控系统框的组成原理

**6. 转台的性能指标**

描述转台的技术指标包括以下几种。

(1)负载尺寸。它能够保证安装相应的被测器件。

(2)负载质量。转台负荷应该大于被测装置的质量。

(3)系统频响。它是转台的最主要指标之一,保证能够响应需要测试的敏感元件的的等效带宽、系统信号及噪声的功率谱密度、弹体的振动频率等。较高的转台频率响应在滚动通道可达到 12 Hz,在俯仰通道可达到 10 Hz,在方位通道可达到 8 Hz。

(4) 各框转角范围。根据导弹飞行过程中 3 个姿态角变化的最大角度决定。高精度转台的典型值为:横滚±165°,俯仰±160°,方位±$n$ 圈。

(5) 最大角加速度。根据导弹飞行中制导指令和噪声产生的最大角加速度和转台所需要的频响而定。目前,转台可达到值为:内框 40 000°/$s^2$,中、外框 7 000°/$s^2$。一般要求横滚 3 500°/$s^2$,俯仰 2 500°/$s^2$,方位 1 500°/$s^2$。

(6) 最大角速度。转台的最大角速度应大于导弹飞行可能的最大角速度。目前可做到:内框≥400°/s,中框≥200°/s,外框≥200°/s。一般要求横滚 350°/s,俯仰 200°/s,方位 150°/s。

(7) 位置精度。根据导弹类型而定,对于地空导弹,要求达到 $10^{-3}$ 度的量级。典型值为 0.002°,0.001°(即 4″)。

(8) 速率平稳度。一般为 $5\times10^{-4}$。

(9) 机械误差。一般要求三轴不垂直度 15″,三轴不相交度≤0.5 mm,安装台面水平误差 10″。

(10) 其他。其他指标如保护功能、电磁兼容性、可靠性及工作环境等。

上述指标是目前性能较好的三轴转台的指标,常用于导弹设计中对敏感元件的测试以及导弹动态性能的模拟。配置于导弹测试车上的三轴转台不需要这样高的指标,只要满足技术要求即可。例如,通常气动控制的导弹滚动角不会大于 20°,那么,转台的横滚角范围只需要±20°即可满足要求。

**四、负载模拟器**

负载模拟器(Load Simulator)是用来模拟飞行器气动舵机的气动铰链力矩和推力矢量舵机的燃气铰链力矩变化,以考核舵机负载对舵机和制导系统的影响,检验飞行器舵机和制导系统的技术指标,主要是在研制和分析各类采用气动控制和燃气控制的舵机、导弹制导控制系统的技术性能中使用。

用于导弹试验中,负载模拟器给导弹控制系统中的执行装置的舵机施加力矩,以模拟导弹飞行过程中作用于舵面上的气动铰链力矩的设备。因此,在研究飞行器中使用时也称为舵机负载模拟器。除了上述应用外,也可以模拟海水阻力,甚至也可以模拟道路阻力或是农机耕地承受的土壤阻力等。

根据导弹上舵机的数量、结构和功能特点,负载模拟器分为单通道、双通道和四通道负载模拟器。

按照仿真精度要求,可分为动态负载模拟器和静态负载模拟器。前者采用液压随动式,后者采用板簧或者扭杆的静态加载方式。

舵机负载模拟器实现按照动力方式,可分为液压、电动和弹簧机械负载模拟器 3 种。目前,广泛应用的是电动舵负载模拟器。

电动负载模拟器一般由加载对象模拟系统和加载系统两大部分组成。它的执行元件可以是液压缸,也可以是液压马达。电液负载模拟器的结构原理图如图 4-22 所示。

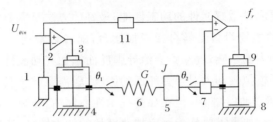

图 4-22 电液负载模拟器的结构原理图

1—角位移传感器；2,10—电子控制器；3,9—电液伺服阀；4—舵机马达；5—惯性负载；
6—弹性负载；7—扭矩传感器；8—加载马达；11—力函数发生器

图 4-22 中左侧的 1~4 是用于模拟舵机摆角位移的模拟舵机系统，右侧的 5~11 是用于给舵机加载的加载系统。给舵机加载部分由电液伺服阀、加载马达、扭矩传感器、电子控制单元等部分组成。由于负载模拟器主要模拟舵机面所受流体的动力矩，该力矩一般为随机任意的函数，模拟器就要复现该函数，其中的力函数发生器正是用来模拟舵机所承受的流体力矩。负载模拟器的电子控制单元除了按照力函数发生器输出的指令对加载系统控制外，还具有消除由于油液压力波动、伺服阀死区及多余力矩的影响。多余力矩是由于舵机与加载系统通常直接进行刚性连接，舵机的运动会对加载系统产生严重影响，从而产生影响加载性能的多余力矩。为了有效控制和消除干扰，加载系统的电子控制单元内部采用硬件和软件相结合相应的各种控制补偿措施来实现。

在负载模拟器工作过程中，如果是研究实际舵机的性能，则不需要采用舵机模拟系统，即图中左侧采用实际舵机。在工作时，加载系统分别跟踪舵机转角位置指令信号和加载力矩指令控制加载马达运动，即转动角度 $\theta_2$，并利用角位移传感器和扭矩传感器测量信号实现闭环控制。加载力矩是根据舵机受到的空气阻力力矩计算获得。

图 4-23 为一负载模拟器的实物照片，该负载模拟器为四通道，可以为导弹上的四个舵机加载负载力矩。主要由左侧的台体和右侧的电控机柜组成。其具体技术指标为：单通道负载力矩加载范围为 0~80 N·m；最大偏角（摆角）不小于 ±20°；最大转动角速度不小于 400°/s；力矩相对误差为 ±2%；扭矩精度为 0.8 N·m。其内部部件的参数包括：马达固有频率为 215.7 Hz；伺服阀固有频率为 45 Hz；伺服阀阻尼系数为 0.6；力矩传感器放大系数 0.02 V/N·m。负载模拟器的加载部分可以采用二阶振荡环节来描述。

图 4-23 负载模拟器

由上述可以看出,要测试敏感元件的动态性能,最好的方法是需要敏感元件处于动态环境下,模拟导弹动态飞行的主要设备是转台或者摇摆台,前者最常用。在气动控制的导弹飞行中,导弹舵面还受到气动力的影响,气动力会给导弹舵面添加气动铰链力矩。需要对导弹控制系统精确测试时,还需要模拟气动力对导弹舵面的影响,就需要舵负载模拟器。这种设备一般在部队技术阵地对导弹测试时不常用,但在导弹技术性能评估、导弹飞行仿真试验中是常用的设备之一。在某些情况下,如果需要精确测定加速度计的技术性能,还经常会用到线加速度模拟台。

对舵负载模拟器的主要要求如下。

(1)结构上正确实现导弹舵面的力矩加载。

(2)负载力矩大小和方向应同飞行状态一致。

(3)负载力矩频带应大于舵系统带宽。

典型的舵负载模拟器技术指标如下。

(1)最大加载力矩(N·m)。决定于舵面最大铰链力矩,应大于此值的30%左右。典型值为 50~80 N·m。

(2)最大转角。应大于舵面最大偏度。通常取±30°。

(3)最大角速度。相应于舵面偏转角速度,一般取 200°/s。

(4)加载梯度。一般根据舵面铰链力矩随飞行状态变化的梯度而定。通常取值范围为 0.5~5 N·m/°。

(5)加载精度。有一定精度要求,但不宜过高。一般取 1%。

(6)零位死区。可取 0.5 N·m。

(7)多余力下降幅度。可取 80%。

(8)通道数。视具体导弹舵面数而定,一般为 4。

**五、摇摆台**

1. 概述

摇摆台是地空导弹测试中最重要的非标准测试设备之一,其功能是激励导弹敏感元件,以便在动态激励的条件下检测导弹自动驾驶仪或惯测组合的技术性能。

在导弹自动驾驶仪上有俯仰、偏航控制回路,导弹滚动稳定控制回路。俯仰和偏航回路一般有指令通道及速率和加速度反馈通道。在采用倾斜稳定控制方式的导弹中,滚动回路一般有速率和滚动角(角位置)反馈通道。在导弹测试时,可以通过摇摆台测试上述导弹控制回路的摇摆角度、角速度和角加速度。

对于小型导弹,可以把导弹的全弹直接放置在摇摆台上。对于中高空中远程地空导弹,由于导弹的外形尺寸、质量大,难以对部分舱段或全弹进行动态激励,测试时,可将装有导弹惯性敏感元件的自动驾驶仪或惯性测量组合从弹上分解下来,放置在速率位置激励台上,再对其进行动态激励。

摇摆台由台体、摇摆框架和控制系统组成。导弹放置在摇摆框架内。框架的转动及摆动由控制机构带动框架上的电机运动。如果导弹纵轴与摇摆框架纵轴有一定夹角时,则摇摆框架轴向的摆动运动可分解为俯仰、偏航和滚动方向的运动,同时输出沿俯仰、偏航和滚动方向上的激励信号。

一个典型的摇摆台具有如下性能指标。

(1)转速范围。$\pm 5 \sim \pm 150°/s$。有$\pm 10°/s$,$\pm 30°/s$,$\pm 45°/s$,$\pm 60°/s$,$90°/s$,$\pm 120°/s$,$\pm 150°/s$等7个速度挡,每一速度挡可调范围$\pm 5°/s$。

(2)加速度范围。$+1 \sim -1$ g。按不同转角位置,重力加速度分量有$\pm 0.25$ g,$\pm 0.433$ g,$\pm 0.5$ g,$\pm 0.707$ g,$\pm 0.866$ g,$\pm 1$ g共6个加速度挡。

(3)速度精度。在固定速度挡和可调范围内,误差小于$1 \times 10^{-2}(1\sigma)$。

(4)加速度精度。在固定加速度挡,转角位置误差引起的重力加速度分量误差小于误差小于$1 \times 10^{-2}(1\sigma)$。

(5)激励台承载能力$\leqslant 7$ kg。

(6)工作方式:可以本机控制,也可以远程控制。

2.分类

按照导弹在摇摆台上放置的方式区分,摇摆台有两种形式:①导弹水平放置,而摇摆轴下倾一个角度的摇摆轴下倾方式;②导弹下倾一角度,而摇摆台水平放置的导弹下倾方式。

(1)摇摆轴下倾方式。摇摆轴下倾方式的导弹轴与摇摆轴位置关系图如图4-24所示。

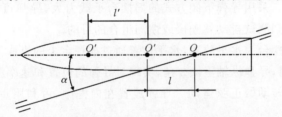

**图4-24 摇摆轴下倾方式的导弹轴与摇摆轴位置关系图**

$O$—导弹轴与摇摆轴交点;$O'$—导弹重心;$O''$—敏感元件位置

在该方案中,导弹水平放置,摇摆台的轴倾斜于导弹纵轴 $\alpha$ 角,导弹纵轴和摇摆台纵轴的交点位于导弹重心后。摇摆台的运动依靠控制系统。控制系统分为远程台和本地控制台两部分。远程控制台是通过电缆输送给摇摆台的运动控制信号;本地控制台完成摇摆台本身的检测、启动、紧急停止、制动控制等功能。

本方案采用曲柄滑块式正弦产生机构,交流拖动电动机。

控制系统设有远控台和本地控制台。远控状态为设备在大系统中使用,本地状态用于设备本身检测、检修使用。本地控制比起远控还具有自动检查、启动、紧急停止、制动控制等功能,为维护设备提供了方便的条件。

控制系统由交流变频器、可编程控制器、编码器、交流拖动电动机、交流电源等部分组成。

动力能源为380 V,50 Hz三相电源,经过电源转换才能加到交流变频器,交流变频器是微机控制的整体组件,它把50 Hz交流变成直流,再把直流逆变为等幅不等宽的频率可调的三相方波控制信号,去控制交流电动机,通过减速装置、正弦产生机构变换,使摇摆框绕摇摆轴摇摆。

摇摆台是通过控制系统做正弦运动。正弦信号为

$$\theta(t) = \theta_0 \sin\omega t \tag{4-3}$$

式中，$\theta_0$ 为摇摆的最大幅度；$\omega$ 为摇摆角频率。摇摆速率为

$$\theta'(t) = \theta_0 \omega \cos\omega t \qquad (4-4)$$

导弹纵轴与摇摆台夹角为 $\alpha$，导弹俯仰轴与偏航轴叉形安装。摇摆速率 $\theta'(t)$ 分解到偏航、俯仰和滚动轴上，从而实现了摇摆。

摇摆轴下倾方案的有以下特点。

1) 采用曲柄滑块机构产生的正弦波形失真小，正弦波上升段和下降段对称性好。

2) 选用微机控制的交流变频器，频率控制精度高，交流电机体积小，功率大，电机的工作点可选在电机最佳的恒转矩中心区，这样设计使摇摆台摇摆时，带载或空载控制频率恒定，而且非常稳定。

3) 采用可编程控制器，实现了程序控制，而且操作大大简化。

4) 控制台采用互锁控制，减少误操作的机会，控制系统可选用高精度的编码器和无接触的电子开关，信号采集速度快、重复性高。

5) 再生制动和电磁制动相配合，通过可编程控制器和信号采集进行条件控制，摇摆台复位精度高。

6) 这种摇摆台唯一的不足是加速度激励为单边激励信号。

(2) 导弹下倾方式。采用导弹下倾方式的摇摆台承载力大，导弹可固定在摇摆台上，通过激励导弹敏感元件，达到测试自动驾驶仪或惯测组合的目的。

在导弹测试时，摇摆台为水平放置，水平位置通过摇摆台上的纵横两个水泡仪的水泡处于中心位置来确定。这时，导弹纵轴下倾 $\alpha$ 角，实现对导弹的位置和速率激励。摇摆台内框和外框同轴，由电动机带动转动做正弦运动。导弹放置在内框中，可利用重力加速度 $g$ 去激励导弹上的加速度计。

摇摆台由台体、驱动系统、反馈控制开关、电位器传感器和制动器等部分组成。台体由外框、中框、内框组成，为摇摆台的主体，受控动作形成两种激励。驱动系统由摇摆驱动装置和滚转驱动装置两部分组成，受控激励台体的两种激励状态。摇摆台上共有若干个反馈控制开关，用于反馈台体所处状态。电位器传感器用于回输摇摆正弦波。制动器用于摇摆台动态停止时制动。

导弹下倾方式有以下特点。

1) 摇摆台承载能力大、对整个导弹进行动态激励，始终保持导弹整体性能，给导弹维护和测试带来方便。

2) 导弹测试时，一旦因故障而被误点火，导弹可直接射向防弹坑，以保证测试安全。

3) 加速度表检测，内框相对中框转动，重力加速度在 $\pm g$ 内变化，测试值直观，加速度表正负极性都能检测。

4) 控制系统采用直流控制电机，通过控制直流电机的转数，得到所需的摇摆频率。

但这种方式构成的系统比较庞大，含有直流电动机、减速机构、平衡机构和曲柄拉杆机构。为实现导弹滚转，可将固定导弹的内框设计成相对中框转动，并且需要电机减速后控制和拖动内框等。

3. 摇摆台动力装置

拖动电动机是摇摆台的动力装置，也是摇摆台控制系统执行元件，控制的效果取决于电动

机的性能。

直流电机应用广泛,但存在一些缺点:直流电动机由控制和激磁绕组组成,因此体积较大;因有电刷,在运转中容易产生火花,这对带火工品的导弹检测会带来一定的危险;直流电机控制系统精度要求越高,控制直流电机的电路越复杂。

近年来,变频调速控制器得到广泛地应用,为交流电动机变频调速开辟了新路。变频调速系统速度快、效率高、精度高、稳定可靠。

交流电动机本身结构简单,与同功率的直流电动机比较,其体积小、质量小。例如,7.5 kW的交流电动机体积和质量大约为 2.2 kW 直流电动机的一半。交流电机变频控制电路全是电子器件和电磁耦合,不仅速度快,而且没有电刷,不会产生火花,控制电路可采用可编程控制器,非常容易实现程序和自动控制。

### 六、线加速度模拟台

线加速度模拟台实质上是一个离心机,用于线加速度计的静态、标定、动态性能检测和加速度计接入制导回路的系统半实物仿真。当离心机以角速度(稳定旋转时,便在位于半径为 $R$ 的随动台中心产生向心加速度 $a$,则有

$$a = \omega^2 R \tag{4-5}$$

若将被试加速度计安装在单轴转动台上,以与工作半径 $R$ 垂直方向为转角 $\varphi = 0$,则加速度计敏感到的轴向角速度为 $a_1$,且有

$$a_1 = \omega^2 R \sin\varphi \tag{4-6}$$

线加速度模拟台的结构型式如图 4-25 所示。为了有效地产生线加速度效应,对离心机和随动台必须提出技术指标要求。

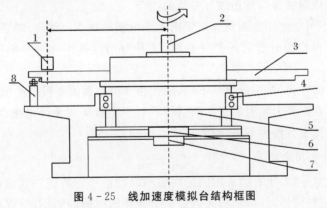

图 4-25 线加速度模拟台结构框图

1—随动台;2—主轴;3—台面;4—轴承泵;5—力矩电机;6—测速机;7—感应同步器;8—动态半径测量机构

**1. 离心机**

(1) 线加速度范围:$0.1 \sim 50g$,亦有 $>100g$ 的离心机。

(2) 线加速度精度:

1) $\Delta a \leq 5 \times 10^{-5} g, a < g$;

2) $\Delta a/a \leq 5 \times 10^{-5}, a < g$。

(3) 角加速度 $\geq 10°/s^2$。

(4) 工作半径：$R=500$ mm。

(5) 驱动方式为直流力矩电机直接驱动。

(6) 控制方式采用脉冲调相伺服控制，引入测速反馈，并加入前馈控制。

2. 随动台

(1) 负载：$1\sim3$ kg。

(2) 最大角速度：$500°/s$。

(3) 最小角速度：$0.015°/s$。

(4) 最大角加速度：$2\,000°/s^2$。

(5) 最小角加速度：$0.002°/s^2$。

(6) 静态位置精度：$0.002°$。

(7) 频响：4 Hz，$5°$相移。

应该强调指出，线加速度模拟台除用于线加速度仿真外，可以用于导弹气动力和飞行加速度复合物理效应的仿真工具，这时必须施行对离心机和气囊随动装置的协调控制。

## 第三节 指令模拟器

### 一、模拟器的指令种类

导弹可以采用不同的制导方法和制导设备。对于无线电指令制导的导弹，地面制导站发射无线电制导指令，由弹上的指令接收机接收，经调解、译码后变成控制指令，控制导弹飞行。对于其他无线电制导体制的导弹，地面制导站也需要发射部分控制导弹飞行状态（如导弹状态转换、引信加电、引信解锁等），修正部分参数的指令。

导弹测试时，不可能使用地面制导站发出无线电制导指令。因此，需要专用设备或者装置代替制导站发出导弹检测时所需的制导指令，这种专用设备即称指令模拟装置或者指令模拟器。

不同制导体制的导弹，所用的指令不同，因此指令模拟器需要模拟的指令不同。

地面制导站通常向弹上发射的是编码信号。对于全程采用无线电指令制导的导弹，第一代导弹和第二代导弹指令种类不同，编码格式也不同。

1. 第一代无线电指令制导

对于第一代地空导弹，所有的采用的三联编码脉冲信号。所谓三联编码脉冲就是以 3 个脉冲为一组，代表一种信号，各信号的区别是 3 个脉冲的时间间隔不同，也就是用不同的时间间隔来表示不同的信号。如需要控制自动驾驶仪俯仰和偏航控制的 $K_1$ 和 $K_2$ 指令以及送往无线电引信的用于解除保险的 $K_3$ 指令脉冲，以特定的时间间隔构成编码组，每发导弹用一组，就构成了所谓的编码波道，导弹根据所用波道的特定时间间隔选出自己的信号。

三联编码脉冲信号中包括了控制指令（控制导弹飞行的俯仰指令、偏航指令）；一次指令（引信加电指令、引信解锁指令、引战系统解除保险指令、导弹自毁指令等）和导弹应答信号。

2. 第二代无线电指令制导

对于第二代地空导弹及其以后采用的无线电指令制导的导弹，采用的编码信号是二进制编码信号,也是按照时间进行分割,每一位的持续时间是相同的。每个码组结构主要包括的信号有导弹地址码、指令地址码、指令值码、奇偶校验码及引信解锁指令等。

用来区分不同导弹的编码称为导弹地址码,同时也可能起询问码的作用,可以采用3~4位编码来完成。

用来区分不同指令的编码称为指令地址码,它一般也是3~4位编码。

用来控制导弹完成俯仰、偏航飞行的指令大小编码称为指令值码,该编码中包括了指令值的大小及正负,即有一个符号位和 $n$ 个码位表示指令值的大小。指令值编码的位数决定了指令值量化的最小单位,码位越多,说明指令值的最小量化单位值就越小。如果用 $n$ 个码位来表示指令值的大小,那么指令值的最小量化单位就为 $1/2^n$。

奇偶校验码是用于采用计算所发送码的"1"或者"0"的奇偶个数来验证码位在传送、译码、解调中是否有错误。引信解锁指令是一次性指令,是为了引信抗干扰的需要,使得引信在弹道初始段处于不工作的封闭状态,当导弹处于弹目交会段使引信能够可靠解锁。除了引信解锁指令外,其他指令均是周期性发送的指令。

上述各码位在二进制码的重复周期、重复频率、脉冲宽度、脉冲间隔等方面均有严格的规定。通常情况下,各码位的脉冲宽度是相同的,而其他参数各有不同。通常取脉冲宽度在 $1~\mu s$ 以下,脉冲间隔在 $0.3\sim2.0~\mu s$ 范围内不等。

因此,要求产生的模拟信号指令也应该具有上述特点。另外,考虑到测试与实战时的情况不同,模拟信号还需要有其自身的特点。因为各种指令的响应情况不可能同时测试,偏航和俯仰指令并不是同时发出的,因此在导引系统对某类指令测试时,通常只需要装订该项指令地址及指令值即可。另外,由于解锁指令是一次指令,故在一般情况仅只有导弹地址码和一个指令码组,其他均不同时发出。

3. 半主动寻的制导体制的指令

对于采用半主动寻的制导体制的导弹,地面制导站需要在半主动寻的阶段一直发射直波照射信号,在导弹测试时,需要模拟地面制导站发出的直波照射信号(如意大利生产的"阿斯派得"导弹等)。弹上计算机根据导弹和目标的运动参数及制导规律计算形成控制指令,控制导弹飞行。因此,需要模拟的指令包括控制指令(俯仰、偏航)、一次指令(引信加电、引信解锁、解除保险、导弹自毁指令等)、直波照射信号、回波信号等。

4. 复合制导体制的指令

对于采用复合制导体制的导弹,导弹运动参数可由捷联惯导系统或者导引头得到,采用捷联惯导系统的中制导段,制导站发出的是目标运动参数信号,还需要发射弹道修正指令及控制导弹状态的其他指令。同样,在导弹测试时,需要模拟这些指令,需要有指令模拟器。

不是所有导弹在测试时需要模拟上述的全部指令。具体需要模拟哪些指令,与测试导弹的需求有关。

**二、模拟指令的时序**

制导站为了在同一时间内利用同一信道制导多枚导弹,它发出的所有信号除了本身都有不同的特征外,在时间上也都是按照一定的次序排列的,以防止互相干扰。模拟信号也一样,为了模拟制导站的真实情况,模拟信号在时间关系上也是按一定的规律排列的。

导弹测试系统为了准确测试导弹,不但要形成与制导站有相同种类的模拟信号,而且在时序划分上也基本取得一致。

按照地面制导站发出的信号时序,那么,测试系统模拟信号通道的时序划分如图 4-26 所示。这种时序划分是同地面制导站发射的信号时序是一致的。导弹测试系统模拟信号产生电路设计为将一指令周期 $T\mu s$ 分为 100 等分,每一等分称为 1 帧(1 Z),于是一个指令周期内将有 100 z,每帧周期为 $T/100\ \mu s$。一个周期完成后,再进行另一周期的循环。

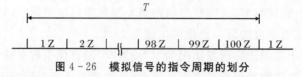

图 4-26 模拟信号的指令周期的划分

在模拟信号中,通常再将一帧分成 4 段,每个段内的时间间隔为各不相等,码字全部集中在前三段内,排列关系如图 4-27 所示。因为一个指令周期内偏航/俯仰指令只出现一次,所以这一含有指令码的帧可称为全码帧,在时间排列上可定为第一帧。其他第 2~100 z 在无引信解锁指令时仅有导弹地址码。因为引信解锁指令的发出是随机的,所以可以出现任一 z 内,根据测试需要,一次发出 3 个或 5 个解锁指令,持续在 3z 或 5z 内。

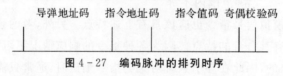

图 4-27 编码脉冲的排列时序

### 三、指令模拟器的功能要求

在筒弹和分解弹测试中,指令模拟器产生视频指令信号,它模拟发射制导车所发出的视频指令信号,用这些信号去调制微波组合产生的微波信号。调制后的微波信号通过微波吸收罩上的发射天线向弹上接收天线发送信号,弹上应答机产生的应答信号通过应答天线向微波吸收限的接收天线发送信号,经接收、检波、送回微波组合进行脉冲展宽。功率检测后经测试电缆送到导弹测试控制车进行测试,以确定遥控应答机的被测参数是否达到指标要求。

由于制导雷达一般要同时制导多发导弹,因此发出的制导指令应包含有导弹识别码、指令识别码、指令码、一次指令识别码、一次指令码(如引信解锁、导弹自毁指令)等。

指令模拟器应有产生这些指令的功能,微波组合产生模拟制导雷达的载频信号。一般对指令模拟器有下述功能要求。

(1)产生满足被测导弹要求的各种指令,指令的编码形式和技术参数应与实际产生的编码指令完全一致。

(2)可根据导弹测试的需要产生不同的编码指令,以全面检查测试导弹的性能。

(3)指令模拟器产生的编码指令、调制微波组合产生的微波信号经发射天线送给弹上遥控应答机。

(4)微波组合产生的微波信号频率应与制导雷达的微波频率一致,功率应满足要求。

### 四、无线电指令制导体制的模拟指令产生

对于指令制导的导弹,弹上设备需要接收地面站发出的高频脉冲信号,把与本导弹相关的指令信号进行译码,以测试检验译码电路的工作情况,同时也可检验弹上解调器的工作良好性。

在导弹上要测量经过解调和译码后的指令信号,首先必须产生制导站发射的指令信号,把这些信号加到译码器和解调器,测量其经过译码和解调后的输出信号。

检查弹上译码器和解调器的工作性能,主要是看它对各种指令信号经过变换(译码、解调)后的参数是否符合要求。为此,必须有一套模拟装置来模拟产生地面制导站发送给导弹仪器所需要的各种信号。从测试的真实性与可靠性来说,要求测试系统产生的信号与地面制导站发射的信号是相同的,但考虑到测试时的具体情况,为了使设备简单,又能够完成检验译码器和解调器的工作性能,因此在测试时,并不需要产生的信号与地面制导站的信号完全一致,只需要相似就可以,所以称测试系统产生的信号为模拟信号。

相似性的要求是指模拟信号与制导站发射的各种在信号特征上和时序上与地面制导站所发射的信号相同。

从上述分析看出,模拟信号虽然种类较多,时间关系复杂,但各种编码脉冲的形成原理是相类似的。图 4-28 为模拟视频指令的视频信号形成原理方框图。

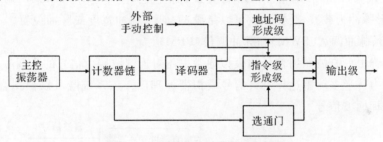

图 4-28 视频信号形成原理方框图

在图 4-28 中,主控振荡器用以形成基准频率为 $f$ 的基准信号,其输出加至计数器链产生各种分频编码信号。译码器把计数链送来的分频信号进行译码,并选出各种指令编码所必需的脉冲作为其输出。地址码形成级包括导弹地址码和指令地址码两部分,用以选出译码器输出的符合其码位要求的脉冲作为两种地址码。指令码形成级由阶跃偏/俯指令形成级两种不同的电路所组成,用以选出译码器输出的符合其码位要求的脉冲,并能进行适当组合形成控制指令。引信解锁指令的形成被包括在地址码形成之中,因为其指令形式即指令地址码的相应形式。

选通门的作用有两种:①产生一个脉冲波门控制偏/俯指令的发出,即保证一个指令周期 $T$ 内只有一组偏/俯指令码(包括偏/俯指令地址码);②作为所有输出码的选通脉冲,保证所有码脉冲的输出均为相等宽度。输出级的作用是汇总所有输出信号,使各码位的脉冲幅度、宽度及其他脉冲特征一致,并为后续电路提供一定的脉冲强度。

由图 4-28 中还可看出,两部分形成级均需外部手动进行控制,即控制指令的形成和偏航和俯仰指令值的大小以及导弹地址码与导弹的一致,唯独控制指令码组的发出与否不受外部开关的控制。

从图示模拟信号形成的简单原理中可以看出,地址码和指令码的形成是以一帧内信号的排列规律为准进行的,所以形成的各种码组均是重复周期为一帧的脉冲信号。选通门的作用旨在于对各种信号的重复周期控制,以使各种脉冲信号重复周期符合排列要求。由此看出,计数、译码和码组形成是整个模拟信号形成的主线。

### 五、半主动寻的制导体制的模拟指令产生

半主动寻的制导体制中,最典型的如前面提到的意大利生产的"阿斯派得"导弹,象这类半主动寻的制导体制的导弹,在导弹测试时,就需要模拟地面制导站发出的直波照射信号,在某些情况下可能需要模拟目标回波信号。

半主动寻的制导的导弹地面制导站的直波照射信号的载波一般均采用连续波,直波照射信号是一个经过调制的射频信号。其典型的调制包括了调幅、调频或者既调幅又调频。

如果需要模拟目标回波信号时,则需要考虑弹目接近速度引起的多普勒频移以及回波幅度随弹目接近的变化。

调制是将要传送的信息装载到某一高频振荡(载频)信号上去的过程。按照所采用的载波波形,调制可分为连续波(正弦波)调制和脉冲调制。作为连续波调制,它以单频正弦波为载波,可用数学式 $a(t)=A\cos(\omega+\varphi)$ 表示,受控参数可以是载波的幅度 $A$、频率 $\omega$ 或相位 $\varphi$,因而有调幅(AM)、调频(FM)和调相(PM)3种方式,而直波照射信号一般不采用调相。对于脉冲调制,是以矩形脉冲为载波,受控参数可以是脉冲高度、脉冲宽度或脉冲位置。相应地就有脉冲调幅(PAM)、脉冲调宽(PWM)和脉冲调位(PPM)。

典型的导弹上的直波照射信号的模拟通常采用对连续波照射信号的先调频再调幅。

图 4-29 为一半主动雷达导引头信号模拟器原理图。该系统既可以模拟直波照射信号,也可以模拟目标回波信号。

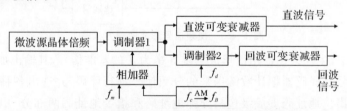

**图 4-29 半主动雷达导引头信号模拟器的原理图**

图 4-29 中,导引头直波锁定信号的频率为 $f_c$,导弹调谐信号的频率为 $f_B$,模拟的弹目相对速度的多普勒信号的频率为 $f_d$,调制信号的频率为 $f_m$。首先对直波锁定信号进行调幅,得到导弹调谐信号,该信号在相加器内与调制信号相加。送到调制器1中完成调频,通过直波可变衰减器对信号的幅度进一步衰减调幅,模拟导弹相对目标运动过程中的直波信号幅度的变化,获得直波照射信号。通过模拟的弹目相对速度的目标多普勒信号的频率在调制器2中的调制,模拟弹目相对运动中的多普勒频率变化;通过回波可变衰减器来模拟弹目接近过程中的回波幅度的变化。

图 4-29 中,从照射直波信号的角度属于指令模拟,从回波模拟的角度属于下节讲到的目标模拟。其中的"微波源晶体倍频器"属于射频信号源,模拟的直波照射信号和目标回波信号属于微波信号,可以通过高频电缆输送到喇叭口天线上,通过导引头天线罩进入导引头的直波

或者回波接收机中,可以用来测试"雷达接收机测试""天线瞄准测试"等测试项目。

在实际设备中,还需要有相应的射频控制单元加到射频信号源上,用于控制其工作。

直波照射信号的输出到导弹直波输入端口的功率电平一般为 $-45\sim-50$ dBm 左右即可,调制度选择大约在 $M_{CB}=20\%\sim25\%$ 范围。输出到回波天线输入端口的上边带功率电平取为 $-70$ dBm 即可。

## 第四节　目标模拟器

在导弹测试时,通常要模拟目标的回波信号,导弹的飞行及机动状态等。上节中的图 4-36 就表示了一种半主动雷达导引头的目标回波模拟装置。本节就导弹测试过程中针对制导控制系统及引信测试时的目标模拟装置及目标模拟器做以论述。

1. 制导控制系统目标模拟器

导弹制导控制系统是导弹的主要设备之一。对于采用无线电主动寻的制导体制的导弹,在飞行中靠主动雷达导引头截获跟踪目标并形成控制指令,控制导弹飞行。对于采用无线电半主动寻的制导的导弹,还需要有地面照射器对导弹和目标进行照射,导引头接收的目标直波照射信号与导引头接收的目标回波信号一起在导引头中形成指令,完成搜索目标、跟踪目标、形成指令、控制导弹飞行的工作。对于无线电指令制导的导弹,导弹要接收地面制导站形成的指令,在弹上完成解调、指令译码、控制导弹飞行等工作。

制导控制系统目标模拟器是用于在研制、试验或者部队技术阵地评定制导控制系统的工作状态,模拟制导控制系统感受的目标辐射和反射以及地面照射器对导弹的照射情况,模拟导弹控制系统的工作情况的模拟装置。制导控制系统目标模拟器是地空导弹研制以及在部队技术阵地对制导控制系统捕获、跟踪目标、形成指令、控制导弹飞行的技术性能进行检验、评定、判断有无故障、判断故障部位的主要设备之一。

制导控制系统目标模拟器主要是在工业部门的研制阶段用于评定所设计的导弹制导控制系统的技术性能。

导弹制导控制系统的半实物仿真是结合仿真计算机、数学模型、系统实际部件(或设备)与环境物理效应装置相结合的仿真。其有以下突出特点:①可使无法准确建立数学模型的实物部件如导引头、自动驾驶仪直接进入仿真回路;②可通过物理效应装置,如仿真转台、目标模拟器、力矩负载模拟器等提供更为逼真的物理实验环境,包括导弹飞行运动参数(飞行速度、角速度、加速度等);弹上探测系统的电磁波发射、传输、反射(散射)及其干扰特性(自然和人为的干扰信号);目标及其相应环境(目标大小、形状、信号强度以及目标方位角、高低角和距离,杂波,角闪烁,振幅起伏,多路径效应等,以及各种自然和人为干扰信号);③直接检验制导控制系统各部分,如陀螺仪、舵面传动装置,自动驾驶仪,导引头等的功能、性能和工作协调性、可靠性;(通过模型和实物之间的切换及仿真数据补充等手段进一步校准数学模型,测试导弹制导控制系统的技术性能。

通常,导弹制导控制系统的半实物仿真系统中的导弹飞行弹道通过数学模型进行仿真,而其他部分采用实物。

半实物仿真主要是研究制导控制系统用数学仿真解决不了的问题,并在互相补充下更充分地发挥数学模型的作用。制导控制系统半实物仿真所起的重要作用可归结为：①检验制导控制系统更接近实战环境下的功能；②研究某些部件和环节特性对制导控制系统的影响，提出改进措施；③检验各子系统特性和设备的协调性及可靠性；④补充制导控制系统建模数据和检验已有数学模型。

地空导弹制导控制半实物仿真中的目标模拟器是最重要的设备之一。导弹制导控制系统的半实物仿真虽然在部队技术阵地不采用，但是，它作为一个研究分析导弹制导控制系统的强有力根据，应用广泛，是各类导弹研制、导弹性能分析最重要的技术手段。它可以更加综合地、更加逼真地测试、分析和评价导弹制导控制系统的综合技术性能。就目前所一般采取的实现方法而言，按照采用的目标模拟器的形式不同，可把导弹制导控制系统的半实物仿真系统分为面阵天线型、单口喇叭天线型和天线辐射导轨型。

（1）目标模拟器的构成形式。

1）面阵天线型。通常把导弹放置在仿真转台上，在导引头的正前方一定距离上放置由辐射喇叭口天线阵组成的面辐射阵，通过面辐射阵列控制单元控制各个喇叭口天线的辐射信号的强度和相位来模拟目标辐射的信号及目标的运动。用于测试导引头灵敏度的系统构成原理如图 4-30 所示。

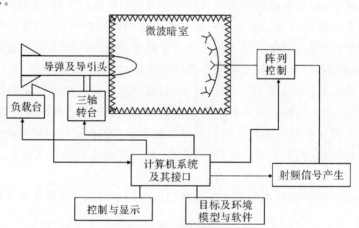

图 4-30 测试导引头灵敏度的系统构成原理

图 4-30 为一个导弹制导控制的半实物仿真系统，它既可以用来测试导引头接收机的灵敏度，也可以用来测试仿真和分析导弹制导控制系统的其他技术性能。

图 4-30 中的系统主要由导弹及导引头、三轴转台、负载台、射频信号产生器、阵列控制单元、射频辐射单元（喇叭口天线辐射面阵）、计算机系统及其接口和控制与显示装置构成。

三轴转台用于模拟仿真导弹在空中的机动飞行姿态；负载台用于模拟导弹在飞行过程中所受到的气动负载力矩；射频信号产生器用于模拟产生目标辐射的射频信号；阵列控制单元用于控制射频辐射单元（喇叭口天线辐射面阵）辐射的信号功率大小和相位；射频信号产生器、阵列控制单元和射频辐射单元共同构成了目标模拟器。计算机系统及其接口用于装载整个系统的控制、分析和计算软件，用于控制整个系统的运行。目标及环境模型与软件用于通过模型和软件模拟目标的飞行特性、飞行状态、导引头工作环境等。控制与显示装置是操作人员与整个系统输入和输出接口，通过它分析观察试验结果并输入各种运行参数。

2）单口喇叭天线型。上述目标模拟器中采用了喇叭口天线辐射面阵，它通过阵列控制单元控制喇叭口天线辐射面阵信号的输出功率和信号的变化来模拟目标的辐射。还有另一种目标模拟辐射的方式,它是在导引头的正前方一定距离上放置一个可在 $X$ 和 $Y$ 方向上可以移动的十字架。在十字架的中央只放置一个喇叭口天线,该天线模拟目标的辐射,通过控制十字架在 $X$ 和 $Y$ 方向上的移动来模拟目标的运动。通过改变喇叭天线在 $X$ 和 $Y$ 方向上的移动长度,模拟目标的角度运动信息;改变喇叭天线辐射信号的延迟时间模拟目标在距离上的移动。

这种模拟目标的辐射方式较控制喇叭口天线辐射面阵的方式简单,但模拟仿真的目标辐射的逼真度上较差,在要求不严格的场合也常采用。

3)天线辐射导轨型。上述两种方案在模拟弹目距离是均采用调整喇叭口天线辐射强度的办法实施,另一种用于导弹制导控制系统半实物仿真的方案如图 4-31 所示。

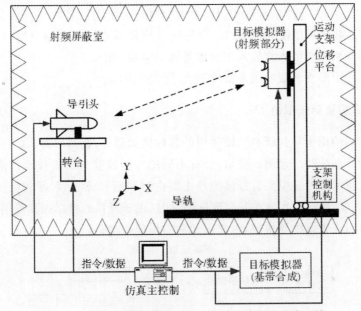

图 4-31 机械调整弹目距离的制导控制半实物仿真系统

试验原理跟上述两种主要在目标模拟器上有所不同,这种目标模拟器上增加了可前后移动的导轨,可以通过主控计算机控制带有模拟目标辐射单元的目标模拟器在导轨上前后移动,以仿真模拟弹目距离的变化。喇叭天线可采用面阵、双口或者单口天线。

整体的目标模拟跟踪系统是一个闭环随动控制系统。试验时,首先由计算机生成一个预定的航路轨迹,然后由信号模拟系统同步输出三路代表距离、方位、仰角的中频回波信号,经上变频后通过发射机馈送到和差比较器;由三路接收机(和支路、方位差支路、高低角差支路)分别从比较器接收和信号、方位角误差信号、高低角误差信号,经过滤波、放大、混频等处理后,最终输出到天线伺服系统驱动天线电机朝着减小误差的方向运动,完成目标模拟及跟踪。

(2)系统仿真测试原理。由于测试过程是在微波暗室中进行,因此,在测试前,要事先标定好微波暗室的空间衰减。另外,还要事先测试出信号模拟器回波输出端到目标模拟器天线输入端微波传输的衰减,目标模拟器天线增益等衰减参数。

在测试时将雷达导引头接收天线和目标模拟器天线对准。调整目标模拟器的信号,使导引头先工作于直波稳定截获状态,然后调整目标模拟器的回波信号,测试接收机能跟踪的信号

而且不虚警时的最小工作电平值。此时,根据下式可计算回波接收机灵敏度,即

$$P_R = L_{01} - L_a - L_e + G_M \tag{4-7}$$

式中:$P_R$ 为回波接收机灵敏度(dBm);$L_{01}$ 为信号模拟器回波信号输出端口功率(dBm);$L_a$ 为微波暗室传输空间衰减(dB);$L_e$ 为信号模拟器回波输出端到目标模拟器天线输入端微波传输的衰减(dB);$G_M$ 为目标模拟器天线增益(dB)。

典型的雷达导引头回波接收机灵敏度不大于 $-132$ dBm。

对直波接收机灵敏度的测试原理同回波接收机类似。在测试时,将信号模拟器的直波调整到工作频率指定值,测试直波接收机能截获的信号而且不虚警时的最小电平值。此时,根据下式计算直波接收机灵敏度,即

$$P_L = L_0 - L_1 \tag{4-8}$$

式中:$P_L$ 为直波接收机灵敏度(dBm);$L_0$ 为为信号模拟器直波信号输出端口功率(dBm);$L_1$ 为信号模拟器到导引头直波天线输入端微波传输的衰减(dB)。

典型的雷达导引头直波接收机灵敏度不大于 $-89$ dBm。

**一、雷达导引头目标模拟器**

除了上述介绍的用于导弹研制阶段使用的目标模拟器外,在基层部队的导弹测试时,根据对无线电寻的制导系统的综合测试要求,会有不同的专门检验导引头技术性能的导引头目标模拟器。在部队技术阵地导引头目标模拟器主要由射频信号源、辐射器和微波暗箱组成。其功能联系如图 4-32 所示。实际在基层部队测试时,由于模拟的目标回波等信号的幅度很小,目标模拟器到导引头天线距离很短,因此也常常不用屏蔽暗箱。

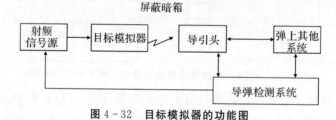

图 4-32 目标模拟器的功能图

**1. 射频信号源**

射频信号源用于产生满足导引头测试需要的各种射频信号。

测试半主动导引头时,射频信号源提供了直波基准信号和目标回波信号。直波基准信号应与地面照射器的信号形式及参数一致,该信号经过可控衰减器用馈线送给半主动导引头的直波接收机。

射频信号源产生的目标回波信号还要模拟目标多普勒频率、模拟距离延时、信号的距离衰减、目标起伏、地杂波及干扰信号等。

**2. 辐射器**

辐射器主要用于辐射射频信号源产生的射频信号用于模拟目标的角位移变化。辐射器一般采用喇叭口天线辐射,有固定式和运动式两种。固定式采用固定的辐射天线,距离导引头天线罩一定的距离。辐射器辐射能量的控制依靠测试系统以及辐射器与导引头之间的距离来调

节完成。例如,意大利生产的"阿斯派得"导弹的目标模拟器就采用这种形式。移动式由辐射天线及其移动机构组成。由射频信号源产生的高频信号通过馈线送给辐射天线,辐射天线可由其运动机构带动在方位和俯仰方向上移动,即模拟目标在方位和俯仰方向上运动,以进行导引头角跟踪性能等测试。

3. 屏蔽暗箱

如果在导弹测试时,需要采用屏蔽暗箱时,要求辐射器与被测导引头装在一个暗箱中而且之间应有一定的距离,该距离 $R$ 应满足远场条件,即应满足:

$$R \geqslant 2\frac{D^2}{\lambda} \tag{4-9}$$

式中:$R$ 为辐射器与被测导引头接收天线之间的距离;$D$ 为接收天线口径尺寸;$\lambda$ 为射频信号波长。

在使用的频段上,暗箱应是个良好的屏蔽间,以防止射频信号源的泄漏或外界的干扰信号而影响测试精度。同时,为了防止内部干扰,辐射器与被测导引头之间应无金属反射物。

## 二、引信目标模拟器

地空导弹测试中为检测引信工作性能需要引信目标模拟器。弹上常采用的引信有无线电引信和红外引信,对于不同的引信也就有不同类型的引信目标模拟器。这里两种无线电引信的目标模拟器和一种红外引信的目标模拟器。

1. 适用于多普勒无线电引信的目标模拟器

这种引信目标模拟器由引信收发天线微波罩、无线电引信、调制组合、衰减器及测试组合组成,如图 4-33 所示。

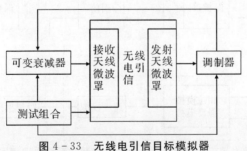

图 4-33　无线电引信目标模拟器

引信天线微波罩也叫引信天线防护盖,是一种微波屏蔽罩,在每个引信天线(每个波道的发射天线和接收天线)上各有一个,它们相当于天线耦合器。发射天线微波罩装在发射天线上,其功用是防止电磁波向空间辐射而造成失密。微波罩内壁有微波吸波材料,在测试时,将大部分能量吸收,而将耦合出的小部分电磁能量通过高频电缆输往引信接收天线。

无线电引信的发射机产生高频电磁波,通过高频电缆送往发射天线微波罩,经过调制器,在调制器内对高频电磁波进行移相和调幅处理,产生模拟目标反射的带有多普勒频率信号的回波信号,送往可变衰减器。可变衰减器用于模拟引信发射的信号在空间中的衰减,也就是模拟在弹目交会段的弹目距离。

测试组合用于控制无线电引信、可变衰减器和调制器的工作状态,同时显示引信起作用状态,显示测试参数。

这种引信目标模拟器常用于测试无线电引信的灵敏度等参数,主要适用于对连续波多普勒无线电引信、脉冲多普勒无线电引信等多普勒无线电引信的目标模拟。

具体应用可以结合后面章节论述的无线电引信灵敏度测试的内容。

采用导弹无线电引信的目标模拟器测试引信性能的原理图如图 4-34 所示。

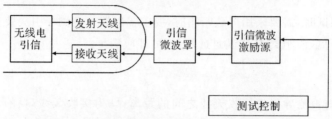

图 4-34 采用目标模拟器测试无线电引信性能框图

模拟器由微波罩、微波激励源及测试组合组成。微波罩由 3 个 X 波段,互成 120°接收发送专用的天线组成,其中第三路兼有高度表功能。

微波激励源实际上是一个目标多普勒信号模拟器,它接收微波罩传送的引信高频辐射信号,经多普勒处理后再经过微波罩发送给引信,以检测引信的工作性能。

测试组合控制微波激励源的工作状态,对引信实现不同状态激励。从引信噪声点或引爆电容充放电检测引信,以此判断引信工作性能。

2. 适用于调频比相无线电引信的目标模拟器

典型的在部队用于测试调频比相引信灵敏度等参数的引信目标模拟器,它由微波天线保护罩、距离模拟器、速度模拟器、目标强度和相位器等组成,如图 4-35 所示。

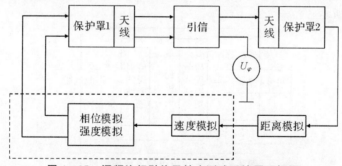

图 4-35 调频比相引信灵敏度测试系统原理框图

引信通过发射天线发射出来高频电磁能,进入发射天线保护罩 2,一部分能量被保护罩内的吸收材料所吸收;另一部分能量经保护罩的转接器和高频电缆送到距离模拟器内。在距离模拟器内先经过延迟线进行延时(模拟导弹与目标之间的作用距离),然后再经过移相器进行移相。移相后的信号送入速度模拟器中进行速度模拟,速度模拟器实际上就是单边带调制器,其作用是模拟导弹与目标遭遇时的多普勒频率,由于多普勒频率与弹目相对速度成正比,因此它的作用也可以说是模拟导弹与目标之间的相对速度。速度模拟器输出的信号进入回波信号强度模拟器(即可变衰减器)进行信号强度的模拟,以模拟导弹与目标逐渐接近时,回波信号的强度;而后再进入相位模拟器进行相位模拟(调整相应支路的测量移相器,使相位电压 $U_\varphi$ 最大);最后通过高频电缆将信号送入接收天线保护罩 1 中,一部分能量被保护罩的吸收材料吸收,另一部分能量送到引信的接收天线进入引信的接收系统。

在这里,引信的发射功率 $P_t$ 是固定不变的,而当引信的接收功率 $P_r$ 减小时引信的相位电压 $U_\varphi$ 也随之减小。当调频比相引信的相位电压 $U_\varphi$ 从正最大值减小 0.5 V 时,此时系统总的损耗便是调频比相引信的灵敏度为

$$K = A = 10 \lg \frac{P_t}{P_{r\min}} (\text{dB}) \qquad (4-10)$$

总的损耗为

$$A = A_z + A_s (\text{dB})$$

式中: $A_z$ 表示测试系统总的起始损耗($A_s$ 为零刻度); $A_s$ 表示可变衰减器的刻度值。

实际测试时,根据可变衰减器的刻度值,从校正曲线板中查出灵敏度值 $K$。

3. 红外引信目标模拟器

红外引信目标模拟器的敏感波段在红外波段上,当导弹与目标接近时,由于接近方向和速度不同,红外窗口接收到一定宽度的信号(对应一定的频率),只有在一定频率范围内变化的红外信号才能触发引信,模拟器应能产生这种特性的红外信号。

典型的一种红外引信的目标模拟器如图 4-36 所示。

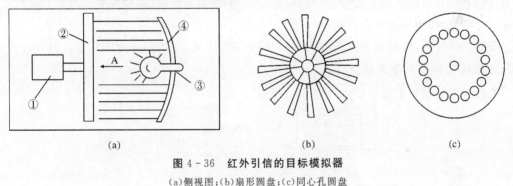

图 4-36 红外引信的目标模拟器
(a)侧视图;(b)扇形圆盘;(c)同心孔圆盘
①—电机 ②—扇形圆盘或同心孔圆盘 ③—光源 ④—反射镜

该红外引信目标模拟器由直流电机、扇形圆盘或同心孔圆盘、红外光源和反射镜等部分组成。红外光源发出的连续的红外光经过反射镜反射到圆盘,直流电机带动扇形圆盘或同心孔圆盘的旋转,使得调制成红外脉冲光,就模拟了目标反射的红外信号经过红外引信的调制形成的辐射光源。光源变化的频率为

$$f = nN/60 \qquad (4-11)$$

式中: $n$ 为直流电机转数(r/min); $N$ 为圆盘扇形数或同心孔数。

该红外目标模拟器模拟的目标红外辐射的红外信号变化率在 150~499 Hz 之间。

# 第五章　制导系统测试技术

## 第一节　制导系统及其测试需求

**一、地空导弹制导系统**

地空导弹制导系统是导弹制导控制系统的重要组成部分,也是导弹核心设备之一,其主要功用包括截获并跟踪武器系统所选定的目标,产生形成制导指令,向导弹飞行控制系统提供和传送制导信息,控制导弹状态转换等。

在地空导弹上,按照制导方式不同,分为指令制导方式、寻的制导方式和复合制导方式。

1. 无线电指令制导系统

无线电指令制导系统的组成如图 5-1 所示。

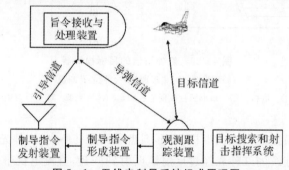

图 5-1　无线电制导系统组成原理图

无线电指令制导系统,按照位置分为制导站制导设备和弹上制导设备两部分。

(1)制导站制导设备由目标搜索和射击指挥系统、观测跟踪装置、制导指令形成装置和制导指令发射装置所组成。目标搜索和射击指挥系统是在较大作战空域内监测目标,完成对空中目标的探测、敌我识别和威胁判断,将要实施拦截的目标数据发送给指定的跟踪制导雷达。观测跟踪装置的作用是搜索与发现目标,捕捉导弹信号,连续测量目标及导弹的空间位置及运动参数,以获得形成指令所需的数据。制导指令形成装置主要是一部计算机。它是根据测定的导弹和目标的参数,按照所选定的导引方法进行变换、运算、综合和形成控制指令。制导指令发射装置将制导指令编码、调制后,将计算机形成的制导指令进行编码和高频调制,在功率放大后经指令发射天线发送出去传递到导弹上。其中的观测跟踪装置、制导指令形成装置和制导指令发射装置位于制导雷达上。

弹上无线电指令制导系统主要功用是接收地面制导站发过来的经过编码的各类控制指令,然后对其解调、译码,送给弹上自动驾驶仪、引信等设备,同时向地面发回应答信号。

(2)弹上指令接收与处理装置由接收天线、指令接收机、译码器与解调器、应答器和应答发射天线等部分组成。其组成原理如图5-2所示。

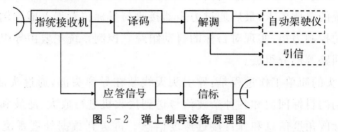

图5-2 弹上制导设备原理图

弹上接收机包括变频器组合和放大器组合。变频器组合的作用是从接收到的全部信号中选出相应制导站发出的高频信号,经过变频输出中频信号,输至放大器组合。放大器组合的作用是将变频器组合中微弱的中频信号放大并检波,变换成视频信号。译码器与解调器对制导站发送的经过编码的控制指令信号进行选择、译码,然后解调出送给自动驾驶仪和导弹引信的相应指令。

2. 无线电寻的制导系统

无线电寻的制导系统是指通过导弹完成对目标的跟踪,制导控制产生于弹上,然后传送给导弹控制系统的制导系统。按照搜索跟踪目标的方式,可分为主动式、半主动式和被动式,大部分地空导弹采用前两种方式。

导弹上无线电寻的导引系统的主要设备是雷达导引头,以主动雷达导引头为例,其组成原理如图5-3所示。

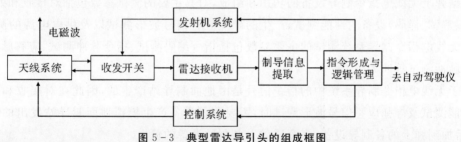

图5-3 典型雷达导引头的组成框图

雷达导引头按照其功能模块可以分为探测系统、控制系统和信息处理系统三部分。

(1)雷达导引头探测系统采用雷达探测方式获取目标信息,并转换成电信号的形式送往信息处理系统。探测系统主要包括天线罩、天线和收发开关等。导引头常用的天线有单脉冲天线、旋转抛物面天线、平面缝隙阵列天线和相控阵天线等。天线一般位于导引头的最前端,为了改善导引头天线及天线伺服系统的使用环境,形成良好的导弹气动外形,在天线外面覆盖有天线罩。

雷达导引头信息处理系统用于完成对探测系统所获取的目标分类、目标检测、制导信息提取,根据弹目相对运动关系和制导律等形成制导指令,目标质心相对于天线轴中心的误差解算与实时输出,使寻的制导控制系统满足要求的品质特性的任务。对于主动式和半主动式雷达导引头来讲,接收机是完成导引头信息处理的主要装置。对于主动式雷达导引头还需要有发射机。信息处理系统主要包括信号检测系统、制导信息提取系统、指令形成与逻辑管理系统等。

(2)雷达导引头控制系统,也称为导引头的伺服系统。其作用首先稳定探测系统天线轴,隔离弹体姿态角扰动;然后利用控制电路,对信息处理系统输出的误差指令进行品质提高与功率放大,形成对目标进行跟踪的控制电流,同时通过控制调节器对导引头控制回路进行校正,以满足导引头系统的总体要求;最后通过力矩器接收与目标位置误差成比例的控制电流,形成驱动天线轴进动的控制力矩,实现对目标的自动跟踪。控制系统主要由导引头的预定回路、稳定回路和角跟踪回路等部分组成。

(3)雷达导引头的简单工作过程是:导引头天线装在导弹头部,通过头部天线罩辐射和接收电磁波。接收到的目标回波和各种杂波信号送到接收机进行放大、滤波和变换,然后在信号处理器中提取目标的角度信息和弹目接近速度信息。再送到数据处理系统中,经过滤波估值得到目标运动信息,再加上导弹自身信息,形成对天线伺服系统的控制指令,调整导引头天线跟踪目标,实现对目标的角度跟踪,同时送到发射机系统,改变发射机频率,实现对目标回波的多普勒频率跟踪。在数据处理系统中还形成控制指令,送给自动驾驶仪,通过舵系统控制舵面偏转,实现对导弹的俯仰和偏航方向上的控制。导引头还产生用于控制导弹状态转换的逻辑信号,以及送给引信各种控制信号和逻辑指令。在发射准备阶段,导引头还接收发射车的发射初始参数装订及飞行过程中还可能形成控制引信加电指令信号、控制引信工作状态的信号及导弹自毁信号等。

## 二、制导系统测试需求

1. 无线电指令制导系统测试需求

根据弹上无线电指令制导设备的功用和组成,对其主要的测试参数包括对接收和处理(指令编码、解调、译码)设备的性能测试、产生的导弹应答信号波形测试以及供电电源的测试等。对弹上无线电指令制导系统测试的主要参数包括指令编码测试、指令脉冲测试、应答脉冲测试和询问脉冲测试等四大类。

由于无线电指令制导系统中的指令信号是由地面制导站产生的,因此在对接收和处理设备的性能测试及导弹应答信号波形测试时,需要测试设备产生模拟地面制导站发出的编码指令,然后加到弹上的各制导设备,来测试弹上各制导设备的输出。

(1)指令编码测试。指令编码测试的测试内容包括译码正确性、编码信号失真度、信号频谱和各脉冲间隔时间等。指令编码测试主要测试目的是检查弹上译码电路是否能够正确译出编码脉冲,即译出的码位是否与发射的码位是否一致。检查译码信号的失真度、频谱和脉冲间隔时间等。它是对指令编码脉冲整体性能的测试。

(2)指令脉冲测试。指令脉冲测试包括指令脉冲幅度、宽度、前后沿等。测试目的是检查具体的各单个脉冲的性能。指令脉冲幅度和宽度测试是对送给导弹自动驾驶仪的俯仰指令脉冲、偏航指令脉冲以及送给无线电引信的指令脉冲电压幅度和脉冲宽度进行测试。指令脉冲前后沿测试是对各指令脉冲形状的测试,检查经过译码电路后,单个脉冲的形变情况。

(3)应答脉冲测试。应答脉冲测试的测试内容包括应答器脉冲幅度、宽度等。其检查目的和方法与对指令脉冲测试类似。如果应答器脉冲幅度、宽度不满足技术性能要求,地面制导站可能不能正确接收到导弹所发出的应答信号。

(4)询问脉冲测试。询问脉冲测试的测试项目主要包括询问脉冲幅度、宽度的测试。其检查目的和方法与对指令脉冲测试类似。如果译码蒂电路译出的询问脉冲不符合要求,就不能正确的产生应答信号。

从上述主要测试参数分类中的具体测试,又可分为对脉冲波形参数测试和指令编码测试等。前者测试的参数如脉冲幅度、宽度、前后沿的测试,属于对单个脉冲的测试;后者属于对指令编码整体性能的测试。

从测试方法上,可以采用人工手动测试和自动测试。人工手动测试时,可通过示波器直接观察各脉冲波形,在示波器上选出相应的信号,然后完成对其指令电压幅度、宽度、前后沿、脉冲重复频率进行读数测量;可以通过频谱分析仪分析其频谱等。如果采用自动测试系统,那么就需要设计相应的测试各参数的专门电路。

上述检查的信号脉冲幅度在 $0\sim10$ V 范围,脉冲宽度在 $0.1\sim10$ $\mu s$,脉冲前后沿时间在 $0.1\sim0.5$ $\mu s$ 范围。

对于无线电指令制导系统而言,制导站制导设备需要向弹上传输指令,由于传输的指令不止一个,所以指令传输通道是一个多路数据传输系统,采用一个信道传输多个信息,即采用的是所谓多路复用原理。在地空导弹上的多路复用主要采用 3 种方式,即频分多路传输方式、时分多路传输方式和码分多路传输方式,也分别称为频分多址(Frequency Division Multiple Access,FDMA)、时分多址(Time Division Multiple Access,TDMA)和码分多址传输(Code Division Multiple Access,CDMA)。

频分多路信息传输方式就是按照频谱划分信道,是基于频率的不同来实现分路的。在地面制导站的发送端把需要发送的几种不同指令安插在互不重叠的频带内,而在弹上的接收端则用中心频率不同的带通滤波器将各个信号区别开来。

时分多路传输方式是利用一个信道按照时间顺序来传输若干不同通道来的采样离散信息,以便使不同通道的信号在时间上互相错开。在弹上的接收端将各路信号的采样值按照它们在时间上的不同顺序分离,恢复成原来的信号。

码分多址是利用不同的编码对信道进行分类的。它的信道采用同一频率发射,信号的检测是通过码的相关检测来实现的。这种信息传输方式具有很高的抗干扰性,保密性强,编码灵活。其缺点是占用频带宽,设备复杂。

在地空导弹上,早期的苏联"萨姆-2"导弹采用的是时分多路传输方式;第二代地空导弹中的法国"响尾蛇"地空导弹则采用了码分多址传输方式。后续的导弹大部分采用了码分多址传输方式。

对于采用二进制编码的码分多址传输方式,码的组成一般有导弹地址码、指令地址码、指令值码、校验码、引信的解锁码和战斗部解除保险码等。分别用于区分不同的导弹、区分不同的指令、表示指令值的大小、校验传输的各个码位是否有错误以及给引信解锁和战斗部解除保险的作用。

码分多址传输方式采用的是二进制编码信号。在导弹上,就需要对接收的二进制编码进行解调和译码,因此弹上有解调器和译码器电路。

对指令编码的测试主要是测试译码电路译出的码位正确与否,这种测试实际上就是对码组结构的测试。因为弹上译码电路只识别预定的码组结构,与制导站发射的码组结构不同的编码信号,译码电路是译不出相应的编码信号的。对码组结构的测试是属于数据域测量的范围。在测试时,需要测试设备产生模拟制导站发出的特定的编码信号,模拟信号的码组结构应与制导站发出的完全相同。

在弹上,接收、解调、译码的设备称为遥控应答机或无线电控制探测仪。

典型的一个具有21位码的码组结构如图5-4所示。图5-4中所标1~21位均是码位,并不一定都有脉冲存在,在每个码位上是否出现脉冲由测试时根据测试项目来确定是否发出。例外的是图中1,6,7,11,12和20六个码位不管在哪个指令值下测试均有脉冲出现,根据实际应用中这些码位的作用,把它们又称为开启或关闭码。图中所示信号排列是按导弹地址码,指令地址码,逻辑指令值码和奇偶校验码的顺序,导弹地址码和指令地址码这两个码组相距间隔较大,指令地址码,逻辑指令值码和奇偶校验码的码组联在一起。还可从图示码组结构看出,码位1~6、码位7~11是彼此紧挨着没有间隙的,码位11~21彼此间隔$t_1$。每个码位占有$t$的时间间隔,逻辑"1"由$1/2t$宽的有用信号脉冲和紧接其后的$1/2t$的无信号区组成。逻辑"0"则相当于$t$时间间隔无信号情况。

下述将按具体码字形式说明码组结构。

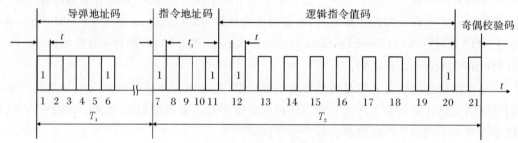

图5-4 21位码的码组结构

码位1~6是导弹地址码,码位1和6是逻辑"1",其他四位为可变码位。导弹地址码共有$2^4=16$种可能的情况供选择,但在测试时必须保证测试系统发出的导弹地址码与导弹所装订的地址码完全一致才能正常测试。否则,导弹将不发出应答,更不执行各种指令。

码位1~6是导弹地址码,码位7~21是偏航或俯仰指令码。码位7~11是指令地址,7和11为逻辑"1",8、9、10为可变位。对偏航指令为"100",对俯仰指令则为"011"。码位12为"1",表示信息值打开。码位13代表指令值的极性,规定"0"代表"+"、"1"代表"-"。码位14~19代表指令值大小,这个值可以是从0~63的64个值中的任一数值,每一码位的权重见表5-1。码位20为逻辑"1",是指令值关闭信号脉冲。码位21作奇偶校验,它的取值使码12~21中所有逻辑"1"的总数是奇数。

表5-1 码位对应的权值

| 码 位 | 14 | 15 | 16 | 17 | 18 | 19 |
|---|---|---|---|---|---|---|
| 权值 | 32 | 16 | 8 | 4 | 2 | 1 |

带奇偶校验位的码字是最简单的检错码,因为是由所有为1码位的总数的奇偶性来判断的,所以只能发现奇数个错误,偶数个错误却不能被检出。在导弹遥控应答机翻译此码时,若

发现奇偶性不对,则认为是错误码字,不执行,仍按照前一指令值工作。由此可理解这种码组结构有"一定"的检错能力。

(2)编码波形测试。

1)应答器信号脉冲幅度和宽度。对发送给地面制导站的应答信号的幅度和宽度进行检查。

2)应答器信号重复频率测量。对发送给地面制导站的应答信号的重复频率进行检查。测试方法是采用经过校准的频率计测量频率,通过示波器观察相应的波形。

3)应答器信号脉冲前后沿测量。对发送给地面制导站的应答信号的脉冲前后沿进行检查,保证脉冲信号前沿上升时间和后沿下降时间较短。

4)询问脉冲波门宽度测量。对接收到经过译码后的视频询问脉冲信号的波门宽度进行检查。该项测量也是在示波器上选出询问信号脉冲,通过示波器对其脉冲宽度进行测量。

2. 无线电寻的制导系统测试的主要参数

无线电寻的制导系统主要设备为雷达导引头,描述雷达导引头的参数很多,在部队技术阵地,对雷达导引头测试参数主要包括接收机灵敏度测试、多普勒频率跟踪范围、导引头输出控制指令测试、导引头天线搜索范围、导引头磁控管或者速调管供电电压与电流、导引头供电电压和电流等。

跟导弹其他部分测试的情况类似,具体需要测试哪些参数与无线电寻的制导系统的工作体制、目标跟踪方式、弹上具体实现方式以及导弹工作过程等密切相关。

(1)雷达导引头接收机灵敏度测试。雷达导引头接收机灵敏度同雷达接收机灵敏度的定义类似。它定义为能使雷达导引头正常工作时的最小接收功率,表征的是接收机检测微弱信号的能力。对半主动雷达导引头,包括了直波接收机灵敏度和回波接收机灵敏度。它反映了雷达导引头接收机的综合性能,通过测试可以确定天线及其馈电系统、高频系统、信息处理系统、目标跟踪系统等接收机综合性能指标是否满足要求。

(2)多普勒频率跟踪范围测试。对主动和半主动雷达导引头,此参数是为了测试导引头对目标的速度在多大范围内能够跟踪目标,检验目标跟踪回路是否有故障。

(3)导引头输出控制指令测试。对主动和半主动雷达导引头,导引头输出控制指令测试是为了确定导引头产生和输出的各类指令的波形在信号幅度和相位上是否满足要求。

上述测量参量中,在部队技术阵地比较重要和测量比较复杂的是对接收机灵敏度测试和导引头输出控制指令的测试。由于导引头产生的指令电压属于二进制脉冲信号,导引头输出控制指令的测试的内容同无线电指令导引系统对指令编码脉冲的测试。

雷达导引头的测试具有被测量种类多、数值范围广、幅度差别大、波形变化多等特点,因此要求对雷达导引头测试设备应该满足下述特点。

(1)应有足够宽的频率范围。雷达导引头的频率范围从直流到几十GHz,因此,用于这些频率下的模拟量测试方法与仪器都有所不同。

(2)应有足够的测量范围。以测量电压为例,有些待测电压的下限在几毫伏(例如有时需要测量某些噪声),而上限在数百伏左右(如加至导引头磁控管或者速调管的高压),因此考虑自动测试时必须实现量化处理。

(3)应有足够的输入阻抗。由电路分析知道,测量仪器的输入阻抗就是被测电路的额外负载,为了使得仪器在接入电路时尽量减小对被测对象的影响,要求仪器具有高的输入阻抗。

(4)应具有高的抗干扰能力。雷达导引头模拟量的测试一般都是在充满各种干扰条件下进行的,特别是在高频小信号测量时尤其突出,当测量仪器工作在高灵敏度时,干扰将会引入测量误差。

## 第二节　脉冲波形参数测量

脉冲,即短时间存在的电流或电压,它有短形、三角形、锯齿形等,一般应用较多的是矩形脉冲。对于一个一般的矩形脉冲信号,通常用幅度、宽度、前沿、后沿以及重复频率等5个基本参量来说明它的特征,其中任何一个参数不同,都说明是不同的两个信号。对有些特殊要求的脉冲信号,除以上5个基本参量之外,还有顶部颤动、前沿抖动和切频度等3个参量。所谓切频度,是说明脉冲顶部不均匀程度的物理量。在地空导弹武器系统中,导弹向地面发射一个应答脉冲,该应答脉冲的切频度要求不大于脉冲幅度的30%,如果超过30%,地面接收雷达就可能将一个应答脉冲当成两个来计算,影响测量精度。关于对切频度的要求一般都是能满足的,由于该应答脉冲预先都已调好,所以在平时的测试时,很少见到有不符合要求的现象。

关于脉冲幅度的测量,比较容易实现。本节主要讨论脉冲的时间测量,即脉冲宽度的测量、脉冲前后沿测量和脉冲时间间隔的测量。

### 一、脉冲宽度测量

脉冲宽度的测量,最简单的方法是直接通过示波器读取脉冲的宽度。随着电子技术和计算机的发展,采用数字化测量技术日益普遍。采用数字化技术测量,可以直接与计算机总线构成的自动测试系统相连,实现全自动测试。

采用数字化测量技术中,测试脉冲宽度实际上就是作时间数字转换(即 T/D 转换)工作,其基本测量原理就是 T/D 转换原理,其测试原理如图 5-5 所示。电路组成主要由标准信号发生器、放大整形电路、主闸门和计数器等。

标准信号发生器产生频率为 $f_r$ 的标准信号,经放大整形变成周期为 $T_r$ 的脉冲信号,加至主闸门。主闸门为一个"与"门电路,在被测脉冲的控制下,主闸门输出与被测脉冲宽度 $T_x$ 成正比的数字量 $N$,使

$$\tau_x = NT_r \tag{5-1}$$

式中:$T_r$ 为标准信号的周期;$\tau_x$ 为被测脉冲信号的宽度。那么数字量 $N$ 就为

$$N = \frac{\tau_x}{T_r} \tag{5-2}$$

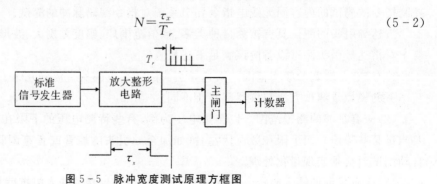

图 5-5　脉冲宽度测试原理方框图

通过测出 $N$ 就可以测出脉宽 $\tau_x$。由上述脉冲测量原理可知,标准信号的周期 $T_r$ 大小直接决定了测量误差的大小。$T_r$ 越小,在相同的被测脉冲宽度内,计数 $N$ 就越多,测量误差就越小。为了满足一定的测量精度要求,一定宽度的被测脉冲 $\tau_x$,必须采用足够高频率的标准信号 $f_r$ 与之对应。

以上讨论的脉冲宽度的测量,适合于理想脉冲而言的,理想脉冲的前沿和后沿宽度等于零,所以从起始时间到终止时间零电平之间的宽度与 0.5 电平处的宽度是相等的。对于理想的矩形脉冲,该电路也是适用的。但对测量非理想的矩形脉冲,例如钟形脉冲或三角脉冲等,其脉冲宽度通常均以 0.5 电平处的宽度作为脉冲的宽度,所以只用上述简单方块图关系是不行的,必须添加其他有关电路。

导弹上的指令脉冲实际上是近似于钟形脉冲,即非标准矩形波,其测量电路可采用如图 5-6 所示的测量电路。其波形时间关系如图 5-7 所示。

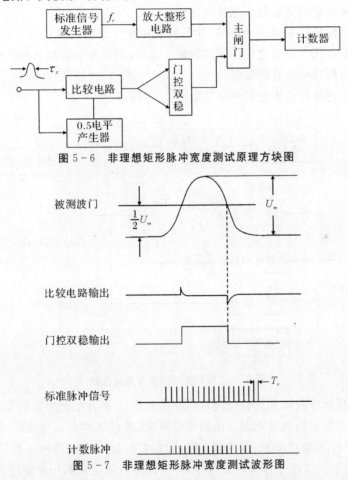

图 5-6 非理想矩形脉冲宽度测试原理方块图

图 5-7 非理想矩形脉冲宽度测试波形图

由波形图可以看出,被测脉冲加至比较电路和 0.5 电平产生器电路,0.5 电平产生器电路产生正比于输入电压幅度 0.5 的直流电压,在比较电路与输入的脉冲进行比较,当被测脉冲等于 0.5 电平时,产生输出的尖脉冲,即比较电路输出脉冲,该脉冲触发门控双稳电路,产生等于被测脉冲 0.5 电平处宽度的矩形脉冲,控制主闸门,使计数器获得正比于被测脉冲宽度的计数值,这样由计数器便可直接读被测脉冲的宽度 $\tau_x$。

## 二、脉冲前后沿测量

理想脉冲的前沿和后沿宽度等于零,由于电路的惰性,实际上理想脉冲是没有的,都具有一定的前沿宽度和后沿宽度,只是由于电路惰性大小的不同,矩形脉冲的前沿和后沿宽度也大小不同。

测量脉冲的前沿和后沿,较为简单的方法是直接通过示波器上显示的波形进行测量。如果要实现自动测量,则要采用其他方法。

脉冲前沿和后沿既然是脉冲的一种时间宽度,对它的测量也就与脉冲宽度的测量相似,其主要区别是选择不同的电平。通常规定脉冲前沿宽度,为脉冲幅度的 10%～90% 之间的时间间隔;而脉冲后沿宽度,为脉冲幅度的 90%～10% 之间的时间间隔。有些情况下特殊规定为脉冲幅度的 10%～70% 之间的时间间隔为脉冲前沿宽度,而脉冲幅度的 70%～10% 为后沿宽度,例如,应答脉冲前后沿宽度就是这样规定的。

上述对脉冲前沿后后沿规定的不同,并不影响其测量原理。测量的方法是对一个输入矩形的脉冲信号测量其任意两点之间的时间间隔。这时,只要分别选取其触发电平和触发极性,以确定起始点的位置和停止点的位置。

测量脉冲前沿宽度和后沿宽度的原理如图 5-8 所示。

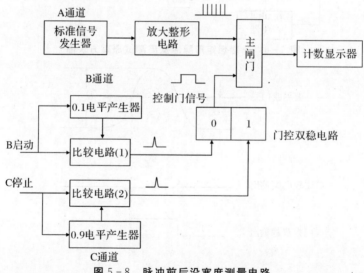

图 5-8 脉冲前后沿宽度测量电路

图 5-9 为测量脉冲前沿和后沿的波形时间关系图。图的左半边是测量波形前沿的波形图,右半边是测量波形后沿的波形图。由图可以看出,测量脉冲前沿宽度时,先选择脉冲信号上升沿的 0.1 电平作为起点电平,形成起点脉冲,触发门控双稳电路产生控制门信号,然后选择脉冲信号上升沿的 0.9 电平作为终点电平,触发门控双稳电路终止控制门、使门控双稳电路输出正比于前沿宽度的控制门信号,在控制门信号的作用下,计数显示器计录,并显示被测脉冲前沿宽度的大小。

当测量脉冲后沿宽度时,与测量脉冲前沿宽度正好相反,采用 0.9 电平作为起始点形成起始信号,采用 0.1 电平作为终止电平形成终止脉冲,在起始和终止信号的作用市,门控双稳输出等于脉冲后沿宽度的控制门,使计数显示器给出后沿宽度的大小。

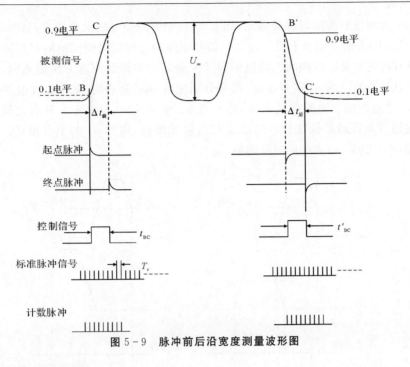

图 5-9 脉冲前后沿宽度测量波形图

## 三、脉冲时间间隔测量

脉冲时间间隔的测量和脉冲宽度的测量、前后沿宽度的测量以及脉冲周期的测量一样，都是时间的测量。

脉冲时间间隔测量的基本原理是，通过触发极性和比较电平的选择，可以选择两个输入信号的上升沿或下降沿上的某电平，作为时间间隔的起点和终点，因而可以测量两输入信号任意两点之间的时间间隔，一般是测量两脉冲 0.5 电平之间的时间间隔。

测量两脉冲 0.5 电平之间的时间间隔的原理方块图如图 5-10 所示。

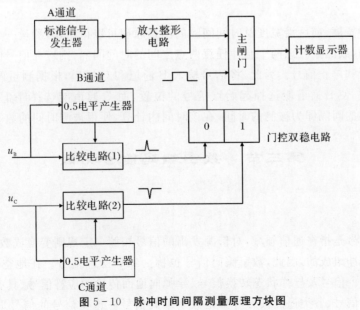

图 5-10 脉冲时间间隔测量原理方块图

图 5-11 为测量的波形时间关系图,图 5-11(a)为两信号的上升沿之间的时间间隔的波形图,图 5-11(b)为前一信号上升沿与另一信号下降沿之间的时间间隔的波形图。

由原理方块图可见。时间间隔的测量与脉冲前后沿的测量原理方块图相同,只是电平产生器产生的电平不同。当 $u_B$ 信号和 $u_C$ 信号分别加至 B,C 通道时,基于比较电平选取在 50% 的点上,且两通道的触发电平均选为正,则可测 $u_B$ 和 $u_C$ 的 0.5 电平上升沿之间的时间间隔 $t_{BC}$。若 B 通道选取正触发极性和 C 通道选取负触发极性,则得 $u_B$ 的上升沿(0.5 电平点)与 $u_C$ 的下降沿(0.5 电平点)之间的时间间隔 $t'_{BC}$。

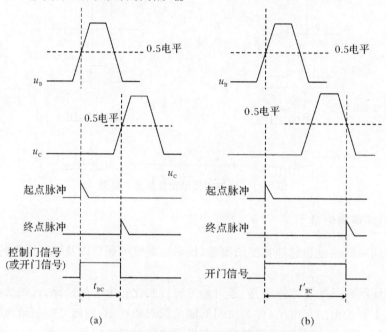

图 5-11 两信号之间的时间间隔的测量波形时间关系图
(a)两脉冲前沿间隔;(b)两脉冲前后沿间隔

通过对脉冲宽度、前后沿宽度及时间间隔的测量原理可以得出,若测量一个脉冲任意两点之间的时间间隔,或测量任意两个脉冲任意两点之间的时间间隔,则应在信号的两点上分别输出一个起始信号和停止信号。为此,将信号输入 B 通道和 C 通道,根据测量的要求确定比较电子和触发极性,使 B 通道能选择起始点信号的位置,而 C 通道能选择停止点信号的位置。该起停位置之间的间隔即为被测的时间,在该时间内计算,便得被测时间的数字值。

## 第三节 数字编码信号测试

### 一、概 述

数字编码信号是指在通信领域,对信源发出的信号按照一定规则变换成数字序列的信号。数字信号是由脉冲组成的,因此,数字编码信号也称为编码脉冲信号。在地空导弹上,制导站向导弹传输的指令信号及导弹状态转换信号、导弹向地面传输的应答信号、具有编码体制的无线电引信传输的信号、各类遥测信号等都是数字编码信号。这些信号的信号形式是脉冲编码信号,这些信号均是由数字逻辑电路产生的。

数字编码信号的测试属于数据域测试。本节重点就导弹制导系统对编码脉冲波形的测量进行论述。

在导弹制导系统中,理想情况下,编码脉冲、询问脉冲等编码脉冲信号是规整的矩形波,但实际上其波形通常是近似于矩形波的信号,那么需要对其信号的失真度进行测试分析,某些情况下还需要对其频谱进行分析测试。这些均属于波形测试,测试的目的是检验编码脉冲是否满足技术条件的要求。

现代常用于对波形参数进行观察描述的工具是电子示波器。近年来随着虚拟仪器技术的发展,通过计算机对其进行采集、观察、测量、记忆与分析已经成为主流。本节主要论述对波形失真度和波形频谱分析。

### 二、失真度的测量

1. 失真度的定义

对信号波形进行傅里叶级数分解,可以得到其基波分量与各次谐波分量,把各谐波分量有效值之和与基波分量的有效值之比定义为失真度。也称非线性失真系数,用 $\gamma$ 表示,对于电压波形可表示为

$$\gamma = \frac{\sqrt{\sum_{n=2}^{\infty} U_n^2}}{U_1} \times 100\% \tag{5-3}$$

为了测量方便,当不考虑失真时,波形总有效值近似等于基波有效值。失真度可近似等于各谐波分量有效值之和与被测波形总有效值之比,用 $\gamma'$ 表示,即

$$\gamma \approx \gamma' = \frac{\sqrt{\sum_{n=2}^{\infty} U_n^2}}{\sqrt{\sum_{n=1}^{\infty} U_n^2}} \times 100\% \tag{5-4}$$

$\gamma$ 与 $\gamma'$ 之间的关系为

$$\gamma = \frac{\gamma'}{\sqrt{1-\gamma'^2}} \quad \text{或} \quad \gamma' = \frac{\gamma}{\sqrt{1+\gamma^2}}$$

2. 基波抑制法测量失真度

测量失真度的方法很多,通常所应用的比较简单的方法是基波抑制法。具有代表性的仪器是 BS-1 型失真度仪,图 5-12 为这种方法的原理图。

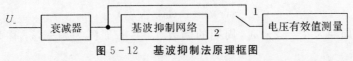

图 5-12 基波抑制法原理框图

基波抑制法测量电路主要由衰减器、基波抑制网络、调节开关和电压有效值测量电路组成。其中的基波抑制网络实际上是带阻滤波器,可以将被测信号基波分量滤掉。测量开始,先将开关 $K$ 置于"1"位,适当调节衰减器,使电压表有一较大的指示,该示值即与被测信号的总有效值 $U$ 成正比,设比例系数为 1。

$$U = \sqrt{\sum_{n=1}^{\infty} U_n^2} \qquad (5-5)$$

然后，将开关 K 置于"2"位，调节基波抑制网络，使网络的谐振频率与被测信号的基波频率相同。这时，电压表的示值为最小，表示基波已被滤除，该示值即为被测信号的谐波分量总有效值 $U_k$ 为

$$U_k = \sqrt{\sum_{n=2}^{\infty} U_n^2} \qquad (5-6)$$

由此，可以得到失真度 $\gamma$：

$$\gamma \approx \gamma' = \frac{U_k}{U} \times 100\% \qquad (5-7)$$

3. 测量的误差分析

这种测量方法比较简单，但存在一定误差，其误差来源于以下几方面。

理论误差。按照测量的理论公式，实际的测量结果为 $\gamma'$，而非 $\gamma$，在具体测量中的非线性失真越严重，二者的差别越大，如有需要，可以根据所测出的 $\gamma'$，然后由两者的变换关系式（$\gamma = \frac{\gamma'}{\sqrt{1-\gamma'^2}}$）计算出 $\gamma$。

滤波器引起的误差。由于带阻滤波器的特性不可能是理想化的，基波不可能得到全部抑制，也不可能对谐波完全不产生衰减作用。

输入端杂波干扰引入的误差。在一个具体的测试系统中，输入端不可避免地存在着杂波信号的干扰，从而导致测量的结果产生误差，这种误差可以通过完善的系统设计来减少。

### 三、信号频谱分析

1. 基本理论

频谱是指一个时域信号在频域中的表现方式。简单来说，频谱表示为一个信号是由哪些频率的正弦波所组成。通过频谱分析，可以看出各频率正弦波的大小和相位等信息。

频谱分析可以通过对该信号的傅里叶变换得到，其结果分别以幅度和相位为纵轴，频率为横轴的两幅图，即所谓的幅度频谱和相位频谱，大部分情况下会省略相位信息。当对一个信号进行谱分析时，实质上就是计算信号的傅里叶变换。对周期信号和非周期信号的频谱分析是不同的。一个周期信号可以表示为

$$x(t) = x(t+nt) \qquad (5-8)$$

式中：$n$ 为任意整数；$T$ 为周期。

最简单的周期信号为正弦信号，其数学表达式为

$$x(t) = x_0(\omega_0 t + \phi_0) \qquad (5-9)$$

正弦信号的周期为 $T = 2\pi/\omega_0$，周期的倒数 $f_0 = 1/T$ 称为频率，$\omega_0$ 称为角频率或者圆频率。

根据傅里叶级数理论，任意周期函数 $x(t)$ 只要满足狄里赫利条件，都可以展开成傅里叶级数，即

$$x(t) = a_0 + \sum_{n=1}^{\infty}(a_n \cos n\omega_0 t + b_n \sin n\omega_0 t) \qquad (5-10)$$

式中，$n = 1, 2, 3, \cdots$，$a_0, a_n, b_n$ 为傅里叶系数。$a_0$ 是此函数在一个周期内的平均值，又称为直流分量；$a_n$ 和 $b_n$ 分别为余弦和正弦分量的幅值。其中

$$a_0 = \frac{1}{T} \int_{-\frac{T}{2}}^{\frac{T}{2}} x(t) dt \tag{5-11}$$

$$a_n = \frac{2}{T} \int_{-\frac{T}{2}}^{\frac{T}{2}} x(t) \cos n\omega_0 t \, dt \tag{5-12}$$

$$b_n = \frac{2}{T} \int_{-\frac{T}{2}}^{\frac{T}{2}} x(t) \sin n\omega_0 t \, dt \tag{5-13}$$

将式(5-10)同频率项合并，则有

$$x(t) = a_0 + \sum A_n \sin(n\omega_0 t + \phi_n) \tag{5-14}$$

式中：$A_n$ 为第 $n$ 阶谐波的幅值，$A_n = \sqrt{a_n^2 + b_n^2}$；$\phi_n$ 为为第 $n$ 阶谐波的初相位，$\phi_n = \arc \frac{a_n}{b_n}$。

由式(5-14)可以看出，满足狄里赫利条件的周期信号，都可以分解成一个平均值为 $a_0$ 和无限多个成谐波关系的正弦成分。各次谐波的幅值和初相位分别由 $A_n$ 和 $\phi_n$ 决定。当 $n=1$，即 $A_1 \sin(\omega_0 t + \phi_1)$ 称为基波，角频率称为基频。其余各次谐波统称为高次谐波，依次称为二次谐波、三次谐波……由于幅值 $A_n$ 和初相位 $\phi_n$ 均为 $\omega_n$ 的函数，以角频率为横坐标，幅值 $A_n$ 或初相位 $\phi_n$ 纵坐标，分别画出 $A_n$-$\omega$ 和 $\phi_n$-$\omega$ 图，即得幅频图和相频图，二者统称频谱，这样就把时域信号用频域参数来表达了。应该注意，$x(t)$ 可能包含无穷多的频率分量，但频谱却是离散的，并且所有频率成分都是 $2\pi/T$ 的整数倍，故称为离散频谱。

一个周期方波信号的频谱如图 5-13 所示。从图中看出，从幅度看，其基波的幅度最大，各次谐波的幅度逐步减小；从谱线分布看，各次谐波的角频率是基波的整数倍。

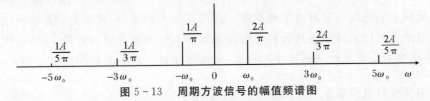

图 5-13　周期方波信号的幅值频谱图

当周期信号的周期 $T$ 增大时，谱线间隔变小。若周期 $T$ 趋于无穷大，则谱线间隔趋于无穷小。这样，周期信号就变成了非周期信号，周期信号的离散频谱就变成了非周期信号的连续频谱。非周期信号的频率范围是无限的。

对于一个单脉冲信号，在时域上越窄，其频带就越宽，理论上，冲击信号的频谱是一条直线，即它具有无限宽的频带，具有任何频率分量。

2. 频谱分析仪器

(1)模拟式频谱分析仪。图 5-14 为模拟式频谱分析仪的基本原理方框图。图中带通滤波器的中心频率是可变的，可挑出所需测量的各次谐波频率，被测信号经过滤波器选出所需测量的各次谐波信号，然后由检波器变为直流电压信号送到显示器，显示每个单次谐波的有效值。显示器可以是电压表，也可以由屏幕显示。当采用并行滤波法或时间压缩法时就能同时显示多个谐波的幅值(频谱图)，并可以进行实时的频谱分析。

图 5-14 模拟式频谱分析仪原理框图

(2)数字式频谱分析仪。实现数字频谱分析主要有两种方法:①仿照模拟频谱分析的数字滤波法;②基于快速傅里叶变换(FFT)的分析法,由于大规模集成电路和微机技术的发展,后者已被广泛应用。图 5-15 为这种频谱仪的框图,CPU 对被测信号波形进行实时采样,经过 A/D 转换器变成离散的数字量存储起来,然后进行 FFT 计算,并将计算结果以频谱图的形式显示在屏幕上。

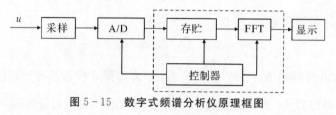

图 5-15 数字式频谱分析仪原理框图

## 第四节 导引头接收机灵敏度测试

在无线电寻的导引系统中,主要部件是雷达导引头。对于地空导弹的导引头,由于工作体制、辐射源的位置、信号源形式等的不同,描述其性能的技术参数也不同,其主要描述参数包括工作体制、工作频段、工作波形、导引头作用距离、中末制导交班概率、角度跟踪性能、速度跟踪性能、接收机参数(接收机灵敏度、噪声系数等)、分辨力(包括角度、速度及距离分辨力)、杂波下能见度、泄漏下能见度和脉冲重复频率等。在部队技术阵地中,导弹测试系统测试的参数也差异较大,其中尤其以对导引头接收机灵敏度和噪声系数的测试较为常见,主要是因为这两个参数可以反映导引头接收机的整体工作性能,本节论述对这两个参数的测试原理和方法。

**一、导引头接收机灵敏度**

1. 导引头接收机灵敏度的概念

如前述雷达导引头接收机灵敏度的概念,它定义是指能使雷达导引头正常工作时的最小接收功率,表征的是接收机检测微弱信号的能力。

对半主动雷达导引头,既有直波接收机,也有回波接收机。直波接收机是用来接收地面照射雷达信号,为回波接收机提供动态的导弹频率基准;回波接收机则是用来接收目标反射信号,从中提取与目标速度有关的多卜勒信号频率及目标相对导弹位置的雷达误差信号。因此,对于半主动雷达导引头就有直波接收机灵敏度和回波接收机灵敏度之分,其具体的定义是相同的。

从雷达导引头工作原理的角度看,其接收机灵敏度是天线馈电系统、高频系统、信息处理系统、目标跟踪系统等综合考虑的技术指标,它表征雷达导引头截获目标时需要的回波信号功率的数值,反映接收机最小工作信噪比的重要参数。

从雷达导引头检测信号的角度看,其接收机的灵敏度是用以表征接收机接收微弱信号的能力的参数。在一定的条件(如发射机的功率一定的情况)下,接收机的灵敏度越高,表示接收和处理微弱信号的能力就越强,作用距离也就越远。如果作用距离一定,通过提高接收机的灵敏度就可以减小发射机的功率,这对于减小整个导弹设备的体积和重量具有重要意义。因此,提高接收机的灵敏度,是导弹设计接收机过程中应考虑的重要问题,也是评定导引头接收机技术性能指标的最主要指标之一。

要想获得高的灵敏度,接收机应有足够的放大量,这在目前技术条件下已不成问题。但是,提高接收机的放大量,并不能无限制地提高接收机的灵敏度,这是因为接收机内部存在着噪声,这种噪声是接收机内部产生的,噪声水平高会干扰甚至淹没有用信号,会限制接收机检测微弱信号能力。另外,导引头天线也会引入干扰和噪声,这些干扰和噪声限制了接收机接收微弱信号的能力。若信号太弱则可能被噪声所淹没,不能满足信号噪声比的要求。因此,为了进一步提高接收机的灵敏度,必须设法降低接收机的内部噪声和抑制天线上外来的干扰噪声。

**2. 接收机灵敏度的表征**

接收机灵敏度的表征方法,依频率的不同而有所不同,对一般接收机主要有两种表征方法:一种是采用电动势;另一种则采用功率。

采用电动势的方法是把接收机正常工作(如达到一定的输出功率和一定的信号噪声比)时天线上必须感应的电动势称为接收机的灵敏度。显然能够感应的电动势越小,灵敏度越高,反之,必须感应的电动势越大,灵敏度也就越低。

在米波波段,接收机的灵敏度用最小可变电动势 $E_{smin}$,则有

$$E_{smin} = 2\sqrt{P_{smin}R_A} \tag{5-15}$$

式中,$R_A$ 为天线等效电阻。

对于一般超外差式接收机,其最小可变电动势的数量级为 $10^{-6} \sim 10^{-7}$ V。

对于雷达或者雷达导引头,采用的是微波接收机,为了便于计算和测量,更好的说明接收机的性能,接收机的灵敏度通常不用天线上必须感应的电动势来表示,而是用接收机必须的输入的最小信号功率 $P_{smin}$ 来表示。对于一般常用的超外差式雷达接收机来说,其最小可分辨率的功率量级为 $10^{-12} \sim 10^{-14}$ W。在实用上常以相对于 1 mW 的分贝数来表示(以 1 mW 为零分贝),即

$$P_{smin}(\mathrm{dB/mW}) = 10\lg\frac{P_{smin}}{10^{-3}} \tag{5-16}$$

对于 $P_{smin} = 10^{-12} \sim 10^{-14}$ W 的可分辨功率量级,以分贝/毫瓦为单位的灵敏度量级为 $-90 \sim -70$ dB/mW。有的接收机灵敏度,不是以 dB/mW 来表示,而是以 dB/W 表示。即与 1 W 比较。则有

$$P_{smin}(\mathrm{dB/W}) = 10\lg\frac{P_{smin}}{1} = 10\lg P_{smin} \tag{5-17}$$

这样计算更直观,例如,当灵敏度为 $-82 dB/W$ 时,接收机正常工作所需要的最小信号功率为

$$-82 = 10\lg P_{smin}$$
$$P_{smin} = 10^{-8.2} = 6 \times 10^{-9} \text{ W}$$

从上述分析看,接收机灵敏度既可以用电动势表示,也可以用功率表示。在工程上,用电动势表示时,也通常用 dB(V),只是这时取对数时要乘以 20,而不是像功率那样乘以 10。另外,在工程上,在不引起歧义时,接收机灵敏度直接用单位 dB,而不用"dB/W"或者"dB/mW"。

接收机灵敏度除上述的实际灵敏度外,还有最高灵敏度。最高灵敏度是仅由接收机内部噪声所限制的灵敏度,它可以根据接收机的噪声系数计算出来,最高灵敏度往往高于实际灵敏度。

为了说明哪些因素影响接收机灵敏度,对接收机灵敏度可以用反映噪声的检测灵敏度来表示。

噪声总是伴随着微弱信号同时出现的,要能检测信号,要求微弱信号的功率应大于噪声的功率,因此,反映噪声对接收机灵敏度的影响可用检测灵敏度表示

$$S_i = kT_0 B_n F_n \left(\frac{S}{N}\right)_0 \tag{5-18}$$

式中:$k = 1.38 \times 10^{-23}$ W·s/°;标准温度 $T_0 = 290$ K;$kT_0 = 4 \times 10^{-2}$ W/Hz;$F_n$ 为接收机噪声系数(噪声系数的大小是雷达接收微弱信号的主要性能指标。噪声系数小,说明接收机内部噪声小,因此雷达导引头作用距离就远);$B_n$ 为接收机有效带宽;$\left(\frac{S}{N}\right)_0$ 为确保检测质量所需的中频输出信噪比,又称为识别系数 $M$。

### 二、导引头接收机灵敏度测量方法

1. 测试方法分类

对雷达导引头接收机灵敏度的测试,可以综合反映导引头天线接收信号工作情况,接收机工作检测信号是否正常,接收机内部噪声是否超出导引头正常工作范围。

按照对导引头接收机灵敏度测试的手段可分为手动测试和自动测试。这两种测试手段在国内外的雷达导引头接收机灵敏度测试中均有应用。采用手动测试的设备主要组成由通用测试仪器仪表、导引头控制台、电源控制台、目标模拟器等。如果是在工厂测试,还配备微波暗箱。近年来,自动测试逐步应用到导引头性能参数测试中。自动测试是在计算机控制下,通过标准接口、程控测量仪器,对导引头的参数进行自动测试,自动完成数据处理和测试报表打印记录。它具有测试精度高,测试时间短,可完成对导引头多个参数的测试的特点。

按照对导引头接收机灵敏度测试的地点或者说是阶段的不同,分为在导弹研制过程中的测试和在部队技术阵地的测试。前者是由导引头研制厂家在实验室中完成,测试的目的是检验设计的导引头接收机是否达到研制所要求的技术性能。这种情况下的测试数据的精度要求高,对导引头性能参数的描述更加准确,测试环境更加能够真实模拟导引头在导弹飞行过程中的工作情况,往往也同时测试其他在研制过程中需要关注的参数。

在导弹研制过程中对导引头接收机灵敏度的测试通常是利用前面已经讲述的导弹制导控制半实物仿真系统中进行的。它除了可测试分析导引头接收机灵敏度外,可完成对整个导弹制导控制系统的性能分析。

在部队技术阵地的测试,由于受到测试条件的限制,测试设备及环境只能大体模拟导引头接收机工作情况,目的是验证导引头是否有故障。

## 2. 导弹技术阵地导引头接收机灵敏度测试方法

在导弹技术阵地,由于没有微波暗室,对导引头接收机灵敏度测试通常不用微波暗室。通常采用开路法进行测试。

在部队导弹技术阵地,测导引头灵敏度时,既可以测量理想情况下导引头的灵敏度,也可以测量导引头受到干扰时的灵敏度。后者可以考察导引头接收机对干扰的抑制能力,因此可分为加干扰和不加干扰的导引头接收机灵敏度测试。是否加干扰进行测试,其测试原理和方法是一样的,所不同的是,加干扰测试时,给导引头接收机输入的信号加模拟干扰;不加干扰测试时,给导引头接收机输入的只是模拟的目标信号。

开路测试法是用得最多的方法,其原理如图 5-16 所示。

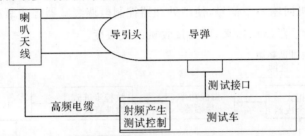

图 5-16 开路法测试雷达导引头接收机灵敏度原理图

开发法测试的基本原理是通过射频产生与测试控制组合上的可变衰减器控制产生的射频信号功率大小。当射频功率刚好使得测试车上的功率指示计有指示时的功率,就是导引头正常工作时的最小接收功率,即导引头接收机灵敏度。

对雷达导引头接收机灵敏度用开路法测试时,模拟目标辐射信号由测试车的射频产生器产生并控制其辐射能量的大小(采用可变衰减器),射频能量通过高频电缆送到位于导引头前方的喇叭口天线,导引头接收机接收喇叭口天线的辐射信号,在导引头的视频或者中频放大器后端取出信号,通过导弹上的测试接口送到测试车。在测试车上,通常是采用电平表或者功率计测试信号电平或者功率,当电平表或者功率指示计刚有指示时,记入这时的功率值(或者可变衰减器的刻度值),即可表征导引头接收机灵敏度。

开路测试法中,测试车上显示的接收机灵敏度要记入整个射频能量在传输路径上的衰减。影响测试精度的主要因素包括连接射频产生器(信号源)和目标模拟器(图 5-15 中的喇叭天线)之间的衰减、目标模拟器喇叭天线到导引头天线传输路径的衰减。这些衰减量带来的测量误差,直接影响雷达接收机灵敏度测试的精度。

测试的结果是功率,它一般是用电平表测量得到的,因此,在测试车上对输入的信号还要进行放大处理,放大器增益的稳定性也是影响测试误差的主要因素之一。另外,电平表本身也会带来一定的测试误差,一般在灵敏度测试时的电平表都需要校正,目前电平表的测量带来的误差大约为 0.2 dB。

应用上述方法除了可以测试雷达导引头接收机灵敏度外,也可用于测试雷达导引头接收机的其他功能参数。如导引头各种逻辑转换电路的工作情况、位标器预定回路及角跟踪回路的工作情况等。

### 三、接收机灵敏度的测量原理

不论是在设计单位还是部队技术阵地,在导引头接收机灵敏度测试中其具体测试系统的实现有很多种,在这里介绍一种小型的导引头接收机灵敏度自动测试系统。其原理图如图 5-17 所示。在图 5-17 中,测试系统主要由微处理器或微型计算机、数控步进式微波衰减器(或称电调衰减器)、锁相式脉冲调制微波频率跳变源以及微波功率稳幅器和灵敏度指示器等部件组成。微处理器是实现灵敏度自动测量的控制中心,控制数控步进式微波衰减器输出给接收机的功率,开始时,微处理器控制电调衰减器,使电调衰减器有最大的衰减,接收机不能正常接收,在微处理器的控制下,电调衰减器减小衰减,接收机输入功率增大,当接收机输入功率增大到正常接收时,接收机回输一个信号,使微处理器控制电调衰减器停止衰减,此时,电调衰减器的衰减值由灵敏度指示器显示出来,即为接收机的灵敏度。

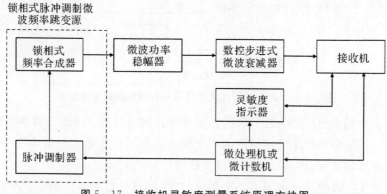

图 5-17 接收机灵敏度测量系统原理方块图

在对接收机灵敏度的自动测量中,要求自动频率跳变源输给电调衰减器的功率一定,即幅度保持稳定,故在自动频率跳变源与电调衰减器之间加入微波功率稳幅器。

频率跳变源实际上采用的是一种频率合成技术,它是利用一个(或几个)基准频率通过一系列的混频器(加、减)、倍频器(乘)和分频器(除)等基本电路的组合,对基准频率进行基本代数运算,以合成所需频率,然后再通过必要的放大和窄带滤波,以分离并选出所需频率的信号。

微波功率稳幅器,为锁相式脉冲调制微波频率跳变源输出功率的自动校准装置,通过它输出给电调衰减器所需的功率,保持振幅稳定。这里的自动校准指的是功率稳幅器对跳变源输出功率的自动校准,它是在输出功率的零电平(电调衰减器输入端的功率定为某脉冲瓦特时,称为零电平,通常定为 1 脉冲瓦特,或 1 脉冲毫瓦为零电平)调定之后再进行自动调整,以保持输出功率不变(绝对不变是不可能的,通过稳幅能使得由于各种因素造成的微波功率变化稳定在 $\pm 0.5$ dB 以内)。

微波功率稳幅器的原理方块图如图 5-18 所示。由图 5-18 可见,它由电控元件、定向耦合器、误差信号检测器、标准直流电压以及直流放大器等五部分组成。定向耦合器对输出信号功率取样,经误差检测器将取样微波功率变成直流,然后与标准直流电压相比较,变成误差电压,直流放大器将误差电压放大并变换成电流,去推动电控元件,对微波功率进行电控调整,实现微波功率信号振幅的稳定作用。

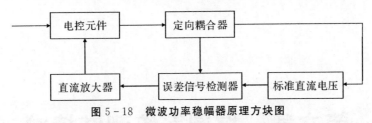

图 5-18　微波功率稳幅器原理方块图

图 5-18 所示为微波功率稳幅器的原理图,具体实现微波功率自动稳幅的方块图如图 5-19 所示,由图可见,它由 PIN 管电调衰减器、定向耦合器、二极管检波器、视频放大器、峰值检波器、差动直流放大器和推动级组成。PIN 管电调衰减器为电控元件,改变 PIN 管正向电流的大小,可以改变 PIN 管的偏流值,从而对微波功率产生不同的衰减。根据此原理制成的电调衰减器,具有随工作电流增大,衰减量也增大的特性。因此,在这里起到了对微波功率进行衰减的作用。

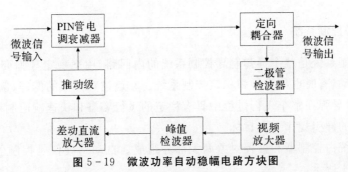

图 5-19　微波功率自动稳幅电路方块图

误差信号发生器包括二极管检波器、视频放大器、峰值检波器和差动直流放大器四部分。由定向耦合器取得的微波功率,经二极管检波变成视频脉冲,视频脉冲在视频放大器放大,经峰值检波器变成直流、加至差动直流放大器,与标准直流电压(或基准地电位)相比较,变换成误差信号,输至推动级。

在实际的电路中,二极管检波器可采用反向二极管检波器,因为反向二极管参数的稳定性较高,尤其随环境温度的变化小,环境温度变化对电流的影响大大优于一般晶体检波管,即其电流变化比一般晶体检波管小得多。由于电路的任何漂移都会造成控制误差,因此将放大量全部分配给视放,差动直流放大器的放大量设计为1,使它仅作为一个比较器应用,将放大器的零点漂移减到最小。推动级将差动直流放大器的输出变为推动 PIN 管的电流,这样,当微波输出功率高于零电平功率时,稳幅电路使推动 PIN 管的电流增加,电调衰减器的衰减量增大,使微波输出功率下降,以达到自动调整零电平的目的。反之,当微波输出功率低于零电平功率时,电调衰减器的衰减减小,使微波输出功率增加,保持零电平功率不变。

微波功率自动稳幅电路对零电平的控制精度,取决于整个放大环节的线性度、PIN 管电调衰减器的控制灵敏度和电路的稳定度。在要求不高的情况下,若将 ±1.5 dB 的功率变化,稳定在 ±0.5 dB 以内,采取适当措施是比较容易达到的。

由以上讨论我们知道,微波自动稳幅电路,其最根本的原理,是自动调整 PIN 管电调衰减器的衰减,使 PIN 管电调衰减器的输出功率保持不变,由此可见,PIN 管电调衰减器,是微波功率自动稳幅电路的重要组成部分。

# 第六章　控制系统测试技术

## 第一节　控制系统测试需求

### 一、地空导弹控制系统

地空导弹控制系统是整个导弹制导控制系统的内回路,用来稳定导弹姿态和控制导弹质心按控制指令运动,有时也称为导弹稳定控制系统。它通过对弹体的俯仰、偏航运动以及横滚运动的控制,使得导弹在整个飞行过程中具有稳定的飞行姿态和快速响应制导指令的能力,控制导弹按照预定的导引规律飞向目标。

导弹控制系统由控制器和被控对象两大部分组成。自动驾驶仪是控制器,导弹弹体是被控对象,如图 6-1 所示。

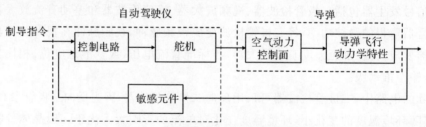

图 6-1　导弹稳定控制系统原理框图

自动驾驶仪产生控制指令操纵气动舵面(和燃气舵)偏转形成控制力,从而实现弹体绕质心的转动力矩,弹体转动力矩产生弹体角速度和攻角,攻角产生弹体气动力矩和气动力。该气动力矩与舵面升力形成的弹体转动力矩相平衡,使攻角稳定,同时形成稳定的弹体升力,这就是导弹稳定控制系统对弹体进行控制的物理过程。同其他控制系统一样,对导弹稳定控制系统的要求是有良好的快速性、稳定性和控制精度。

自动驾驶仪的作用是稳定导弹绕质心的角运动,并根据制导指令正确而快速地操纵导弹飞行。由于导弹的飞行动力学特性在飞行过程中会发生大范围、快速度和事先无法预知的变化,自动驾驶仪还必须把导弹改造成动态和静态特性变化不大,且具有良好操纵性的制导对象,使制导控制系统在导弹的各种飞行条件下,均具有必要的制导精度。

传统的自动驾驶仪一般由敏感元件、控制电路和舵机组成。它通常通过操纵导弹的空气动力控制面来控制导弹的空间运动。

敏感元件是一些惯性器件,主要有各种陀螺仪和加速度计,分别用于测量导弹的姿态角、姿态角速度和线加速度。直接用于反馈的敏感元件的精度要求较低，如果用于捷联惯性导航系统的惯性器件则要求有很高的精度，它们是分别固定在弹体轴三个方向上，用于测量角速度的速率陀螺、测量线加速度的加速度计以及相应的变换和处理器组成。

控制电路一般由数模混合电路组成。它用于各种控制量和反馈量的综合、信号的变换和放大，包括实现调节规律和校正网络需要的电路，对舵机的控制信号。另外，还有逻辑和时序控制电路、及微处理器、存储器及接口电路等。

舵机一般采用角位置反馈的闭环控制回路，也可称为舵回路。它由角位置反馈电位计、信号综合、变换和功率放大、驱动器、舵机能源以及传动机构组成。

在新型导弹上，导弹自动驾驶仪由惯测组合、弹载计算机、舵机和飞行控制软件组成。

(1)惯测组合实际上是由敏感元件及其外围调理电路组成，用于测量导弹沿弹体坐标系3个轴的加速度、角度或者角速度分量。其上装有加速度计、自由陀螺仪或者速率陀螺仪等敏感元件。加速度计用于测量导弹弹体沿弹体坐标系3个轴的视加速度分量；自由陀螺仪或者速率陀螺仪分别用于测量导弹弹体沿弹体坐标系3个轴的角度分量或者角速度分量。在有些地空导弹上，既有自由陀螺仪和速率陀螺仪，而有些导弹上则只有速率陀螺仪或者只有自由陀螺仪，由于自由陀螺仪和速率陀螺仪分别敏感的是弹体的转动角和转动角速度，而这两个量是可以互相转换的，只要测得一个，就可以通过解算获得另一个。

(2)弹载计算机由硬件和软件两部分组成。其主要功用是：接收惯测组合输出的导弹角度或者角速度及加速度信息，进行弹体运动参数和姿态解算；接收导弹导引系统输出的控制指令；完成稳定控制计算任务，输出控制信号形成舵机指令，实现导弹的飞行控制。

(3)舵机是伺服系统，它与相应的(放大)电路和操纵机构组成舵系统，根据弹载计算机送来的控制信号操纵舵面偏转，实现导弹飞行姿态的控制。

(4)飞行控制软件主要完成弹体运动参数计算、控制稳定指令的解算等任务。

对地空导弹控制系统的测试中，主要是对控制系统的惯测组合(内部含有敏感元件)、自动驾驶仪及弹载计算机等设备性能的测量。

## 二、控制系统测试需求

对地空导弹控制系统的测试参数很多，而且不同的导弹由于制导体制、控制方式、具体实现方法及测试系统所采用的测试技术和方法的不同，其测试参数也有较大不同。总体来讲，按照控制系统组成主要的可以分为惯测组合性能测试、舵机性能测试和弹载计算机性能测试等。弹载计算机性能测试的测试跟一般计算机测试相似，在部队技术阵地，主要是采用软件对弹载计算机进行检查。

1.敏感元件测试

惯测组合内主要为敏感元件及其外围电路，因此对惯测组合的测试主要是测试敏感元件及其外围电路的性能优劣。敏感元件包括陀螺仪和加速度计等，外围电路主要是用于给敏感元件供电、陀螺仪启动等的电路。对惯测组合性能测试主要包括以下几种参数。

(1)陀螺仪测试。

1)陀螺仪零位测试。陀螺仪零位测试用于检查陀螺仪在起始零位时的输出电压。在惯测组合还未工作时，陀螺仪的起始输出即为它的零位输出，它属于陀螺仪敏感元件的起始误差，其值的大小直接影响整个制导回路的起始误差和制导误差。

2)陀螺仪漂移量。陀螺仪漂移量的测试是检查陀螺仪在一段时间(通常是 1 min)内产生的漂移量。该物理量影响自动驾驶仪倾斜稳定的准确度。如果是采用中段是惯性制导的复合制导体制的话,陀螺仪的漂移量影响惯性制导系统的制导精度。其大小与陀螺仪的制造工艺、静不平衡(陀螺质量偏心)及机械式陀螺仪的轴承摩擦以及非等弹性力矩等因素有关。

3)陀螺仪标定测试。对于自由陀螺仪或者速率陀螺仪,当有角度或者角速度信号输入时,输出的主要成分应该是与输入角度或者角速度成比例的电信号。但是由于环境等因素的影响,输出信号会有误差。陀螺仪标定测试实际上是为了标定输入与输出之间的传递系数,确定其误差,便于在弹载计算机中对其补偿。

4)陀螺仪输出信号测试。对于自由陀螺仪或者速率陀螺仪,当有角度或者角速度信号输入时,检查输出信号是否在要求的技术指标范围内。

5)陀螺转子电流测试。导弹整个制导回路中的稳定成分的自动调节作用是通过驾驶仪陀螺仪表等敏感元件来实现的,其性能的优劣将直接影响到制导回路的稳定性。陀螺的定向性是靠转子高速旋转来维持的,转子电流的变化将直接反映出陀螺的工作性能。通过转子电流的测试和观察,从转子启动到稳定后转子电流的变化规律可以间接反映出陀螺及其相关控制电路的工作情况,从而判断器件性能的优劣。

(2)加速度计测试。导弹在飞行过程中受外力或内力作用产生的侧向加速度是由加速度表所感知,并在制导回路中构成反馈,起到稳定作用。加速度计及其外围电路工作性能的优劣直接影响到制导回路,所以必须在导弹发射前进行测试确保其工作可靠。

对加速度计的测试主要是在给定的加速度情况下,测试加速度计的输出信号是否在要求的技术指标范围内。

(3)敏感元件外围电路测试。它主要测试供给惯测组合或者敏感元件的供电电压、电流、陀螺仪启动的电源参数及其激励信号是否在要求的技术指标范围内。

2. 自动驾驶仪性能测试

在自动驾驶仪中舵机和控制电路是其主要组成部分。地空导弹的舵机按照其能量介质形式可分为气动舵机、液压舵机和电动舵机。其中气动舵机是早期地空导弹采用的舵机,近年来多采用液压舵机和电动舵机。舵机类型不同,检查的具体参数也不同。

(1)液压舵机供油压力及流量测试。它主要检查液压舵机供油支路的压力及流量是否在标定的范围。

(2)舵系统斜率测试。在给舵系统加入基准信号后,测试舵面偏角对信号的响应数值大小。

(3)自动驾驶仪控制电路测试。测试时,给自动驾驶仪的相应控制电路加入基准信号,观察舵面偏角或者偏转角速度对信号的响应情况。

对舵系统斜率测试和自动驾驶仪控制电路测试往往要用到舵偏角的测量。舵偏角测量属于角度测量,老式的方法是通过在角度尺上通过人工读数获得的。新型导弹测试舵偏角则采用基于光电传感器、磁性传感器的角度传感器进行测量。

(4)电动舵机电池供电检查。电动舵机一般采用电池供电,常采用热电池较多。热电池供电时需要对其加热激活,因此需要对热电池的激活电流和电压进行检查,保证电池激活电路完好。

(5)舵机零位检查。它主要是检查在舵机输入控制电压为零时,舵偏角的零位情况。测试的是舵机的电气零位和机械零位的偏差。

(6)滚动控制面偏转速度的测试。导弹在飞行过程中的滚动控制是由滚动通道的自由陀螺仪所检测后并相应控制副冀舵反向偏转以抑制滚转的,对导弹滚动起稳定作用。该项测试是为了检查导弹飞行滚动量是否超差。如果超差,在导弹弹体坐标系转动一定角度后,地面站还按原系控制就会引起制导误差,降低导弹命中率甚至造成脱靶后自毁的后果。

3. 弹载计算机性能测试

弹载计算机由硬件和软件构成。其硬件组成主要是以高速数字信号处理器为主。主要测试项目包括了弹载计算机自检、各类总线通信接口检查、弹载计算的复位、弹载计算机与弹上其他设备的通信检查及指令解算检查等。

## 第二节 敏感元件测试

导弹上的敏感元件主要有陀螺仪和加速度计。广义上讲,凡能保持给定方位,并能测量载体绕给定方位转动的角位移或者角速度的装置均可称为陀螺仪。能够保持给定方位,并测量载体角位移或者角速度的功能称为陀螺效应。

能够测量载体运动加速度的装置称为加速度计。

一般来讲,在地空导弹上,对于寻的制导的导弹,敏感元件位于导弹控制系统(自动驾驶仪)和导引头的位标器中;对于指令制导以及导弹中段飞行采用惯性导航的导弹,敏感元件只在导弹控制系统中。

对于弹道式导弹,敏感元件通常位于惯导平台中,而地空导弹的敏感元件是与弹体固连的,即所谓捷联式。

### 一、敏感元件的一般测试方法

由于敏感元件的根据其工作原理不同,结构各异,对其技术性能的要求也差别很大,在这里就主要应用在常用地空导弹上的敏感元件及其在部队技术阵地的测试方法进行简要论述。

在部队技术阵地,对地空导弹的敏感元件测试时,按照其激励方式分类,敏感元件的测试可分为全弹激励测试法和自动驾驶仪激励测试法。不论何种方法,对敏感元件测试是需要给其加载动态激励环境。

法国"响尾蛇"导弹、意大利"阿斯派得"导弹的测试均采用了全弹激励测试法。第一代的苏联"萨姆"系列导弹则采用把弹上自动驾驶仪取出,放置在转台上来测试其中的敏感元件的性能。

按照给敏感元件施加激励方式的不同,又可分为转台动态激励型和手动模拟动态激励型。

转台动态激励型是指把装有敏感元件的惯测组合、自动驾驶仪或者全弹放置在转台上或者摇摆台上,使导弹倾斜、转动和滚动,来模拟导弹的各种机动飞行姿态,进而测试敏感元件技术性能的方法。

采用把导弹装有敏感元件的组件(惯测组合或者自动驾驶仪)放置在转台上测试的方法,

一般适合于大型的地空导弹,而且这种导弹便于在部队分解和组装,通常导弹是一种裸弹状态。

对于小型地空导弹,且导弹处于筒弹状态,导弹不能在部队技术阵地或者发射阵地分解拆装时,一般对全弹(或者连同装运发射筒)放置在导弹摇摆台上,使导弹倾斜、转动和滚动,来模拟导弹的各种飞行姿态。

采用放置带有火工品的全弹进行测试时,测试安全性是第一位的。为了防止测试过程中发生意外,需要在导弹与测试人员之间设置安全防爆墙,在朝向导弹飞行的方向设置有弹坑,导弹与弹坑边缘距离一般小于 70 cm。

手动模拟动态激励型适合于对小型地空导弹的测试。通常是把导弹的全弹或者导弹部分舱段(该舱段必须装有敏感元件)放置在测试架车上。在导弹测试时,通过号手对测试架车倾斜或者摇晃,达到模拟导弹机动飞行状态,进而给敏感元件加载激励的效果。

测试架车应有使导弹倾斜以及摆动的随动装置。

## 二、陀螺仪测试

### 1. 陀螺仪

在地空导弹上所使用的陀螺仪,按照所利用的陀螺效应,可以分为转子陀螺仪、光学陀螺仪(激光陀螺仪和光纤陀螺仪)、静电陀螺仪、压电陀螺仪等等。转子陀螺仪是利用高速旋转的刚体具有陀螺效应而形成的陀螺仪,它通常把高速旋转的转子安装在万向支架上,转子同时可绕垂直于自转轴的一根轴或者两根轴进动,前者称为单自由度陀螺仪,后者称为双自由度陀螺仪;光学陀螺仪是利用 Sagnac 效应为基础而制成的陀螺仪。1913 年,法国物理学家 Sagnac 发现采用一个环形干涉仪,可证实无运动部件的光学系统能够检测物体相对于惯性空间的旋转。所谓 Sagnac 效应,是指在任意几何形状的闭合光路中,从某一观察点发出的一对光波,在环路内沿相反方向各自传播一周后又回到该观察点,这一对光波的相位将由于该闭合环形光路相对于惯性空间的旋转而不同,相位差的大小与闭合光路的旋转角速率成正比。

按照测量物理量可分为自由陀螺仪和速率陀螺仪,前者输出的导弹在弹体坐标系中的滚动角;后者测量的是导弹转动角速率。转子陀螺仪和光学陀螺仪在地空导弹上应用最广泛。

### 2. 陀螺仪测试的原理与方法

对陀螺仪的测试参数包括陀螺仪漂移量、标度因数、零偏值及随机误差等,在使用中,尤其以测试陀螺仪漂移量最常见。

陀螺仪的漂移是指由于各种原因,在陀螺仪上往往作用所不希望的各种干扰力矩,在这些较小的干扰力矩作用下,陀螺仪将产生进动,从而使得角动量向量慢慢偏移原来的方向,的现象。把在干扰力矩作用下陀螺产生的进动角速度称为陀螺仪的漂移角速度或者漂移角速率。陀螺仪的漂移量通常用漂移率来表示,它是指陀螺仪转子的漂移的角速率,一般采用的单位为(°/h),而在地空导弹上通常用(°/min)来考核。对于精度较高的惯性级陀螺仪其精度大约为 0.1°/h。

对于单自由度陀螺仪的漂移量是指实际的陀螺仪与理想的陀螺仪模型之间的差别,这种差别是由于干扰力矩。干扰力矩破坏了陀螺仪的定轴性,使陀螺仪的角动量向量在惯性空间中发生了大小及方向的变化。

对于双自由度陀螺仪的漂移量跟单自由度陀螺仪的定义相似。当陀螺受冲击力矩时,自转轴将在原来的空间方位作锥形振荡运动,即发生章动现象。对于如图 6-2 所示安装的双自由度陀螺仪而言,其漂移角速率为

$$\omega_d = \sqrt{\omega_{dx}^2 + \omega_{dy}^2} \tag{6-1}$$

式中:$\omega_{dx}$ 和 $\omega_{dy}$ 分别是自转轴沿 $x$ 方向(内环轴)和 $y$ 方向(外环轴)的漂移角速率。

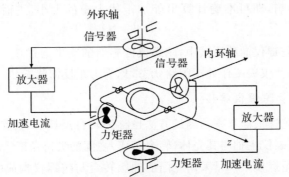

图 6-2　双自由度陀螺仪的安装

陀螺仪漂移测试的方法可分为开环测试和闭环测试两类,如图 6-3 所示。

$$\text{陀螺漂移测试} \begin{cases} \text{开环测试——人工伺服法} \\ \text{闭环测试} \begin{cases} \text{力矩反馈法} \\ \text{伺服转台法} \end{cases} \end{cases}$$

图 6-3　陀螺漂移测试方法

开环测试方法也就是人工伺服法,它通过直接测量陀螺仪中输出信号随时间的变化,来确定漂移角速度。在测量时间内,人为转动陀螺仪壳体,让其跟踪陀螺仪转子轴的转动,使陀螺仪信号传感器的输出为零,这时,陀螺仪壳体相对于惯性空间所转过的角度,就表征了陀螺仪相对于惯性空间的转角。这一转角就是转动角速率的积分。开环测试的测量原理简单,但适合于精度要求不高的场合。

闭环测试方法是把陀螺仪输出信号器的信号送至反馈元件,而给出反馈力矩或者反馈角速度,通过测量反馈力矩或者反馈角速度,也确定漂移角速度。由于闭环测试方法能够获得较高的测量精度,其分辨率可达到千分之几度/h,因此,适合于惯性级陀螺仪漂移量的测试。

闭环测试方法可分为力矩反馈法和伺服转台法。

**3. 力矩反馈法陀螺仪漂移量测试**

力矩反馈法陀螺仪漂移量测试的原理如图 6-4 所示。

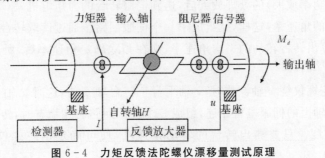

图 6-4　力矩反馈法陀螺仪漂移量测试原理

由于地球自转及外加干扰力矩的影响,陀螺仪的动量矩矢量将偏离零位,信号传感器将产生相应的输出信号,该信号经过反馈放大器的滤波、放大、解调等环节后,向陀螺力矩输入一个与干扰力矩成比例的直流电流信号,力矩器便产生相应的控制力矩,与作用于陀螺仪上由地球自转产生的陀螺力矩和外加干扰力矩相平衡,从而使作用在陀螺仪输出轴上的和力矩为零。显然,如果力矩器的刻度因数是已知的,只要精确测定施加到力矩器上的直流反馈电流,并扣除地球自转速率的影响,即可准确计算出外加干扰力矩的大小,进而确定出陀螺仪漂移角速度。

在力矩反馈法测陀螺仪漂移测试中,陀螺仪传感器的输出通过放大器送到相应的力矩器构成的力矩反馈回路,使仪表工作处于闭路状态,称为力矩反馈状态。

4.伺服转台法测量陀螺仪漂移

伺服转台法测量陀螺仪漂移率的测试方法也称为转台反馈法,它是利用转台作为反馈装置,其反馈量是被测陀螺仪主轴与其壳体(转台基座)之间的失协角度。

伺服转台法测量陀螺仪漂移是采用专门的伺服转台与陀螺仪构成的伺服系统来实现的。伺服转台主要由转台台体、伺服系统(包括前置放大器、测速发电机、校正环节和力矩电机)、测角装置、标准时间显示器和记录设备等部分组成。

转台台体保证为被测陀螺仪提供所需的安装方位。伺服系统保证转台测量轴跟踪陀螺仪相对于惯性空间的漂移,或者使转台保持惯性空间稳定。测角装置给出转台相对于基座的转角。标准时间显示器给出所测转角相对应的标准时间。

图6-5为陀螺仪漂移伺服转台测试的原理框图。

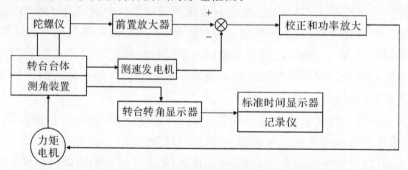

图6-5 陀螺仪漂移伺服转台测试的原理框图

测试时,将陀螺仪通过专门的夹具安装在转台台体上,使陀螺仪的输入轴与转台转轴平行。当陀螺仪测量到输入轴方向的角速率时,传感器即输出相应信号,经过伺服系统电子线路(前置放大、校正和功率放大)的处理放大后,送到伺服转台的力矩电机,驱动转台转动,以抵消陀螺仪输入轴方向的角速率,这样,就组成了一个伺服回路。通过读取转台在不同时刻相对于地面的转角,可计算出转台转动的平均角速率,则在扣除确定角速率后,所得到的就是陀螺仪漂移角速率。

例如,当测量陀螺仪绕 $x$ 轴漂移时,$x$ 轴平行于转台轴安装,这时 $x$ 轴信号器的输出信号经电子线路与转台轴上的伺服电机相连,组成一个伺服回路。在稳态时,转台转动角速度恰好等于陀螺漂移角速度。只要测出转台的转动角速度,便可确定出陀螺仪绕 $x$ 轴的漂移角速度。

用转台测量陀螺仪绕 $y$ 轴漂移的原理与此相类似,但需要调整陀螺仪安装位置,使其 $y$ 轴与转台轴平行。

值得注意的是,这里所能测量到的仅仅是转合相对基座的转动角速度,精确描述时还必须考虑基座相对惯性空间的转动角速度,才能得到转台相对惯性空间的转动角速度,即陀螺漂移角速度。基座绕转台轴相对惯性空间的转动是由地球自转引起的。通常把转台抽调整到与地极轴平行,这时,基座绕转台轴相对惯性空间的转动角速度即为地球自转角速度。

伺服转台陀螺仪漂移测试系统的的数学描述框图如图 6-6 所示。

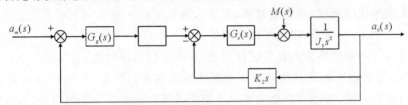

图 6-6　伺服转台陀螺仪漂移测试系统的数学描述框图

图 6-6 中,$a_m(s)$ 为被测陀螺仪漂移角度的拉普拉斯变换;$G_s(s)$ 为陀螺仪的传递函数;$K_1$ 为伺服系统前置放大器的放大系数;$G_g(s)$ 为伺服系统的校正环节、功率放大器和力矩电机的总传递函数;$J_t$ 为转台的转动惯量;$K_2$ 为测速发电机的反馈系数;$a_0(s)$ 为转台相对于基座的拉普拉斯变换。

对于陀螺仪,其传递函数可以表示为

$$G_s(s) = \frac{HK_s}{J_g(s) + c}$$

式中:$H$ 为陀螺仪的角动量;$C$ 为陀螺仪的阻尼系数;$K_s$ 为陀螺仪信号传感器的灵敏度。

为便于分析,假定系统相对于惯性空间没有转动,则根据不同时间测得的转台相对于基座的转角,就可以计算出陀螺仪的漂移角速度。同时,若假定系统只有在干扰力矩作用在台体上,则在此情况下,系统的传递函数为

$$a_0(s) = \frac{K_1 G_g(s) G_s(s)}{J_t s^2 + K_2 G_s(s) s + K_1 G_g(s) G_s(s)} \cdot a_m(s) + \frac{1}{J_t s^2 + K_2 G_s(s) s - K_1 G_g(s) G_s(s)} \cdot M(s)$$

由上式可知,转台相对于基座转角的稳态值为

$$a_0 = a_m - \frac{M}{K_1 G_g G_s}$$

只要 $M/K_1 G_g G_s$ 项足够小到可以忽略,转台相对于基座的转角就代表了陀螺仪的漂移角度 $a_m$。$G_g$ 和 $G_s$ 分别代表了 $G_g(s)$ 和 $G_s(s)$ 的静态放大倍数。$K_1 G_g G_s$ 称为伺服系统的伺服刚度,是由伺服系统设计时根据干扰力矩的大小决定的。

### 三、加速度计测试

1.加速度计

加速度计是导弹敏感元件之一,它用于测量导弹运动的视线加速度,可以通过对测得的加速度进行积分,得到导弹运动的速度和位置。

加速度计测量加速度的原理是建立在牛顿第二定律($F=ma$)的基础上的,这个定律表明,加速度 $a$ 与某些参量(如质量 $m$、力 $F$ 等)之间的依存关系。

加速度计的分类方法很多,按加速度计输出量与输入加速度的关系可以分为非积分式加速度计和积分式加速度计;按输入加速度可以分为线加速度计和角加速度计;按结构形式可以分为线位移式加速度计、力(力矩)平衡式加速度计和摆式积分陀螺加速度计。

(1)按加速度计输出量与输入加速度的关系分类。

1)非积分式加速度计。非积分式加速度计又分为线位移式加速度计和摆式加速度计两种。

线位移式加速度计由两个弹簧间约束的敏感质量 $m$ 和阻尼器、传感器等组成,如图6-7所示。它用来敏感线加速度,其精度较低,主要原因是沿输入轴作用有干扰力矩,它包括敏感质量与支承间的摩擦,传感器、阻尼器的摩擦等。

摆式加速度计的敏感质量的悬置是摆式的,并由反馈回路约束,故又称力矩平衡式加速度计(见图6-8),它仍用来敏感线加速度。当敏感质量偏离其零位时,通过高增益放大器传递所敏感的信号给力矩器,力矩器产生的恢复力矩把敏感质量保持在零位附近,力矩器所需的电流就是所测量的加速度的量度。

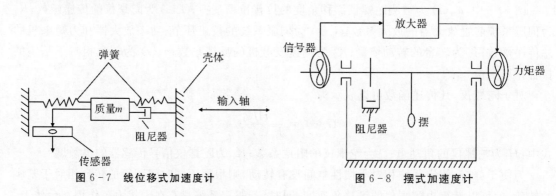

图6-7 线位移式加速度计　　　　图6-8 摆式加速度计

2)分式加速度计。摆式积分陀螺加速度计如图6-9所示,它是摆式的,也是用来敏感线加速度。这种仪表的核心是一个偏心陀螺仪。陀螺组件质心相对内环轴不平衡,当有加速度作用在不平衡质量上时,产生作用于内环轴的偏心力力矩,陀螺绕外环轴进动,产生陀螺力矩来平衡偏心力矩,当系统处于平衡状态时,可得到进动角速度与输入加速度成正比的关系式,从而得到陀螺的进动角与输入速度成正比。可见,这种仪表在敏感加速度的同时,又进行了一次积分,故称摆式积分陀螺加速度计。

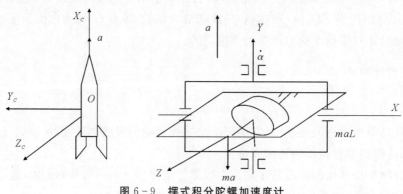

图6-9 摆式积分陀螺加速度计

(2) 按输入加速度分类。

1) 线加速度计。线加速度计仅敏感沿输入轴作用的线加速度。

2) 角加速度计。角加速度计,是用来敏感输入角加速度的仪表。

(3) 按结构形式分类。

1) 线位移式加速度计。

2) 力(力矩)平衡式加速度计。浮子摆式加速度计、挠性加速度计都属于这类加速度计。

3) 摆式积分陀螺加速度计。

2. 加速度计测试的原理

加速度计的测试主要有重力场测试、离心测试和线振动测试。

加速度计重力场试验的测试的加速度限制在当地重力加速度正负值($\pm g$)以内,主要设备包括带有夹具的精密旋转分度头、数据采集与处理装置、电源等。在进行加速度重力场测试是,一般将加速度计安装在光学分度头上,光学分度头绕水平轴方向可以旋转360°。令加速度计的输入轴在铅垂平面内相对于重力加速度按照正弦规律变化,其在加速度计敏感轴上的输出也应该按照正弦规律变化。

由于各种原因,实际上加速度计的输出值是周期函数,但并不完全是按正弦规律变化。如果将实际输出的周期函数按照傅里叶级数分解,可以得到常值项、正弦基波项、余弦基波项和其他高次谐波项。通过傅里叶级数的各项系数,可以计算加速度模型方程式的各项系数,完成对加速度的建模。

加速度计离心试验是将精密离心机产生的向心加速度作为输入,测量加速度计各项性能参数的试验,主要用于标定加速度计在大加速度情况下的性能。试验在精密离心机上进行,它是一个能以不同恒角速度转动的大型精密转台,其转速稳定性和动态半径的稳定性都在百万分之一左右。

加速度计离心试验是进行加速度计全量程范围性能测试的主要试验。有的精密离心机的测试范围可以高达$100g$。

加速度计的离心试验是将精密离心机产生的向心加速度作为输入,测量加速度计各项性能参数的试验。

如前所述,加速度计重力场试验只能进行$\pm g$以内的加速度测量。在导弹制导控制系统中,通常的导弹的飞行加速度都大于$g$,有时甚至为数十克,如导弹主动段飞行时,加速度可能达到$30g$以上。因此,产生一个大于$g$的标准加速度,用来检测加速度计的静特性是十分必要的。

3. 加速度计测试的方法

加速度计离心试验的测试方法如图6-10所示。

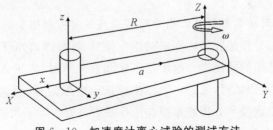

图6-10 加速度计离心试验的测试方法

离心机一般由稳速系统和园盘(或转臂)组成。根据力学原理,精密离心机所产生的向心加速度值为

$$a = \omega^2 R$$

式中:$\omega$ 为离心机回转角速度;$R$ 为离心机转轴轴线到加速度计质量中心的距离,即转动半径。离心机产生的加速度方向是沿回转半径指向回转中心的方向的。

离心机产生的向心加速度的精度取决于离心机工作半径的测量精度和离心机回转角速度的精度。要确定精密离心机产生的向心加速度的大小,必须精确知道工作半径及和离心机回转角速度。

试验时,读取的是离心机相对于固定基座的转动速度。计算加速度时,应加上地球自转角速度在离心机自转轴上的分量。

加速度计离心试验的测试方法通常有等加速度增量试验和等角度增量试验。

(1)等加速度增量试验。将加速度计安置在精密离心机转盘上,使其敏感轴与离心机半径方向一致。调节离心机的转速,离心机所产生的加速度可以连续由 $0.1 g \sim 10 g$ 等加速度增量,每次可取 $0.5 g$。每次试验,加速度计正、倒置各做一次。这是精密离心机试验的最简单的试验法。

(2)等角度增量试验。等角度增量试验,又称多点转角试验。离心机所产生的加速度值取 $\pm g \sim \pm 10 g$,间隔取 $0.5 g$,在每一加速度下,把加速度计敏感轴位置相对于离心机半径转动 4 个位置(间隔 90°)或 8 个位置(间隔 45°)。

## 第三节 舵机性能测试

舵机是导弹制导控制系统的执行机构,它是根据控制指令的大小,操作舵面偏转产生一定的控制力矩,操作弹体运动。舵机与其控制系统构成了舵系统,它位于制导系统的内环,是一个典型的位置随动系统。它是输出量对于输入量(控制指令)的跟踪系统,是执行机构对于控制指令的准确跟踪。位置随动系统中的输入量和输出量一样,都是负载空间的角位移或者线位移(或者代表位移的电压)。当输入量随机变化时,系统能使输出量准确无误的跟随。因此,快速性、准确性和稳定性是舵机系统的主要性能指标。

对于舵机测试的参数主要有舵偏角、舵机回输特性和舵机零位的测试。这 3 种参数的测试基础都是基于对舵偏角的测试,其基本测试原理相同。

1. 舵偏角测试原理与方法

舵偏角表征的是给自动驾驶仪施加指令后舵系统的对控制指令的响应情况。

在导弹飞行过程中,导弹接收地面发来的指令信号,进行译码处理后变成慢变化的指令电压,或者由弹上导引头产生的控制指令电压信号送到自动驾驶仪,进而控制导弹作机动飞行,最终飞抵并击中目标。在测试时,通过在加模拟的指令电压信号,控制舵面偏转的速度、幅度以及滞后等参数,就可以定量的分析舵系统的工作是否良好。

在此介绍舵偏角的测量原理。

舵偏角和舵偏角速度的基本测试原理如图6-11所示。

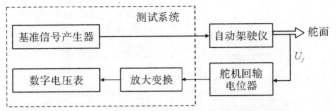

图6-11 舵偏角和舵偏角速度基本测量原理图

舵偏角的测试的激励信号是模拟的控制指令电压信号,通常是给自动驾驶仪的其中一个通道(地空导弹一般采用俯仰、偏航和滚动三通道控制)施加一个基准信号,该信号就是模拟的控制指令电压信号,它使自动驾驶仪工作,使得导弹的其中两个通道(俯仰或者偏航通道)或者滚动通道的舵面偏转一定角度,舵机反馈电位器反馈一个与舵偏角相对应的电压信号,送到测试系统,经放大变换后送到数字电压表,由数字电压表直接显示舵偏角的值。施加的指令电压信号与舵面偏转角有一一对应的线性比例关系,例如,如果控制指令电压最大为10 V,应该使舵面偏转到最大角(15°);当施加5 V指令电压时,舵偏角应该是7.5°。

采用计算机对数据采集测量时,在测试系统具体构成上,有两种方法。第一种方法是通过舵机回输电位器的回输电压来判断舵面偏转角的大小,如图6-12所示。舵机偏转带动回输电位器电阻的变化,回输电位器输出的电压值就随之而改变,传感器将电压值转换成A/D数据采集卡可以采集的电压信号,主控计算机对采集的信号进行处理,然后转换成舵面偏转的角度。

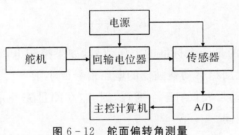

图6-12 舵面偏转角测量

第二种方式是通过舵面处固定的舵面偏转角度传感器直接对舵面偏转角度进行测量,如图6-13所示,舵面偏转带动舵偏角传感器的游标移动,从而改变舵偏角传感器中电阻的大小,通过舵偏角传感器的电压也随之变化,计算机将变换的电压值通过A/D数据采集卡采集过来,按照输出特性的运算关系进行计算,得出舵面偏转的角度。

图6-13 舵面偏转角测量

测试用舵偏角传感器的工作原理如图6-14所示,其主要是利用电位器的工作原理而形成的,电源在主控计算机的控制下发出5 V电压供给舵偏角传感器中的电位器,当舵面偏转时带动固定在舵面上连杆使得连杆的另一端滑块跟着移动,同时调节滑线电阻的阻值大小改变舵偏角传感器中电位器输出值的大小。输出的电压值直接通过A/D数据采集模块进行采集,通过计算机中的程序输出舵面偏转角度的大小。

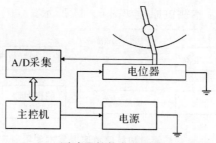

图 6-14　测试用舵偏角传感器工作原理

**2. 舵机回输特性的测试**

舵面偏转角 $\delta$ 和舵机反馈电压信号 $U_f$ 之间的关系称为舵机的回输特性，理想情况下成线性关系，如图 6-15 所示。

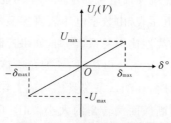

图 6-15　舵机的回输特性

由图 6-15 可以看出，当 $\delta=0$ 时，$U_f=0$；当 $\delta=\pm\delta_{\max}$ 时，$U_f=\pm U_{\max}$。其中的 $\delta_{\max}$ 和 $U_{\max}$ 分别为舵偏角和反馈电压的最大值。由于是线性关系，那么可定义舵机回输特性的斜率为

$$K = \frac{\delta_{\max}}{U_{\max}} \tag{6-2}$$

基准信号产生器产生的是一个标准的电压信号，如果控制电压的范围在 $\pm 10$ V 范围，可使舵面偏转到最大角，因此加给自动驾驶仪的电压信号要小于 $\pm 10$ V。

由于一般地空导弹自动驾驶仪有三个通道，因此，在测量完一个通道后，还要测试其他两个通道，其测试原理完全相同。

**3. 舵机零位测试**

舵机零位表征了舵机电气零位与机械零位的偏差。

测试方法基本上跟上述测量舵偏角的原理相似，不同的是需要把舵面固定在机械零位的位置，通过数字电压表或者计算机数据采集显示系统读取当舵面在机械零位时的相应数值的指示即可。

在采用数字电压表测量舵机零位和舵偏角时，需要在数字电压表和舵机回输电位计之间增加放大变换环节，它是为了对信号放大处理，便于提高测量精度。

# 第七章 引战系统测试技术

## 第一节 引战系统测试需求

### 一、地空导弹引战系统

在地空导弹上，由引信、安全执行装置和战斗部组成的，用于控制导弹战斗部适时起爆，有效杀伤目标的装置，称为导弹引战系统。它主要有安全保险、解除保险、杀伤目标和导弹自毁四大功能。

地空导弹的引信包括近炸引信、触发引信、时间引信和指令引信等。近炸引信是地空导弹上常用的引信，也称为近感引信，又包括无线电引信、红外引信、激光引信等，其中最多是各种无线电体制的引信。

无线电引信的分类方法很多，通常是按照物理场场源相对于引信和目标的位置不同进行分类，无线电引信可分为被动式、半主动式和主动式3种。

按照工作体制分类可以分为脉冲无线电引信、调频无线电引信、比相引信等。大多数无线电近感引信都利用了多普勒频率信息，例如采用连续波多普勒引信、调频多普勒引信、脉冲多普勒引信、伪随机码调相脉冲多普勒复合引信等。

连续波多普勒无线电引信是利用弹目交会过程中发射连续正弦波，通过检波，获得多普勒信息，进而测出弹目相对运动速度的一种体制的引信。主动式连续波多普勒体制按照接收机的形式分为超外差式、外差式和自差式。自差式是指接收和发射系统共用作为探测装置，收发天线通用。外差式是指发射和接收系统独立，收发天线分离。导弹引信常用外差式。超外差式在引信中不常用，主要是线路结构复杂，发射机对接收泄露引起的中频放大器饱和问题难于克服。由于地空导弹引信作用于近程（作用距离仅几米至几十米），因此没必要采用灵敏度较高但结构复杂的超外差接收机。外差式连续波多普勒引信线路结构简单，又有较高的接收机灵敏度（与自差式相比），因此地空导弹很早就采用这种引信。

脉冲多普勒无线电引信是利用弹目相对运动产生的多普勒效应工作的脉冲调制引信，也是地空导弹上近几十年来最常用的一种引信体制。随着高速大规模集成电路和微波技术的发展，采用纳秒窄脉冲调幅的脉冲多普勒引信，兼有脉冲引信的高距离分辨力特性，又有连续波引信具有的速度鉴别能力，可同时测速、测距，便于引战配合。

调频多普勒无线电引信是一种发射信号频率按调制信号规律变化的等幅连续波无线电引信。它克服了连续波多普勒无线电引信无法测距的缺点。按照调制波形不同有正弦调频多普勒边带引信、三角波或锯齿波线性调频测距引信、多调制频率的正弦调频边带引信、特殊波调频引信等几种。正弦调频多普勒边带引信是采用发射机被正弦波调频,在接收机中目标回波信号与部分发射信号混频,其输出包含多普勒频率信号,及调制频率各次谐波加减多普勒频率的边带信号,选取其中一个边带进行窄带放大,在第二混频器中与调制频率的倍频信号进行混频,就可获得目标的多普勒信号,这种体制可消除发射机泄漏的影响,需要的调制指数较小,有一定程度的距离截止性能,有较好的耐振性能和低噪声性能。线路结构简单,因此以这种体制为基础的引信在地空导弹中得到了广泛地应用。

比相引信是利用相位干涉仪测角原理设计的一种引信体制,它经常能同时获得目标的角度、速度等信息二控制引信作用,它有主动式、半主动式和被动式,可以采用连续波体制或脉冲体制。比相是指通过沿弹轴配置并相隔一定距离的两组接收天线所接收信号进行相位比较,从而得到目标角度的信息。比相引信一般都有两个相同的接收机通道。

伪随机码引信是指用伪随机码对发射机载波进行适当调制的引信,又称为伪随机编码无线电引信。调制方式可采用调幅、调频、调相或几种调制的复合,地空导弹引信中,通常采用调相获得较好的性能,简称伪码调相引信。载波可以是连续波,也可以是脉冲,因而伪随机码引信分为连续波伪随机码调相(或调频)引信和脉冲式伪随机码调相(或调频)引信的两种基本类型。

无线电引信中,体制不同其组成也有很大差异。导弹引战系统的一般无线电引信的组成原理图如图7-1所示。

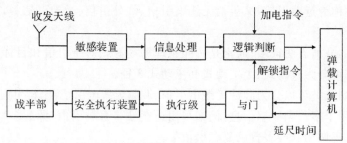

图7-1 一般无线电引信的组成原理图

敏感装置由无线电引信发射机和接收机等部分组成,其作用是通过引信天线感受目标的物理场的存在及参数变化,并将其转换成电信号。因为引信所感受的物理场的参数通常是随引信与目标的相对位置而变化的,所以敏感装置的作用可以理解为,通过物理场参数的变化测量出目标对引信的相对位置,并将其转换为电信号。信息处理是指无线电引信的高频信号经过混频检波后的放大、滤波过程。信息处理主要包括对目标的检测、选择和判断过程。引信的加电和解锁指令可能是武器系统提供,也可能由弹上导引头提供。加电指令是用于控制引信电源开启工作的指令。弹载计算机根据地面或者导弹制导系统提供的目标速度、弹目交会状态等信息,以及估算或者事先确定好的延迟时间,给出引信的启动信号,推动执行级,通过安全执行装置输往战斗部,毁伤目标。

战斗部是导弹直接用于毁伤目标的有效载荷。引信按照弹目交会条件和引战配合选择合适的起爆点、起爆时机和作用方式控制战斗部起爆,有效杀伤目标。地空导弹上的战斗部主要采用破片杀伤战斗部,也有聚焦杀伤式战斗部和连续杆式战斗部。

安全执行装置采用逐级解除保险的形式。一般采用三级解除保险体制,其中至少有一级采用机械式或者机电式,其他各级可采用信号、指令等电气解除保险。保险和解除保险的结构通常称为隔爆机构。在实际工作中,往往依靠导弹运动的惯性力的变化实现解除保险,也称为惯性保险机构。

地空导弹的战斗部的类型虽然很多,但其组成基本上是相同的,主要由战斗部壳体、装填物和传爆序列组成。它是战斗部的基体,用以装填爆炸装药或子战斗部,起支撑体和连接体作用。根据导弹总体要求,战斗部壳体可以作为导弹弹体的组成部分,参与弹体受力,也可以不作为导弹弹体的组成部分而安置于战斗部舱内。装填物是战斗部毁伤目标的能源。如果装填物为高能炸药,在引信适时可靠的提供信号、起爆的作用下,将其自身储存的能量通过化学反应释放出来,与战斗部其他构件一起形成金属射流、自锻破片、自然破片或预制破片、冲击波等毁伤因素。传爆序列通常由雷管、传爆药柱(或传爆管)组成,有时在序列中还加入延期药、导爆药柱或扩爆药柱。其功能是将微弱的激发冲量传递并放大到能引爆主装药,或将微弱的火焰传递并放大到引燃发射药。

**二、地空导弹引战系统测试需求**

地空导弹引战系统由于其体制差异较大,需要测试的参数也有很大不同。

对于地空导弹引战系统主要测试的参数及项目一般有以下几项。

(1)引信电源测试。测试供给引信的电源电压、电流等参数。

(2)引信引爆指令电压测试。引信引爆指令电压是引信通过安全执行装置输往战斗部,使战斗部起爆的电压。通常为指令脉冲。引信引爆指令电压的测试是测试输出的脉冲信号的幅度和相位逻辑关系是否正确。

(3)引信延迟时间的测试。引信延迟时间是指引信起作用(代表引信已经接收到目标回波信号)到引信启动(代表引信输出起爆信号)之间的时间。在电路具体实现上,定义为目标信号通过数字门限后至动作电压产生的时间。它严重影响导弹的引战配合效率和杀伤目标的效果,是引战系统的最重要的参数之一。这一时间大约为数毫秒到十几毫秒,属于时间间隔的测量。

(4)多普勒频率测试。在地空导弹上常用的无线电引信体制主要有连续波多普勒引信、调频多普勒引信、脉冲多普勒引信、伪随机码引信等,是采用在弹目交会过程中,引信检测弹目相对运动速度的多普勒频率来实现的。通过测试引信的多普勒频率值,用于判定引信信息处理电路是否能够正确检测出多普勒频率,验证引信信息处理电路的工作情况。此项检查测试显然是属于频率测试的范畴。

(5)无线电引信灵敏度测试。无线电引信灵敏度是指引信发射功率与引信启动时所要求的最小接收功率之比。它是无线电引信性能的综合参数,综合反映了无线电引信的工作情况。一般导弹无线电引信的灵敏度大概在 70~130 dB 的范围内。

地空导弹上的无线电引信通常不止一个波道。一般不同波道的灵敏度相差不大,但还是有少许差别。对无线电引信进行灵敏度测试时,需要对不同波道的灵敏度分别进行测试。

(6)安全执行装置继电器转换测试。地空导弹上的安全执行装置是一个机电一体化的控制装置,它通过导弹内外工作状态的变化来转换导弹的某些通道是否打通。其上有相应的继电器或者类似继电器的转换开关或者电路。通过检查安全执行装置上各继电器在施加相应的信号后,继电器是否能够正确转换来判定安全执行装置的工作良好性。

继电器转换测试通常是检查转换后的电路的通断情况,即电路的导通检查。通过检查相应通路的电阻值或者电流值就可以完成。

(7)引爆电路检查。引信输出起爆信号后,通过安全执行装置送往战斗部引爆电路。通过引爆电路检查是考查引信输出的起爆信号到战斗部传爆序列的输入端的信号通路是否工作正常。这里主要通过检查引爆电路是否导通,即属于一般线路的导通检查。

(8)干扰噪声的测试。在导弹飞行过程中,导弹会受到内外干扰噪声的影响。这些干扰噪声可能造成无线电引信的误启动,因此需要对无线电引信所受到的干扰噪声,尤其是低频干扰噪声进行测量,使其满足要求。

(9)火工品测试。地空导弹的火工品种类比较多。在火箭发动机、导弹能源系统、控制系统、发射筒弹射装置及引战系统中具有火工品。在基层部队,其主要测试的参数是对火工品点火线路通路的检查。由于战斗部作为含有火工品的主要部件之一,因此,把火工品的测试放在本节中论述。

上述各参数的检查测试中,尤其重要的是无线电引信灵敏度的测试检查和干扰噪声的测量较为复杂,也很重要,另外对火工品的测试也是基层部队经常测试的一个重要项目。

## 第二节 无线电引信灵敏度测试

### 一、无线电引信灵敏度

无线电引信灵敏度可定义为:引信发射功率与引信启动时所要求的最小接收功率之比,一般用对数表示,即

$$A = 10 \lg \frac{P_t}{P_{r\min}} \text{ (dB)} \tag{7-1}$$

式中:$A$ 为引信灵敏度;$P_t$ 为引信发射功率;$P_{r\min}$ 为引信启动时的最小接收功率。

无线电引信灵敏度一般在 $-80 \sim -140$ dB 之间。如意大利阿斯派得导弹的无线电引信灵敏度在 $-83$ dB。引信灵敏度越小,说明它对小目标(RCS 小的目标)跟踪能力越强。但无线电引信灵敏度还受到内部噪声水平、引信抗干扰能力、引信信息处理能力、启动方式等的限制,不能做得过小。

无线电引信灵敏度与引信接收机灵敏度既有联系又有区别。无线电引信实际上可以看作是一部小型的雷达。引信接收机灵敏度就是借用了雷达接收机灵敏度的概念,它是指满足引信启动时所需最小接收功率,即式(7-1)中的 $P_{r\min}$。

(1)联系。发射功率 $P_t$ 一定时,引信灵敏度 $A$ 主要取决于接收机灵敏度。接收机灵敏度越高,启动时所需最小接收功率 $P_{r\min}$ 越小,引信灵敏度 $A$ 就越高。

(2)区别。引信灵敏度 $A$ 并不完全取决于接收机灵敏度,它还与发射功率、收发天线效率、执行电路开启电压等参数有关,而引信接收机灵敏度却与这些参数无关。

引信灵敏度 $A$ 是决定引信作用距离 $r$ 的关键因素。

因为,根据雷达方程,主动式无线电引信的作用距离可以表示为

$$r = \sqrt[4]{\frac{P_t}{P_{r\min}} \times \frac{\sigma\lambda^2 G_t G_r}{(4\pi)^3}} \tag{7-2}$$

式中:$\sigma$ 为目标有效反射面积;$G_t$ 为接收天线增益;$G_r$ 为发射天线增益;$\lambda$ 为引信工作波长;$P_t$ 为引信发射功率;$P_{r\min}$ 为引信启动时的最小接收功率。

由灵敏度定义,则有

$$\frac{P_t}{P_{r\min}} = 10^{\frac{A}{10}} \tag{7-3}$$

此式代入作用距离表达式,可得

$$r = \sqrt[4]{10^{\frac{A}{10}} \times \frac{\sigma \lambda^2 G_t G_r}{(4\pi)^3}} \tag{7-4}$$

$$A = 10\lg\frac{(4\pi)^3 r^4}{\sigma\lambda^2 G_r G_t} \tag{7-5}$$

可见,当目标有效反射面积 $\sigma$、引信工作波长 $\lambda$、天线增益 $G_r$,$G_t$ 一定时,引信作用距离 $r$ 取决于引信灵敏度 $A$。所以引信灵敏度是影响引信作用距离的关键因素,也是关系到引信启动区和战斗部动态杀伤区配合程度的重要参数。

大部分的地空导弹无线电引信在工作的所有距离上都采用同一灵敏度值。该值的数值范围在 70~130 dB 不等。也有部分地空导弹无线电引信的灵敏度值采用分段的办法。如苏制 SAM-2D 地空导弹的 5Я23 无线电引信采用了按照弹目距离的远近不同而分成两个距离段分别设置无线电引信灵敏度的办法。在弹目距离较近时,采用 70~105 dB 的值,而在弹目距离较远时,采用 -105~-135 dB 的值。这样可以很好地控制引信的启动区。

## 二、无线电引信灵敏度的一般测试方法

一般来说,无线电引信灵敏度的测试方法可分为开路测试与闭路测试两种,其测试原理如图 7-2 所示。这里所说的开路,是指引信收发天线向空间开放;而所说的闭路,是指引信收发天线之间通过高频电缆及有关设备连接,形成闭合电路,不向空间开放。

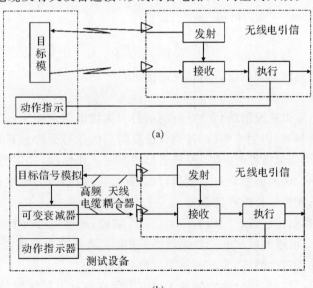

图 7-2 无线电引信灵敏度测试原理图
(a)开路测试;(b)闭路测试

1. 开路测试法

在用开路法测试无线电引信灵敏度时,由于真实目标的雷达辐射模拟很困难,因此,往往将加低频电压的金属板作为目标信号模拟器。无线电引信发射的等幅高频电磁波被金属板反射,接收的回波信号则变为被低频信号调制的调幅波,并以此作为目标信号进行测试。这种方法可根据目标信号模拟器的参数及其与引信的距离 $d$ 来计算引信灵敏度值。炮弹和炸弹等无线电引信有的就采用这种方法测试灵敏度。

2. 闭路测试法

对于导弹无线电引信来说,如果采用开路法测试,既不利于频率保密,又不便于操作,因此,一般都采用闭路测试的方法,它可以根据可变衰减器的衰减刻度来测定引信系统的灵敏度。

闭路法测试系统由天线耦合器、目标模拟器、可变衰减器、动作指示器和高频电缆等部分组成。天线耦合器分为发射天线耦合器和接收天线耦合器,它们实际上是一个天线微波保护罩。无线电引信的发射机工作后,发射天线辐射高频信号,经发射天线耦合器收集后,通过高频电缆输往目标模拟器。目标模拟器对输来的信号进行延迟和调制,用于模拟引信目标。通过延迟和调制后的目标信号经过可变衰减器、引信接收支路的高频电缆和接收天线耦合器后送往接收天线。

设天线耦合器、高频电缆、目标信号模拟器总固定衰减为 $A_d$,可变衰减器衰减量为 $A_b$,接收功率为 $P_r$,则有

$$10 \lg \frac{P_t}{P_r} = A_d + A_b \qquad (7-6)$$

由大到小改变衰减器衰减量 $A_b$,引信启动时 $A_b = A_{bk}$,有

$$10 \lg \frac{P_t}{P_{rk}} = A_d + A_{bk} \text{(dB)} \qquad (7-7)$$

设此时总衰减量 $A = A_d + A_{bk}$,可得

$$A = A = 10 \lg \frac{P_t}{P_{rk}} \qquad (7-8)$$

引信刚启动时测得的总衰减量即引信灵敏度。

有以下3点说明:

(1)引信测试时,发射机发射的信号是调制信号。无线电引信在实际工作时,发射的不论是连续波还是脉冲信号,辐射到空中后,碰到目标反射会的信号是经过目标调制的复杂信号。那么,在测试无线电引信灵敏度时,为了模拟引信的真实工作情况,还需要通过调制器对引信的发射信号进行调制。调制的过程只是模拟目标对引信发射信号的幅度调制,使其被接收天线接收的信号变成的模拟的目标回波信号。

(2)需要测试全部引信波道。一般引信不止一个波道,通常采用两个波道或者四个波道工作。一般情况下,每个波道的组成和工作原理都是相同。在无线电引信灵敏度测试时,需要对每个波道的灵敏度均要进行测试,测试的结果也稍有差异。

(3)有关固定衰减量。大部分地空导弹无线电引信在测试灵敏度时的总固定衰减量是不变的,也有个别地空导弹的在测试灵敏度时的总固定衰减量采用分档的办法,如上述提到的苏制 SAM-3 导弹,由于无线电引信灵敏度值变化范围大,总固定衰减量采用了两档。其中一

档在 $-78$ dB,另一档在 $-117$ dB。

### 三、无线电引信灵敏度测试原理

在无线电引信灵敏度测试时,给引信加电,引信发射机开始工作,从发射天线辐射出来的高频电磁能,进入发射天线防护盖,一部分能量被防护盖内壁的吸收材料板所吸收,另一部分能量经过防护盖的转接器和调制器。经过调制的信号通过高频电缆送入接收天线防护盖,一部分能量被防护盖内壁的吸收材料板所吸收,另一部分能量输入到引信的接收天线。借助于可变衰减器来调节整个系统的衰减量。当调节到引信刚好"动作"时,整个系统的总衰减量就是引信的灵敏度。所谓引信的"动作"是表示引信的接收到的目标反射信号及其信号积累达到引信输出起爆信号的条件。

通过上述系统,表头上显示的只是可变衰减量,需要把可变衰减量与系统给定的已经标定好的固定衰减量相加,得到无线电引信的总的灵敏度。

可变衰减器的基本原理是采用传输电磁波的一段同轴线,使同轴线内导体断开一段距离,通过调整这段内导体距离 $l$ 的大小来调整耦合到输出端的电磁波功率的办法,如图 7-3 所示。通常用两种方法,一种方法是采用手动调节,另一种是采用电控调节。后一种需要在可变衰减器上加装一个电机,通过电机转动带动对距离 $l$ 的大小调整。

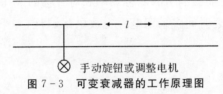

图 7-3 可变衰减器的工作原理图

在一个波道测试完以后,将高频测试电缆接至另一个波道,进行同样的测试。还有一种通过控制组件控制微波功率来调整可变衰减量的办法。其工作原理是在一段波导中放置二极管,通过改变流过波导中二极管的电流,从而控制波导的阻抗,而改变微波功率。这时,二极管的阻抗与波导的阻抗处于并联状态,在二极管处于截止状态时,二极管呈现一个很大的电阻,对波导的阻抗几乎没有影响,微波功率以最小的损耗通过;当有电流流过二极管时,其阻抗与微波传输线的阻抗并联后,微波功率的大部分被反射,微波功率以一定的损耗通过。

二极管采用的 PIN 二极管,当无电流通过时,衰减很小,典型值是不大于 0.7 dB,当有电流通过(例如加载 50 mA 的电流)时,衰减较大,典型值为不小于 19 dB。那么,通过加载二极管上的电流,改变二极管的阻抗的办法,就可以改变衰减量。

## 第三节 引信延迟时间及其测试

### 一、引信延时时间

从引信起作用到引信启动有一段时间,称为引信延迟时间。引信起作用是指当引信接收信号达到门限(引信接收机灵敏度)时,引信能正常工作的一种引信工作状态。引信起作用时目标相对引信(导弹)的空间位置点构成了引信作用点。引信各作用点所构成的区域构成了引信作用区,这是由于目标散布特性不一致,每次交会条件不完全相同,致使各作用点不在同一面上,构成一个区域。

引信启动是指引信输出起爆信号的时刻。引信启动时,目标相对于引信的空间位置点构成了引信启动点。由引信各启动点所构成的区域称为引信启动区。引信启动区的中间曲面称引信启动面。

引信延迟时间包含以下三部分。

(1)电路固有的延迟时间。从引信起作用到引信启动要经过一定的电路,如执行级电路等。这些电路工作要有一定的时间,这个时间就是一种延迟时间,可称为电路固有延迟时间。

(2)信号处理和逻辑判断时间。对某些引信来讲,还需要有信号处理和逻辑判断时间。因为只有在信号处理和逻辑判断之后引信才能启动,所以引信起作用到启动还要有一定的延迟时间。

(3)人为设定的延迟时间。在导弹引信中,为了控制引信延迟时间,通常设有延迟时间调节电路。只有信号的持续时间大于某个值,引信才启动。如果信号的持续时间小于该值,引信就不启动。这样,就又造成一个从起作用到启动的延迟时间。引信设置延迟时间调节电路的目的是:一是防止大功率、短时间脉冲信号的干扰使得引信误启动,以提高引信的抗干扰能力;二是通过调节引信延迟时间达到最佳引战配合效率,这是因为引信延迟时间的大小及散布规律严重影响引信的启动区,进而影响引战配合效率和对目标的毁伤概率。

早期的地空导弹引信延迟时间多采用电容充放电式,目前多采用脉冲计数方法测量时间间隔。

## 二、引信延时时间的测量

### 1. 基本测量原理

引信延迟时间的测量属于时间间隔测量的范畴。

脉冲计数法是采用频率稳定的标准时钟信号对被测时间间隔进行量化,通过对量化时钟计数来测量时间间隔的方法。其测量原理如图 7-4 所示。

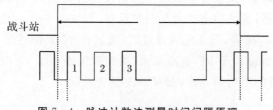

图 7-4 脉冲计数法测量时间间隔原理

量化时钟是一串标准的周期脉冲信号,其频率为 $f_0$,对应的周期 $T_0 = 1/f_0$,尽量要求量化时钟的周期 $T_0$ 远远小于待测脉冲的宽度 $t_x$。测试待测脉冲宽度时,在待测脉冲上升沿启动计数器计数,下一个待测脉冲上升沿结束计数,计数器得到的量化时钟个数为 $n$,则由脉冲计数法求得待测脉冲时间间隔 $t_x$ 为

$$t_x = nT_0 \tag{7-9}$$

脉冲计数法测量范围广,容易实现并且节约成本,能够做到实时处理。缺点是测量精度低,实际的待测时间间隔应为

$$t_x = nT_0 + t_1 - t_2 \tag{7-10}$$

$t_1$ 和 $t_2$ 如图 7-4 所示。与比较式(7-9)和式(7-10)可得脉冲计数法的测量误差为 $\Delta t = t_1 - t_2$，其最大值为一个量化时钟周期 $T_0$，产生的原因是待测脉冲上升沿与量化时钟上升沿不同步，且待测时间间隔并非量化时钟周期的整数倍。该误差称为脉冲计数法的原理误差。例如量化时钟的频率为 10 MHz，则由原理误差引起的最大测量误差为 $\Delta t_{\max} = T_0 = 1/f_0 = 100$ ns，这对于引信延迟时间的测量来讲，其测量精度是达不到要求的。最直接的方法就是提高量化时钟频率以缩小量化时钟周期 $T_0$。但频率的提高是有限度的，它受到诸如成本等各种因素的制约，因为频率越高对器件、电路的要求越高。除了原理误差之外，量化时钟的不稳定度 $\Delta T_0/T_0$ 是另外一个误差因素，该误差称为时标误差。时标误差可以采用高稳定度的时钟来克服，比如铷原子频率标准。由于脉冲计数法在时间间隔测量中具有实现容易、测时范围广等突出优点，目前，高精度时间间隔测量方法主要是在脉冲计数法的基础上，对量化误差 $t_1$ 和 $t_2$ 进行再次测量，以克服原理误差的影响。常见的方法主要有模拟内插法、数字内插法、延迟线内插法、游标法，这几种时间间隔测量方法首先是对 $t_1$ 和 $t_2$ 进行扩展，然后重新计数。这些方法受到电子计数法的束缚，只是减小而不能完全克服原理误差，且存在较大的测量盲区。

2. 电容充放电法

电容充放电测量时间间隔的方法属于时间-电压转换法的一种，也是地空导弹上常用测量延迟时间的一种方法。它是利用电容的充放电电压与充放电时间的函数关系，通过精确测量电容上的电压，计算出电容充放电的时间，在脉冲计数法的基础上，实现对量化误差 $T_1$ 和 $T_2$ 的再次测量。其原理如图 7-5 所示，主要由恒压源、RC 回路、电子开关、隔离放大器，以及 A/D 变换器组成。

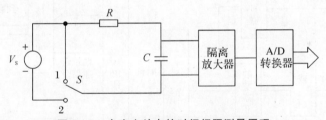

图 7-5 电容充放电的时间间隔测量原理

当如图 7-4 所示的待测脉冲上升沿到来时，计数器闸门打开，开始对量化时钟计数。同时，电子开关 $S$ 由 1 切换到 2，恒压源 $V_s$ 通过电阻 $R$ 对电容 $C$ 充电，电容电压 $V_C$ 如图 7-6 所示由零开始上升，其上升规律为

$$V_C(t) = V_s(t)(1 - e^{\frac{t}{RC}}) \tag{7-11}$$

当第一个量化时钟上升沿到来时，A/D 转换器通过隔离放大器对电容电压 $V_C$ 进行采样量化，则由式(7-11)可得到电容充电的时间（$T_1$）为

$$T_1 = t = -RC\ln(1 - V_C/V_s) \tag{7-12}$$

随着电容充电的进行，电容电压 $V_C$ 趋近于 $V_s$。当下一个待测脉冲上升沿到来时，计数器闸门关闭，停止对量化时钟计数，获得量化时钟个数 $n$。则计数时间可由式(7-9)得到。同时，电子开关 $S$ 由 2 切换到 1，电容 $C$ 通过电阻 $R$ 放电，电容电压 $V_C$ 如图 7-6 所示，由 $V_s$ 开始下降，其变化规律为

$$V_C(t) = V_S e^{-\frac{t}{RC}} \qquad (7-13)$$

当下一个量化时钟上升沿到来时，A/D 转换器通过隔离放大器对电容电压 $V_C$ 进行采样量化，则可得到电容放电的时间($T_2$)为

$$T_2 = t = RC\ln(V_S/V_C) \qquad (7-14)$$

由式(7-12)和式(7-14)可见，通过测量电容充放电过程的电压，可以在脉冲计数法的基础上，若对量化误差 $T_1$ 和 $T_2$ 进行再次测量，则式(7-9)可表示为

$$T_X = nT_0 - RC\ln(1 - V_{C1}/V_S) + RC\ln(V_{C2}/V_S) \qquad (7-15)$$

通过后续微处理器对式(7-15)进行运算处理，实现对时间间隔的高精度测量。

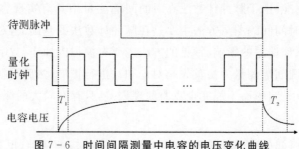

图 7-6 时间间隔测量中电容的电压变化曲线

**3. 脉冲计数法测量引信延迟时间**

引信延时时间测试原理电路如图 7-7 所示。

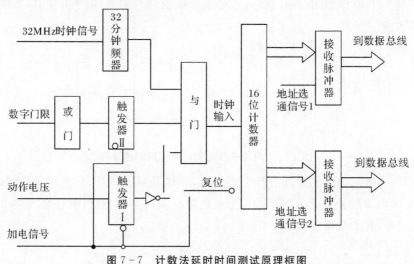

图 7-7 计数法延时时间测试原理框图

加电信号用作复位信号，在没有加电的时候，加电信号为低电平，触发器Ⅰ、触发器Ⅱ和计数器都处于复位状态，此时通过地址选通信号 1 和地址选通信号 2 地址端口读取到的数据均为 0。

加电引信开始工作后，只要数字门限有效，触发器Ⅰ输出高电平，与门打开，计数器开始计数。动作电压产生后，触发器Ⅱ输出高电平，反相后为低电平，关闭与门，计数器停止计数。此时通过地址选通信号 1 和地址选通信号 2 地址端口读取到的数据即为延时时间。

32 MHz 时钟信号经 32 分频后时钟周期为 1 μs，则 16 位计数器能测试的最大延迟时间为

$$(2^{16}-1)\times 1 \ \mu s = 65.535 \ ms$$

## 第四节 火工品及其测试

### 一、导弹系统的火工品

所谓火工品，指的是受很小外界能量激发即可按预定时间、地点和形式发生燃烧或爆炸的元件或者装置，用以产生各种预期效应（声、光、电、波、热、气体等）。

地空导弹上的火工品是导弹火箭发动机、战斗部、燃气发生器、脉冲发动机以及引信和安全执行装置等的重要组成部分。

在导弹火箭发动机上，火工品主要是引燃药和推进剂。它是导弹推进系统的重要组成部分。引燃药一般采用黑火药，它是我国古代四大发明之一，距今已有 1 000 多年的历史。在导弹发动机上中，在电点火信号的作用下，它迅速而有规律地燃烧，发生化学反应，从而引燃推进系统的主装药。它具有敏感性强、易燃烧等特点。推进剂通过火箭发动机为导弹提供推力，有固体和液体推进剂之分，主要成分有氧化剂、燃烧剂以及黏合剂、助燃剂、阻燃剂等。现役以及正在研制的地空导弹，绝大部分采用固体推进剂。推进剂的主要成分有硝化棉、硝化甘油。另外可能还包括氧化剂有过氯酸钾、过氯酸铵和硝酸铵等；黏合剂，如聚丁二烯推进剂（PB）等。

在导弹战斗部上，火工品用于形成杀伤能力，通过战斗部爆炸后形成的破片、连续杆、爆轰波等，对目标实施洞穿、引燃、引爆等杀伤。在地空导弹战斗部中的火工品主要物质为高能炸药，如 TNT、黑索金和奥克托金等。

脉冲发动机是用于推力矢量控制的发动机。通常安装在导弹的质心或者头部位置，用于燃气控制，使导弹能够迅速机动。脉冲发动机工作的介质属于火工品，其构成原理同一般的固体火箭发动机类似。

在导弹系统中，燃气发生器一是用于垂直发射的导弹的气体弹射；二是用于导弹能源系统作为气体发生器，通过燃气发生器燃烧的气体推动导弹涡轮机发电，提供弹上能源。燃气发生器的工作介质也属于火工品。

在导弹引信和安全执行装置中，火工品用于传火系列和传爆系列。通过导弹上电信号引燃电雷管，然后逐步引爆导爆管、传爆管、扩爆管，逐级能量放大，直到引爆战斗部的主装药。导爆管、传爆管等采用的火工品材料主要有 RDX（常温装药）、HMX（高温装药）和铝粉等。

导弹上的火工品，按输出的性质，可分为引燃火工品（导火索、底火、引火头、点火具）、引爆火工品（雷管、导爆管、传爆管）两类。按照时间分类，可分为时间类火工品（延期管、时间药盘）和其他火工品（曳光管、抛放弹、气体发生器）等。在地空导弹上，延期管常用于控制气体发生器产生气体的压力，以达到气体稳定输出的目的，延期药主要采用黑火药。如意大利生产的"阿斯派得"导弹的燃气发生器的燃气输出口，采用了延期管，用于燃气发生器开始燃烧时气体

的释放压力,当燃气压力达到数兆帕时,开启燃气调压阀。时间药盘在地空导弹上则用于调节引信延迟时间。

## 二、火工品的测试与使用

1. 测试项目

火工品属于危险品,其测试主要是在研制和生产过程中进行,需要完成对火工品的性能实验及测试。主要的试验和测试项目包括对火工品性能测试及安全性与可靠性试验测试。

(1)输出特性测试。它主要用于测试火工品输出时产生的气体压力、冲击波压力和冲击能量。输出特性测试可分为定性测试和定量测试两类。根据测定装置原理的不同可以采用电磁法、压阻法、应变法和压电法等。

(2)作用时间和过程测试。它主要用于测量微秒、毫秒级火工品的作用时间、延期类火工品的延期时间,火工品的爆速和作用过程等。

(3)感度测试。它主要是为了反映了被测火工品对各种刺激量的敏感程度,获取其作用可靠性和安全性的参数。根据刺激能量的不同,感度实验又分为火焰感度、激光感度、针刺感度、撞击感度、电流电压感度等。

(4)无损检测。无损检测是新型发展的综合性技术,主要是利用微波技术、红外技术、X 和 γ 射线透照技术、热响应技术进行检测火工品的结构性缺陷等。例如固体火箭发动机固体燃料是否有裂纹、气泡、脱粘等。

(5)环境实验。为了模拟了火工品在自然环境、实际使用工作环境中可能遇到的气候条件和各种意外情况(如高温、低温、低气压、湿热、振动、跌落等)而进行的适应性试验,也是考核火工品安全性能的主要方法。

(6)火工品回路的导通电阻与绝缘电阻检查。对火工品电路检查主要是检查点火线路通路。检查项目包括检查火工品回路的导通电阻和绝缘电阻检查,以确保阻值在要求的合格范围内。这两项检查一般采用火工品测试仪,它的测量阻值范围一般为 $0\sim30$ MΩ;要求测量电流小于 10 mA。

为保证人员和武器装备的安全,火工品检测仪的安全性始终是第一位的,通常将其供电电源限定为干电池,并对测试时流过火工品导通电阻的电流加以限制,以从根本上消除电源漏电、电压高、过流等安全隐患。

(7)引爆电路检查测试。引爆电路检查测试需要使用专用仪器,其测试内容在于检查引爆电路的通断情况。在不允许安装电爆管的情况下要用模拟器代替(一般用小电珠)。在实弹测试时,为确保安全,测试电流应小于火工品的安全电流,并在尽量短的时间内完成测试,然后断开测试电源。

2. 火工品测试的注意事项

火工品属于危险品,在基层部队,由于环境条件变化大,各不相同,因此要特别注意在存储、使用维护过程中的安全性。保证安全性的措施主要包括以下几项。

(1)不许在破损的包装箱内贮存火工品,装有火工品的包装箱必须铅封或贴封条;无关人员不得进入火工品贮存区,进入火工品贮存区时,不得携带火种和含电子辐射的电子产品。

(2)火工品储存仓库要距离人员居住区 50 m 以上。火工品储存仓库与人员居住区、兵器操作及贮存仓库间有防暴隔离设施。距火工品贮存区 50 m 内严禁烟火,禁止存放易燃、易爆品。火工品贮存仓库应该有防雷击、防静电设施设备。

(3)火工品在存放作业时,应敞开所有的通道。

(4)火工品作业前,操作人员必须释放身上静电,并着防静电工作服、工作帽、手套和鞋。

(5)操作火工品时,禁止携带武器,禁止扔、拖、撞击包装箱或向装有火工品的包装箱上钉钉子。

(6)测试时应该保证导弹良好接地。

(7)作业区内应有避雷设施,其防护空间需遮盖技术阵地,避雷针不允许直接安装在库房上。

(8)库房、工作间应有安全接地装置,接地电阻不大于 4 Ω。

(9)避雷、电源、测试设备的接地应各自独立;相邻两种接地点的距离不小于 5 m。

(10)库房应设有静电释放设施。

(11)防爆库房应按 A2 级防爆设计,使用防静电地板,设有防爆照明装置、防爆门等。

(12)距库房 500 m 内不应有强辐射源和打火设备,技术阵地内的外电场强度不大于 1 V/m。

(13)各库房间应有较好的路况,路宽不小于 6 m,坡度不大于 5°,转弯半径不小于 15 m。

(14)用于吊装筒弹的桁吊起吊质量不小于 5 000 kg。

(15)同一操作间不能同时对两发或两发以上的导弹进行操作。

3. 测试原理

(1)火工品作用时间和过程测试。图 7-8 为一典型的火工品性能测试原理图。

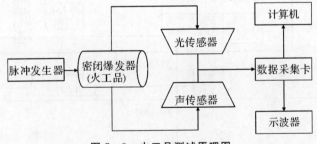

图 7-8 火工品测试原理图

在图 7-8 中,通过脉冲发生器放电,引燃引爆处于密闭爆发器内的火工品,通过采集火工品燃烧及引爆的声和光的信息,通过数据采集卡采集,就可以测试火工品作用持续时间、爆炸作用过程、振动持续时间、火焰强度、光强等参数随时间的变化规律。

通过安装不同的传感器,可以测试火工品其他的性能参数。

(2)火工品爆炸后气体的压力随时间的变化。图 7-9 则是用于测试火工品燃烧爆炸后产生的气体的压力随时间的变化的原理图。

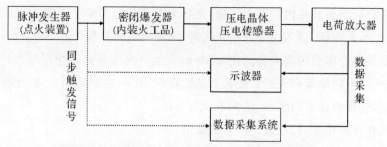

图 7-9 测试火工品压力随时间的变化的原理图

图 7-9 中,利用压电传感器检测密闭容器内火工品爆炸后的压力,通过示波器可以观察压力随时间的变化曲线。

(3)火工品安全性与可靠性检查测试。火工品安全性检查主要是检查火工品通过的电流是否小于安全电流。在实弹测试时,为确保安全,要求测试电流应小于火工品的安全电流,并在尽量短的时间内完成测试,然后断开测试电源。

一种使用专用仪器对导弹的火工品电路(爆炸螺栓、发动机点火和战斗部引爆电路等)的安全性进行检查测试,在不允许安装电爆管的情况下要用模拟器代替(一般用小电珠)。

可靠性检查是在基层部队进行,主要是对火工品的使用维护过程中,即火工品的运输、存储、装填(如早期导弹火箭发动机火药柱的装填等)等过程中对点火线路通路的检查。

火工品电路检查常用于导弹战斗部、火箭发动机、燃气发生器、点火电池、能源电池、连接电缆等的点火线路。检查项目包括导通电阻、绝缘电阻和电缆电阻等。

图 7-10 为某型筒弹发射筒燃气发生器点火线路检查的原理图。

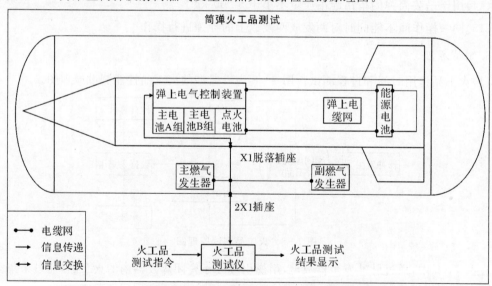

图 7-10 某型筒弹发射筒燃气发生器点火线路检查的原理图

由于火工品的危险性,对火工品点火线路通路的检查用专用的火工品测试仪。检查时,被测信号接入火工品测试仪,火工品测试仪一般通过手动按键开关,依次将各路测量信号接入数字多用表中进行测量。

为保证导弹火工品测试可靠性和安全性的要求,测试过程是独立进行的,且组合独立设计,手动操作,测试电缆也是专用。由于测量值均为电阻量,因此火工品测试设备采用高性能数字多用表,直接对火工品进行绝缘和导通电阻测试。

一般要求导通电阻在 20~30 Ω 范围;电缆电阻在数欧姆范围;绝缘电阻在几十兆欧范围。

(4)火工品绝缘电阻测试。为了获得较高的测试精度,绝缘电阻的检测通常采用高压激励,高电压的产生可采用逆变、开关电源等方式。典型的绝缘电阻的测试方案如图 7-11 所示。

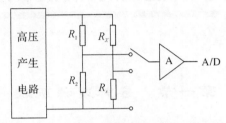

图 7-11 一种火工品绝缘电阻的测试方案

图中,$R_1$ 和 $R_2$ 为两个标准电阻,用于测量高压电压值,$R_s$ 为采样电阻,$R_X$ 为被测端间的绝缘电阻。绝缘电阻的测量仪器有兆欧表、高阻电桥、高阻表等。它们的测试原理与普通电阻测试类似。

另一种绝缘测量的工作原理如图 7-12 所示。

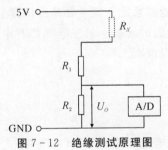

图 7-12 绝缘测试原理图

图 7-12 中,$R_X$ 为待测绝缘电阻,分别为已知的标准限流、分压电阻,当 5 V 电压加在测试电路中后,根据欧姆定律,则有

$$U_o = 5R_2/(R_X + R_1 + R_2)$$

可得

$$R_X = 5R_2/U_o - (R_1 + R_2)$$

A/D 转换电路在测量出 $U_o$ 后,便可以根据上式计算绝缘电阻 $R_X$。

# 第八章 能源系统测试技术

## 第一节 导弹能源系统

地空导弹能源系统是弹上五大系统之一,是导弹设备赖以工作的动力源,它包括弹上的电源系统、气源系统和液压源系统。一般把液体和气体统称为流体,因此,气源系统和液压源系统也可统称为流体能源系统。

电源系统用于在导弹发射前准备、导弹飞行直到导弹击中目标或者自毁的全过程用于给弹上各用电设备提供电能。气源系统可用于发电、控制舵伺服系统工作、导引头伺服系统工作或者弹上工作状态的转换;液压能源系统一般主要是提供弹上舵伺服系统工作、导引头伺服系统工作或者控制弹上某些工作状态的转换。每发导弹都有电源系统,而气源系统和液压能源系统根据导弹不同可以有,也可以没有。

### 一、地空导弹电源系统

1. 电能产生

早期的地空导弹多采用化学电池和弹上气瓶(冷气)形式构成导弹能源系统,以后逐步发展的导弹多采用复合式能源系统。例如意大利研制生产的"阿斯派德"地空、空空型导弹采用"高压燃气+涡轮机发电机"的形式。近年来,由于热电池、稀土永磁电机和大功率电子器件技术的发展,使得电动舵机在地空导弹上得到了广泛应用,使弹上能源系统大大简化,最新发展的导弹大多采用热电池作为电源。

导弹本身电源供电通常有3种方式:①采用导弹电池;②通过燃气发生器产生燃气发电;③采用主火箭发动机产生的燃气发电(如某些便携式肩扛式地空导弹)。不管采用何种方式,导弹供电都是一次性的电源设备。

弹上的电源又分为一次电源(初级电源)和二次电源(次级电源)。其中的一次电源通常是指初级电源,即最初产生的电源。如果采用导弹电池供电,它输出的是直流电。由于弹上除了用到直流电外,还需要各种不同频率、不同电压和电流的交流电,它们要通过弹上电源变换装置经过变流、稳压、整流和滤波等方式产生,称为弹上的二次电源。

导弹采用热电池供电时,通常有几组电池。例如给导引头、引信、捷联惯性测量装置、弹载计算机、接收应答机、舵系统等供电常采用热电池供电。这种电池,通常工作电压为 27 V 或者 26 V,电压不高,但电流比较大,可以达到数安到数十安,常称为主电池。另外,为了消除大电流脉冲对弹上各系统的干扰,确保导弹发射、火箭发动机点火不受干扰,对导弹点火采用单独热电池供电方式。这种热电池工作电压大约为数十伏,工作电流在数十毫安到几安。

有些导弹给电动舵机供电采用单独热电池,其他弹上设备供电则采用主电池。

2.对不同设备的供电

导弹上用电设备与导弹采用的制导体制、控制方式、舵机形式、引信体制等有关,一般包括制导控制系统中的制导系统中的导引头发射机与接收机、制导系统的指令产生装置等;控制系统中的惯测组合、舵机、敏感元件等;引战系统中的引信接收机与发射机、战斗部的点火电源等。此外,还有火箭发动机的点火信号电压、完成导弹状态转换的继电器的控制电源,测试车车厢内照明、通话设备、电台、风扇、空调的电源等。

上述各用电设备所需要的电源,一部分可以通过弹上二次电源变换完成,另一部分需要通过测试车电源机柜变换完成。

需要测试车电源机柜变换完成的电源有直流电也有交流电。由于导弹型号和测试方法不同,所需的电源的形式也各不相同,下面给出两种具有代表性的用于导弹测试时供给弹上用电设备的电源。

(1)陀螺测试时供电电源。陀螺测试时供电电源一般采用 800 Hz 或者 1 200 Hz 的两相交流电。提供该电源可以使陀螺仪快速运转,并利用其内部的附加电路测量陀螺转子负载电流。从原理性电路来说,它是通过把初级电源的直流电经过变换获得。变换电路主要包括直流电源、振荡相移及功率放大、交-直流变换、转换电路及过流保护板等几大部分。

其基本原理是直流电加到 800 Hz 或者 1 200 Hz 振荡器上,使振荡器产生交流电。产生两路交流电,其中一路需要采用移相器(一般是 90°移相器)变换,最后经过功率放大产生两相相移为 90°的交流电。

(2)惯测组合供电电源。给惯测组合供电电源一般为直流电,一种典型的惯测组合供电电压在十几伏。一种典型的方式是把输入到测试车的中频 400 Hz 经过变换获得。

典型的惯测组合供电电源组成原理图如图 8-1 所示。

主变压器将三相 400 Hz/115 V 的交流电降压为三相 400 Hz/16 V,通过可控硅整流预稳后供给串联稳压部分,其中的移相调压采用阻容移相电路。串联稳压部分采用了一般的串联稳压电路,利用集成稳压块推动四级复合管输出 400 Hz/16 V 大电流的直流电。为了提高稳压精度和减小输出波纹,附加电源采用串联稳压电路。保护电路采用断流式保护电路,如果因负载或其他原因引起过流或过压现象,将利用继电器切断供给可控硅控制极的信号,使电源没有输出。

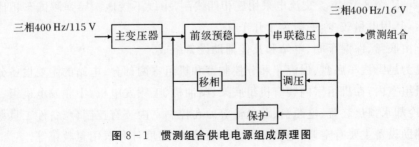

图 8-1 惯测组合供电电源组成原理图

## 二、导弹流体能源系统

导弹流体能源系统的气源系统是用于供给气动舵机、气源发电系统提供气源的装置。一般有两种形式,一种是采用高压冷气(压缩空气)系统,另一种是燃气系统。每种气源系统都是由气源及其气压元件组成。气压元件包括减压器、空气开关、调压器等元件。

导弹流体能源系统的液压源系统是提供导弹液压伺服机构(液压舵机、天线伺服机构等)赖以正常工作的稳定的压力和足够的流量的液压动力源系统。液压能源系统由液压泵和包括单向阀、加载阀、油滤、溢流阀、阀门组合、油箱等各种液压系统元件组成。

液压泵由电机带动,产生一定的压力、流量输出。单向阀用于控制液压油的流向,防止液压油回流。加载阀为液压能源系统建立负载,使液压泵的出口压力迅速达到一定的值,不仅使液压泵不致因空载而导致涡轮转速过高而损坏,也缩短了系统的启动时间。油滤用于保持和过滤液压系统中液压油的清洁。溢流阀和阀门组合等液压系统元件为了控制各液压支路压力和流量。

导弹液压能源系统一般采用的是清洁的航空液压油。

对导弹气源系统还是液压源系统的测试,主要是测试其压力、流量和温度等参数,采用的均是对流体的压力、流量和温度的测量。因此,本章对导弹气源系统还是液压源系统的测试按照流体压力、流量和温度测试分别论述。

## 第二节 测试设备能源系统

在导弹测试时,需要用到各类电源、气源和液压源等,它们构成了测试设备的能源系统。测试设备的能源系统按照能源的类型,可分为电源、气源和液压源;按照配置位置,可分为测试设备地面能源系统和测试车能源系统。

### 一、地空导弹测试车电源系统

导弹测试车一般不自带电源,所需的电能或者由武器系统的应急电源车供电,或者由市电经过变换获得。这些构成了导弹测试车的地面电源。

应急电源车用于作战时对作战车辆应急供电以及平时训练时对作战车辆和直接支援设备的供电。作战车辆包括用于搜索目标的搜索指挥车、导弹发射车等。直接支援设备包括各类维修车、备件车和工具车等。

应急电源车提供给测试车的电能一般为数十千瓦的工频(50 Hz,220 V/380 V)和中频(400 Hz,120 V/208 V)电。交流电采用三相四线制,中线不接地。导弹测试车相比作战装备的车辆而言,其用电量较少,一般为十几千瓦。

电源车由底盘、保温车厢、电站和其他辅助设备组成。

车底盘为越野汽车底盘;保温车厢分控制室和机组室两部分;电站的主要设备分别安装在控制室和机组室内,在机组室内装有机组底架、柴油机、工频发电机、中频发电机组、控制柜、输出接线箱、冷却水预热装置、电缆盘、蓄电池等。在控制室内装有控制台、备件工具箱。电源车配备的辅助设备主要有空调、电台、灭火器、石英钟、温度计和医用急救箱等。

应急电源车产生的电能通过车壁的插头、电缆输送给导弹测试车的车壁,通过测试车内的中央配电盘(或配电组合)、控制配电盘(或配电组合)、电源机柜等变换、输送到车内用电设备和提供给导弹模拟地面供电。

采用市电供电时,一般是在技术阵地或者固定的测试库房中。需要把市电的 220 V/50 Hz 交流电经过变频变压获得,其电压、电流和功率应该满足导弹测试车的需要。

## 二、测试车气源系统

除了用到电源外,地空导弹控制系统执行机构可能采用气动舵机或液压舵机。在进行导弹系统匹配试验或综合测试时,还可能使用气源或者液压能源。

在导弹测试时,气源是由地面供给的。在导弹总装厂,由于测试的导弹数量多,用气量大,可由工厂的空气压缩站通过管路系统供给导弹测试所需的气源。该气源应干燥、清洁,供到弹上的气源压力应符合被测导弹的气动舵机等用气设备的要求。对于部队使用,为了能够机动,一般采用可移动式的地面气源设备。

移动式导弹充气车就是一种能够车载式的储存和输送干燥、清洁的高压空气的气源设备。充气车除了用于在导弹测试时供给气动舵机的气源外,还可用来给弹上的用气的高压气瓶进行充气,所以它可以提供各种所需压力的压缩空气。

移动式冲气车由充气设备、操纵板、减压装置和汽车底盘等部分组成。充气设备由气瓶组、操纵板、减压装置、过滤器、配气柱及管路等组成。气瓶组共有十几个气瓶,分为两排(每排为一组)。每个气瓶容积为数十升,气瓶最大储气压力为数十兆帕。为了便于给气瓶充气、送气和检查瓶内压力,每个气瓶上都装有开关和压力表。

操纵板由充气开关、减压器开关、高低压送气开关、高低压排气开关、充气和送气压力表等组成,用以控制充气车的充气和送气等工作。

减压装置由高压减压器、低压减压器、安全阀、压力表及管路等组成。

高压减压器将数十兆帕降为导弹所需的各类中压气体。中压气源的压力一般为十几兆帕。低压减压器则是进一步将十几兆帕的中压降为几兆帕到零点几兆帕的低压气体。

导弹测试时,充气车送给导弹测试车的气体压力为十几兆帕的压缩空气,经导弹测试车上的压缩空气控制板上的开关和减压器降到弹上舵机的工作压力后再送到弹上,供舵机工作使用。

典型的地面压缩空气系统原理图如图 8-2 所示。

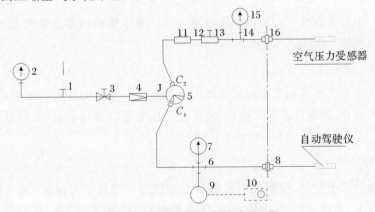

图 8-2 地面压缩空气系统原理图

1—三通接头;2—高压压力表;3—供气总开关;4—减压器;5—空气开关;6—四通接头;7—低压压力表;8—球面管嘴;
9—压力传感器;10—测试台;11—减压器;12—调压器;13—放气开关;14—三通接头;15—压力表;16—球面管嘴

由供气车供给的压缩空气,通过三通接头1后分两路:一路到高压压力表2,以便检查供气压力的大小;另一路到供气总开关3。打开供气总开关后,压缩空气通过了减压器4,将压缩空气减压到后送到空气开关5的进气口。空气开关有两个出气口"$C_1$"和"$C_2$",分别接到两个气路上:出气口"$C_1$"受测试台上供气开关和电源开关控制。在空气开关5加上供电电压时,出气口"$C_1$"关闭,停止供气;断掉电压时,出气口"$C_1$"打开,给自动驾驶仪供气。出气口"$C_2$"不受控制,一直处于打开状态。

压缩空气由$C_1$出气口出来后,经四通接头后分三路输出:一路输到低压压力表7;另一路经软管、球面管嘴到弹上自动驾驶仪舵机;第三路输到压力传感器9,变为电信号,输到测试台的压力指示器上,使其指示出输到自动驾驶仪舵机气压的大小。

由"$C_2$"出气口出来的压缩空气经软管输到限压器11、调压器12,再经过三通接头14到3号舱口的球面管嘴16,供给空气压力受感器相应压力的压缩空气。在这时,限压器11将气压进一步降低,调压器12保证从在低压范围内均匀调节压缩空气压力,并用压力表15检查压力的大小。供气完毕,打开放气开关13放气。

**三、测试车液压源系统**

部分导弹可能采用液压舵机或者其他液压伺服系统(如导引头液压伺服系统等),因此,测试时需要为被测弹舵机或者其他液压伺服系统提供液压能源的设备。用于液压舵机的液压能由于需要较大的动力,所以为高压液路;而用于导引头液压伺服系统用中压液路;回液支路为低压支路。

地面液压能源的技术指标是根据被测导弹的液压舵机或者其他液压伺服系统的要求来确定。

地面液压能源采用液压能源台,它主要由能源台台体、液压控制组件和电气控制组件三部分组成。液压控制组件用于控制输送的液压源的压力和流量,由各类阀门等液压元件组成。电气控制组件用于液压系统的启动、停止及对各项安全保护功能的报警动作予以控制。

地面液压能源送给导弹测试车上后经过车上的液压机柜的进一步完成流量、压力控制,液压油的过滤等,提供给测试车和导弹上的液压源。

导弹测试车上的液压系统一般由液压机箱构成。液压机箱内部主要由控制面板、液压控制组件和电气控制组件组成。

1. 控制面板

控制面板用于人工控制和显示液压能源压力和流量。其上安装有供油和回油开关、供油和回油压力控制旋钮、油箱注油和回油口、液压油的压力和流量显示仪表、启动开关及报警显示等信号灯等。

2. 液压控制组件

液压控制组件用于贮存、控制液压能源压力和流量。它包括有油泵、充压油箱、油滤、转阀、接头、节流开关、油冷却器、温度传感器、压差传感器、安全(溢流)阀、压力控制器、蓄能器、电磁阀等液压组件。

油泵在电机的驱动下,使工作介质达到所要求的压力,实现电能与液压能的转换。

油箱用于补充闭式液压系统内的少量油液损耗；用于作为负载变化时的应急油量的补充。油滤用于过滤进入油泵的液压油，保证油泵的正常工作及提高泵的使用期限。

转阀用以切断或接通向被测试导弹液压系统的供油。转阀的功能转换，应在液压系统卸荷的状态下进行，以保证被测试弹系统不至于在突加的较高液压冲击下引起系统或某些液压元件的损坏。

接头通过供油软管及专用导管向被测试导弹液压系统供油，在配对的接头与接头座相互脱开后，均分别具有自封功能，使被测试系统与液压机箱的液压系统均处于液压充满的状态下，避免外界的污染和空气的侵入。

节流开关用于调节低压油路的压力。油冷却器的作用是在液压油流过冷却器的散热管，通过热的传导与空气的对流，使介质的温度降低，以保证液压系统能在允许的温度条件下正常工作。

温度传感器用于感受液压系统内的油液温度，使液压系统在允许的安全温度下正常工作，超温时将启动控制电路，报警并切断油泵电机电源。

当精油滤污染到一定程度时，进油与出油口的压力差将超过压差传感器的调定值，这时压差力将推动压差传感器内的微动开关，接通相应的控制继电器，使之动作，油污染指示灯报警，同时切断油泵驱动电机的电源，对被测液压系统（负载）实行强制断油，以避免被测系统遭受污染。

安全(溢流)阀连接在系统的不同的压力油路之间，当压力油路因负载的突然变化或其他原因而导致供油压力升高时，安全阀将部分溢流，使压力油路内的压力不超过调定值，对液压系统及各液压元器件起到保护作用。

压力控制器一般接在低压支路中，其功能与作用与安全(溢流)阀基本相同。通过压力控制器的在一定的液压范围内适度调节压力。避免系统内的压力将急剧升高，从而造成系统的损害。

蓄能器用以吸收油泵输出油压的波动，以保证供油压力的基本稳定，同时，当被测液压系统（负载）在测试讯号或外界扰动的影响下，导致系统的压力、流量变化时，蓄能器可在短时间内对这样的功率变化予以辅助补偿。

电磁阀用于在通电状态下，接通相关液压支路，使液压机箱的液压系统处于卸荷状态。

3. 电气控制组件

电气控制组件用于液压系统的启动、停止及对各项安全保护功能的报警动作予以控制。

电气控制组件主要由电机、供电开关、检测信号灯支路、泵控制电路、继电器等元件组成。

电气控制组件在液压系统出现油位偏低、油污染较严重、系统油液温度超标、液压系统压力超压、供电电压的相序错误等情况下，通过控制压力控制器开关闭合、继电器吸合、切断电机与风机电源等措施保护液压油路及其液压组件，通过信号灯提示报警。

4. 液压油路的维护

对液压能源，在部队维护过程中还需要完成除气加注、氮气冲洗和液压油过滤等工作。

除气加注工作由除气加注台完成，它对弹上液压系统、加注管路先进行抽真空，之后给导弹的液压系统加注液压油。其主要包括机箱、操控面板、工具箱、加注连接软管、附件等。

氮气冲洗由模拟氮气冲洗器完成，它给导弹的各用相关舱段中的充注纯净干燥的氮气，用于提高舱段内电子设备、组件、液压传动组件及机构的使用寿命。其主要包括机箱、操控面板、连接软管、减压器等。

液压油过滤由液压油过滤器完成，它为除气加注台和液压机箱提供过滤过的符合清洁度要求液压油，并可对除气加注台的液压管路进行清洗。其主要包括机箱、操控面板、连接软管、附件等。

## 第三节 测试车电源设备

### 一、概述

由于弹上电源系统是一次性使用的产品，在导弹测试时，需要弹上设备工作时，就不能采用弹上电源直接供电方式，而是通过导弹以外的地面供电方式。这种在导弹测试维护过程中，采用地面给导弹供电，使弹上各用电设备正常工作的供电方式称为导弹模拟供电。

另外，在导弹测试时，还需要给导弹测试车提供各种所需要的电压、电流和频率的直流和交流电，用于导弹测试车上各测试仪器正常工作；用于导弹测试车的照明、通话设备、空调、电台及车内壁插座等供电。

在导弹测试过程中的所有电源是通过外接电源提供的，外接电源是指武器系统电源车或者市电的供电设备。外接电源通常提供给测试设备的电源有 220 V/50 Hz 的交流电；三相 115 V/400 Hz 的交流电、三相 380 V/400 Hz 或者三相 380 V/800 Hz 的交流电。220 V/50 Hz 的交流电称为工频电源；400Hz 或者 800Hz 的交流电称为中频交流电。

在导弹测试车上，电源设备通常由三部分组成。车壁供电插座、车内配电盘、车内电源机柜。车壁供电插座通常有两个，一个提供工频电，另一个提供中频电；车内电源机柜根据测试车型号不同，一般有 1～3 个不等。测试车电源系统的组成如图 8-3 所示。

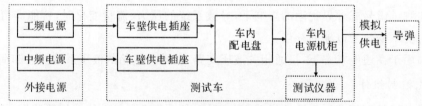

图 8-3 测试车电源系统

车壁供电插座通常是在导弹测试车的左侧后部开设窗口（顺车头方向看），通过车外电缆把导弹测试车与武器系统的电源车或者市电等外接电源连接起来，如苏制 SAM-2 系列导弹、意大利生产的"阿斯派得"导弹的测试车等，均是这种形式。

车内配电盘（箱）也称为中央配电盘（箱），主要作用是将外接电源引入车内后，对其电压、电流、功率、交流电的相位、相序等进行检查，因此在车内配电盘（箱）安装有用于检查外接电源输入车内的检查交流电的电压、电流、功率、相电压、相序等的各类检查仪表，调节开关及旋钮等。在配电盘上，对每个供电电路都装有保险丝或者保险管，用于出现故障后的应急断电。

车内电源机柜又分为若干个组合，采用机架式结构，其功用是把引入车内的外接电源进行各种变换,用于导弹测试车供电和给导弹模拟供电。电源变换装置是车内电源机柜的主要设备。它输出的电源有多种,包括直流电 27 V 电源,它通过测试车输送到导弹上,用于提供给导弹的模拟供电,作为模拟导弹的初级电源,该电源电流较大,在数安培到几十安培,功率在十几瓦到几十瓦。车内测试仪器用到的电源种类视车内测试设备及其他用电设备的种类、构成及其型号不同而不同,一般的直流电有±24 V,±15 V,±8 V,±5 V 等许多种,用于测试车内各测试仪器的电源。另外,还变换成测试车的空调、照明、电台、通话设备及车内壁插座等的电源。既有直流也有各类交流电。

在导弹测试车上,需要把市电或者电源车送过来的交流电变换成测试车和导弹上所需要的各种电源。这些变换,按照电源功率分有大功率(通常定义 1 kW 以上的为大功率,测试车上输送过来的一般在 10 kW 以上)变换和小功率电源变换。对于大功率和小功率电源变换的技术和实现手段是不同,本节就大功率和小功率电源变换分别讲述。

### 二、测试车给导弹模拟供电

由地面供给测试车的电源,经过车内配电盘和电源机柜各种变换后,有 3 种用途:①用于导弹模拟供电;②输送给弹上相关设备用电;③供给测试车上的测试仪器用电。模拟导弹供电的电源称为初级电源,而后两者称为次级电源。有些导弹直接由地面输送给弹上导弹模拟供电,弹上相关设备用电则是用导弹上的次级电源变换器变换,提供给弹上各用电设备的电源。

由于不同型号的导弹对供电电源的品种、电压、电流、电压稳定宽、纹波系数、频率、波形等性能指标以及电源的外形尺寸、结构安装、使用环境条件等会有不同的要求,所以,往往难于选择合适的通用电源作为导弹测试系统的导弹供电电源,需根据要求研制专用电源用于导弹模拟供电。它实际上模拟的是弹上的初级电源。

导弹模拟供电的电源一般应满足以下要求。

(1)输入的交流电源应与导弹测试系统所需的交流电源一致。

(2)输出的直流电压、电流、电压稳定宽、纹波系数、尖峰脉冲幅度等性能指标应满足被测导弹的供电要求。

(3)直流电源的稳压可由内、外采样控制。外采样控制的目的是克服地面供电线路上的压降,使输到弹上的直流电压满足导弹供电要求,在电源单机调试或自检时,通过机内采样控制,检查电源的各项性能指标。在导弹测试中,应转入外采样控制。可以根据需要,实现内、外采样控制的自动转换。典型外部采样线路如图 8-4 所示,其中 $R_1$,$R_2$ 为线路电阻,sen 为外采样端子。

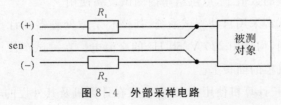

图 8-4 外部采样电路

(4)应设有过压和过流的自动保护,以免供电电压过高造成弹上设备的损坏或由于外部供电线路的短路引起地面电源的损坏。过压和过流的设定值应根据被测导弹的要求而确定。

(5)应有输出电压和电流的测量显示装置。为了减小地面供电线路压降,供电电源尽量放置在导弹附近。在导弹测试时,为了保证安全,测控装置和操作人员离导弹应有一定距离,因此供电电源的输出电压、输出电流不仅在本机上应有显示,操作人员还可进行远距离的检测,通常可采用规定的标准分流器串接在直流电源的输出线路的正端或负端,将电流转换成电压量进行测量。

模拟弹上初级直流电源的供电时,如果导弹初级电源本身采用电池(化学电池或者热电池),那么电压一般为 27 V 或者 15 V 左右,电流较大一般为 20~50 A。如果采用自身发电,如意大利生产的"阿斯派得"导弹就采用自身的燃气发生器的高压燃气发电,那么产生的是交流电,其电源一般为 115 V/400 Hz 交流电。因此,地面模拟供电也应该同弹上一次电源一致。

### 三、测试车给测试仪器供电

导弹测试车上的测试仪器一般大部分都是电子设备。它需要直流电源为其供电,以便使其内部的电子电路得到正常工作所必需的能源。通常由地面电源(交流电)经过变换获得,既有采用晶闸管变化的大功率变换方式,电源机柜上也有针对小功率电源的变换方式。这两种电源变换的详细工作原理在下节叙述。

最常用的小功率电源变化常采用直流稳压源,它是将车外送来的交流电源经过变压、整流、滤波、稳压等变换为所需要的直流电压。完成这种变换任务的电源称为直流稳压电源。常用的稳压电源有的大类:线性稳压电源和开关型稳压电源。线性稳压电源亦称串联调整式稳压电源。它的成本较低,稳压性能好,输出纹波小;缺点是工作效率较低,在小功率应用场合用得最多。小功率直流稳压电源基本原理图如图 8-5 所示。

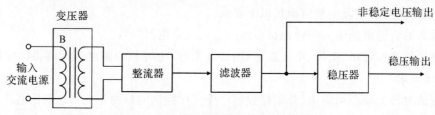

图 8-5　小功率直流稳压电源基本原理图

图 8-5 中,变压器的作用是把车外经过车内配电盘送来交流电交流电变换为合适的数值。整流器将交流电转变为直流脉动电压;滤波器将脉动电压进行平滑;稳压器能够把输出的直流电压稳定在所希望的数值上,以供给车内测试设备使用。

近年来的导弹测试常采用自动测试系统,其核心是微处理器和计算机。对计算机及其外设的供电同民用的相同,均采用 220 V/50 Hz 的交流电。在测试车使用的不同点是把相关的电源开关引出到电源机柜的面板上。

在使用时,为了延长计算机使用寿命,要注意在计算机及其外设的电源接通之后到提供稳定的输出必然需要一定时间的稳定周期,即所谓的开机延时,以保证所供电压的稳定度,一般设计的延时大约为数毫秒。

为了避免在自动测试过程中出现突发的停电的情况,通常自动测试系统还配备有 2~3 个不等的 UPS(Uninterruptible Power Supply)不间断电源。每个 UPS 供给其中的一个电源机柜。UPS 常见的产品主要分为 3 种,包括离线式(Off Line)、在线式(On Line)及在线互动式(Line Interactive),后者的特性介于离线式和在线式两者之间。

离线式 UPS 电源的安装,主要是将电脑主机和显示器的电源线接上 UPS,而由 UPS 电源线来连接市电。当外接电源正常供应时,电流经由 UPS 内的两个回路运作,其中一组电流负责对 UPS 充电,另一组电则直接传给相关的用电设备(如计算机及其外设等)供电。一旦外接电源电压发生不稳的状况,UPS 就会自动切换,开始以电池供应用电设备工作之需。

UPS 是用于外接电源断电时使用,就存在两种供电形态的转换是有时间差问题,一般电子设备(如计算机)如果供电中断超过 16 ms 就可能停止工作,因此其切换时间设计相当重要。当然,就目前来说,许多 UPS 产品的切换时间都在 4~8 ms,均可以满足要求。

对于导弹测试车上的 UPS 来说,除了要注意产品能提供多少时间的紧急电力之外,还要考虑在第一次使用 UPS 后需要多少时间才能将电力重新补充完毕。如此一来,才能确保第 2 次停电时有足够的电力以完成测试工作。

民用的,特别是家庭使用的 UPS 为小容量机种,容量有 500 V·A 和 700 V·A 等。对于导弹测试车上使用的 UPS,属于大容量机种,通常容量在十几千伏安。

在使用 UPS 进行测试前,首先连接好地线和供电输入,检查完配电盘上的供来的车外电源正常后,开启控制各 UPS 的"交流输入"开关,按下 UPS"启动"按钮,此时显示屏幕上会有输出,待显示屏上输出电压稳定后,开始供电,关闭顺序相反。

在测试完成后,还要通过控制开关完成 UPS 自行慢速放电。放电后,显示屏会变暗

**四、电源机柜的大功率电源变换**

车内电源变换装置安装在车内电源机柜,其主要功用是把接入车内的外接电源变换成导弹测试车各用电设备和导弹测试时给导弹模拟供电所需要的各种直流电和交流电。

电源变换的方式有多种,早期的第一代地空导弹大多采用变流机的方式。例如,如果要把引入车内的交流电变换成直流,其基本作用原理交流电动机带动直流发电机发电。这样的设备噪声大、发热多、质量和体积较大,现在已经淘汰。

现在常用各种电子线路的变换器,通过整流、滤波等环节,实现把 AC-DC,DC-DC 的各种变换。

导弹测试车中的的电源是通过外接交流电源供电,再经交流/直流变换,即整流、滤波和稳压等主要环节,为导弹和测试车提供高质量的直流电源。将交流变换为直流通常采用具有单向导电性的二极管、晶闸管等半导体元件。1 kW 以内的小功率整流电路大都采用二极管,而大功率整流电路通常采用晶闸管,或者为二极管和晶闸管混合的整流电路。由于输往导弹测试车上外接电源功率一般为十几千瓦,对于这种交流/直流变换常采用晶闸管,本节主要介绍晶闸管的整流电路。

1. 晶闸管

(1)概述。晶闸管(Thyristor)是晶体闸流管的简称,又称为可控硅整流器,简称"为可控

硅"。1957年美国通用电气公司开发出世界上第一款晶闸管产品,并于1958年将其商业化。晶闸管具有硅整流器件的特性,能在高电压、大电流条件下工作,且其工作过程可以控制,被广泛应用于可控整流、交流调压、无触点电子开关、逆变及变频等电子电路中。

晶闸管按其关断、导通及控制方式可分为普通晶闸管(SCR)、双向晶闸管(TRIAC)、逆导晶闸管(RCT)、门极关断晶闸管(GTO)、BTG晶闸管、温控晶闸管和光控晶闸管(LTT)等多种。

晶闸管按其引脚和极性可分为二极晶闸管、三极晶闸管和四极晶闸管。

晶闸管按其封装形式可分为金属封装晶闸管、塑封晶闸管和陶瓷封装晶闸管3种类型。其中,金属封装晶闸管又分为螺栓形、平板形、圆壳形等多种;塑封晶闸管又分为带散热片型和不带散热片型两种。

晶闸管按电流容量可分为大功率晶闸管、中功率晶闸管和小功率晶闸管3种。通常,大功率晶闸管多采用陶瓷封装,而中、小功率晶闸管则多采用塑封或金属封装。中大电流晶闸管的外形有螺栓型和平板型两种,如图8-6所示。螺栓型晶闸管的螺栓是阳极、粗引线是阴极、细引线是门极。晶闸管利用螺校安装在散热器上,拆装方便。

图8-7为晶闸管的管芯示意图与图形符号示意图。晶闸管的管芯由$P_1,N_1,P_2,N_2$ 4层半导体构成,形成$J_1,J_2,J_3$三个FN结。自$P_1$引出阳极$A,N_2$引出阴极$C,P_2$引出门极$G$。

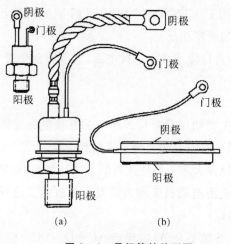

图8-6　晶闸管的外形图

(a)螺栓型;(b)平板型

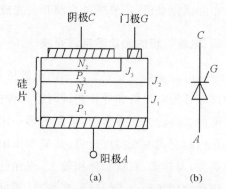

图8-7　晶闸管的管芯示意图与图形符号

(a)晶闸管的管芯示意图;(b)图形符号

晶闸管按其关断速度可分为普通晶闸管和快速晶闸管。快速晶闸管包括所有专为快速应用而设计的晶闸管,有常规的快速晶闸管和工作在更高频率的高频晶闸管。快速晶闸管可以工作在400 Hz以上的频率,其开通时间为$4\sim 8~\mu s$,关断时间为$10\sim 60~\mu s$,主要用于较高频率的整流、斩波、逆变和变频电路中。

图8-8为晶闸管的原理结构图,晶闸管是由一个P-N-P-N四层半导体构成的,中间形成了$J_1,J_2,J_3$三个PN结,它有阳极$A$,阴极$K$和门极$G$三个极,构成了一个PNP型三极管和一个NPN型三极管的复合管。

(2)工作原理。晶闸管在工作过程中,它的阳极 $A$ 和阴极 $K$ 与电源和负载连接,组成晶闸管的主电路,晶闸管的门极 $G$ 和阴极 $K$ 与控制晶闸管的装置连接,组成晶闸管的控制电路。

当晶闸管承受反向阳极电压时,不管门极承受何种电压,晶闸管都处于反向阻断状态。当晶闸管承受正向阳极电压时,仅在门极承受正向电压的情况下晶闸管才导通。这时晶闸管处于正向导通状态,这就是晶闸管的闸流特性,即可控特性。晶闸管在导通情况下,只要有一定的正向阳极电压,不论门极电压如何,晶闸管保持导通,即晶闸管导通后,门极失去作用。当晶闸管在导通情况下,当主回路电压(或电流)减小到接近于零时,晶闸管关断。

图 8-9 为晶闸管的实验电路。晶闸管正向能处在断态和通态两种状态。若 $S_b$ 断开,门极未加触发电压;$S_a$ 闭合,阳极与阴极之间加正向电压($A$ 正 $K$ 负)。使 $J_2$ 结受反向电压阻断,故晶闸管呈正向阻断状态,阳极回路中几乎无电流,只有极小的漏电流,这种状态称为正向断态。

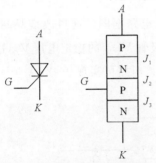

图 8-8　晶闸管的原理结构图

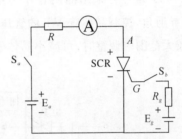

图 8-9　晶闸管的实验电路

若此时将 $S_b$ 闭合,门极与阴极间加适当触发电压和电流,则由于 $J_1$,$J_2$,$J_3$ 中载流子的互相作用,使晶闸管转变为导通状态,阳极与阴极间电压很小(1 V 左右),可以通过较大电流,电流大小基本上只取决于外电路,这种状态称为正向通态。这种利用门极电流使晶闸管从断态转为通态的现象称为触发。

2. 晶闸管构成的电源电路

图 8-10 为简单的晶闸管稳压电源电路。电路中,晶闸管 SCR 为主控元件,$L_1$ 是使用矩磁特性的可饱和电感,晶闸管 SCR 与电容 $C_1$ 构成摩根电路。稳压二极管 $VD_W$ 提供基准电压,晶体管 $VT_1$ 和 $VT_2$ 构成误差放大器。晶体管 $VT_3$ 出发射极电阻 $R_E$ 的负反馈作用构成恒流源,对电容 $C_2$ 进行恒流充电。

当 $VT_3$ 的集电极电位,即电容 $C_3$ 两端电压达到单结晶体管 $VT_4$ 的峰点电压时,$VT_4$ 导通,这时,变压器 T 产生触发晶闸管 SCR 的脉冲。晶闸管被触发导通,由于励磁电流使 $L_1$ 的铁心的磁通量逐渐增加,电容 $C_1$ 按图示极性充电。一旦的 $L_1$ 铁心饱和,由于电容 $C_1$ 的充电电压使晶闸管反偏,从而关断晶闸管。此后,$C_1$ 继续通过 $L_1$ 及负载以图示相反的极性充电。这样,在摩根电路中,晶闸管的导通时间是由 $L_1$ 的铁心的磁特性及负载决定,而触发的定时,即频率随误差放大器的输出而变化,使输出电压保持稳定。

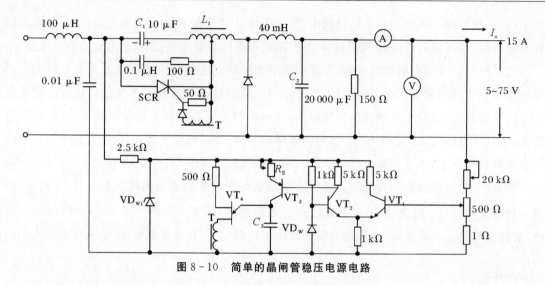

图 8-10 简单的晶闸管稳压电源电路

图 8-11 是一种采用晶闸管作为预调电源的稳压电路框图。通过改变晶闸管 $SCR_1$ 和 $SCR_2$ 的导通角,控制晶体管 VT 的管压降等于稳压二极管 $VD_W$ 的稳定电压 $V_Z$,这样,输出电压可在较大范围内调整时,可减小晶体管 VT 的功耗。该电路可实现 0~27 V/0~2.7 A 连续输出可调。

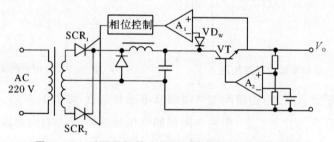

图 8-11 采用晶闸管作为预调电源的稳压电路框图

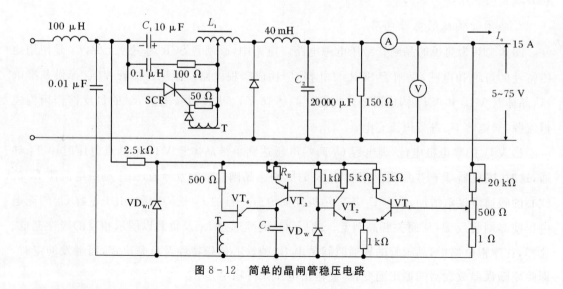

图 8-12 简单的晶闸管稳压电路

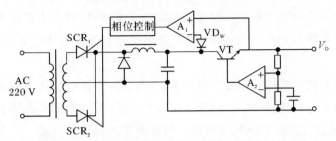

图 8-13　采用晶闸管作为预调电源的稳压电路框图

**五、电源机柜的小功率电源变换**

1. 小功率电源变换电路的基本组成和原理

对于小功率电源变换,按照电能变换形式分为 AC/DC(AC 表示交流电,DC 表示直流电)变换、DC/AC 变换、DC/DC 变换和 AC/AC 变换等。

AC/DC 称为整流,AC/DC 变换器是将交流电转换为直流电的电能变换器;DC/AC 变换称为逆变,DC/AC 变换器是将直流电转换为交流电的电能变换器,是交流开关电源和不间断电源 UPS 的主要部件;AC/AC 称为交流/交流变频(同时也变压),AC/AC 变换器是将一种频率的交流电直接转换为另一种恒定频率或可变频率的交流电,或是将恒频交流电直接转换为变频交流电的电能变换器;DC/DC 称为直流/直流变换,DC/DC 变换器是将一种直流电转换成另一种或多种直流电的电能变换器,是直流开关电源的主要部件。

在导弹测试车上应用最多是的 AC/DC 和 DC/DC 变换。对于测试车上的小功率电源变换来说,其组成如图 8-14 所示的典型的基本构成形式。由于交流输入可以通过整流和滤波电路,把交流电压变成直流,因此 DC/DC 变换器中的稳压电路是其核心。

图 8-14　小功率电源变换电路原理框图

对于功率在 1 kW 以内的小功率电源变换的电源电路,主要用于供给测试设备的某个组合或者某个仪器仪表的 AC/DC 和 DC/DC 变换,以便输出测试设备各仪器所需要的多路直流稳压电源。例如,某导弹测试仪器某个或者某几个组合需要给它提供 5 V,15 V(1.5A),−15 V,15 V(1 A),26 V,24 V 等共 6 种直流电源。

小功率电源变换电路工作原理是,由外界送往测试系统的三相电源,经过电源组合中的滤波电路滤波以后,送到电源单元变压器变压,然后经三相全波整流,变成直流电压,经过大电容滤波,送到集成稳压电路稳压输出,再经滤波后送到相关组合使用。为了保证各电源输出的安全,每个电源的输出均要设有过压、过流保护电路。

电源设备担负着把交流电转换为电子没备所需的各种类别直流电的任务,当电网或负载变化时,能保持稳定的输出电压,并具有较低的纹波,通常称这种直流电源为稳压电源。

稳压电源的分类方法繁多,按输出电源的类型分有直流稳压电源和交流稳压电源;按稳压电路与负载的连接方式分有串联稳压电源和并联稳压电源;按照其工作原理中调整管的工作状态分有线性稳压电源和开关稳压电源;按电路类型分有简单稳压电源和反馈型稳压电源;等等。

直流稳压电源的技术指标可以分为两大类:一类是特性指标,反映直流稳压电源的固有特性,如输入电压、输出电压、输出电流、输出电压调节范围;另一类是质量指标,反映直流稳压电源的优劣,包括稳定度、等效内阻(输出电阻)、纹波电压及温度系数等。主要区别是并联直流稳压电源的效率较低,特别是负载较小时,电能几乎全部消耗在限流电阻和调整管上;输出电压调节范围很小;稳定度不易做得很高。而串联稳压电源正好可以避免这些缺点,所以现在广泛使用的一般都是串联稳压电源。

对于 DC/DC 变换器,最简单办法是串联一个电阻进行分压。这样的电路结构很简单,但是效率低,也起不到稳压的作用。稳压电源基本电路如图 8-15 所示。

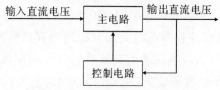

图 8-15 稳压电源的基本电路

图 8-9 电路结构中,整体是一个反馈回路,它通过对输出电压波纹大小进行取样反馈,不断调整主电路的工作状态而达到输出稳定的目的。主电路中含有由三极管或者其他半导体电路构成的调整管;控制电路的输入是对输出直流电压的取样电压。该控制电路的输出用于调节主电路中调整管的工作状态。如果调整管工作在三极管的放大区就构成线性稳压电压;如果调整管工作在三极管的饱和区和截止区,即开关状态,就构成开关稳压电源。

**2. 线性稳压电源**

(1)工作原理。线性稳压电源的电压反馈电路工作在线性(放大区)的稳压电源。

图 8-16 为一个典型的基本线性稳压电源原理图。输入直流电压通常由交流 50 Hz 外接电网供电,经变压器、整流、滤波得到一个具有较大纹波的直流电压 $U_i$。进入线性稳压电源后,一般是将输出电压取样后与参考电压送入电压比较放大器,此电压放大器的输出作为电压调整管的输入,用于控制调整管使其结电压随输入的变化而变化,从而调整其输出电压。

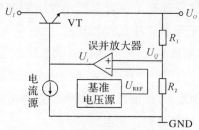

图 8-16 基本线性稳压电源原理图

图 8-16 中,VT 为调整管,$R_1$ 和 $R_2$ 为取样电阻,$U_i$ 为输入电压,$U_O$ 为输出电压。取样电压 $U_Q$ 加到误差放大器的输入端。与加在反相输入端的基准电压 $U_{REF}$ 相比较,二者的差值

经误差放大器放大后产生误差电压 $U_r$,用来调节串联调整管的压降,使得输出电压达到稳定。当输出电压 $U_O$ 降低时,$U_Q$ 和 $U_r$ 均降低,因驱动电流增大,故调整管的压降减小,使输出电压升高。反之,若输出电压 $U_O$ 增大时,误差放大器输出的驱动电流就会减小,调整管的压降随之增大,使得 $U_O$ 减小,最终使保持 $U_O$ 稳定。

由于反馈环路总是试图使误差放大器两个输入端的电位相等,即 $U_Q = U_{REF}$,则有

$$U_Q = U_O \frac{R_2}{R_1 + R_2} = U_{REF} \tag{8-1}$$

根据式(8-1),可得

$$U_Q = U_{REF}\left(1 + \frac{R_1}{R_2}\right) \tag{8-2}$$

需要说明以下几点。

1)控制电路必须监控输出电压,并根据负载的需要来调节电流源,以保持输出电压达到期望值。电流源的极限值定义在最大负载电流时稳压器能保持输出且稳定。

2)输出电压通过范阀电路进行控制,反馈电路需要补偿措施以确保回路的稳定性。某些线性稳压器有内置补偿电路,不需要外接频率补偿元件,即可实现稳压器的稳定工作,有些稳压器需要外加补偿电路。

3)用于控制输出电压的反馈回路是通过取样电阻来"判断"输出电压的,并将误差电压送至误差放大器的反相输入端,基准电压在同相输入端。这意味着误差放大器将通过不断调节它的输出电压和调整管的电流来使取样电压与基准电压相等。稳压器的输出电压通常为基准电压的若干倍。

4)与负载电流相比,流过电阻分压器 $R_1$ 和 $R_2$ 的电流是可以被忽略的。

5)图 8-10 只是基本电路,实际电路中还需要增加启动电路、过电流保护电路及过热保护电路。

6)串联调整元件通常由一个、多个晶体管并联或复合组成,它类似于一个串在主电路中的可变电阻,当输入电压上升或减小时,晶体管的等效电阻增加或减小,通过取样、比较放大负反馈电路来控制串联调接管的管压降(电阻),保持输出电压稳定。"串联"的意思是指调整管 VT 同输出的负载相串联。

(2)稳压电源的效率。晶体管 VT 工作在线性区,管压降一般大于 2 V,否则工作在饱和区,不能反映电压的变化,也就不能进行有效地调整。因此,最小的输入电压要高于 $U_O+2$ V,假设输入电网电压波动为 $\pm T\%$,则最小、最大的输入直流电压分别为 $(1-0.01T)U_i$ 和 $(1+0.01T)U_i$。

当输入电压为最小时,有

$$U_O + 2 = (1 - 0.01T)U_i$$

则最大输入电压为

$$U_{imax} = \frac{(U_O + 2)(1 + 0.01T)}{1 - 0.01T}$$

串联调整稳压电源的效率为

$$\eta = \frac{1-0.01T}{1+0.01T} \cdot \frac{U_O}{U_O+2} \qquad (8-3)$$

若考虑变压器、整流器的损耗，在低压、大电流应用时，串联调整稳压器的效率仅仅有35%～60%。此外，串联调整稳压器承受过载能力较差，负载长期短路，容易造成调整管损坏，必须加入相应的保护电路。

(3) 集成稳压器。目前国产集成稳压器输出电压有 5 V，6 V，9 V，12 V，15 V，18 V，24 V，36 V，输出电流有 0.1 A，0.5 A，1.5 A，2 A，3 A，5 A 等系列，集成稳压器内部包括调整管、基准、取样、比较放大、保护电路等环节，使用时，只需外接少量元件，十分方便。其电压稳定度、输出纹波及动态响应等指标都较好，典型的线性稳压电源电路如图 8-17 所示。

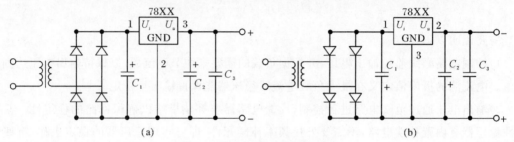

图 8-17 典型的线性稳压电源

(a)正输出；(b)负输出

常用的集成稳压器有固定正压稳压器 W78×× 系列、固定负压稳压器 W79×× 系列。×× 用数字表示，×× 是多少，输出电压就是多少，例如 W7805，输出电压为 5V。

还有可调正稳压器 W117，W217，W317 系列，可调负稳压器 W137，W237，W337 系列，输出电压从 2.3～35 V，电流为 1.5 A。还有大电流系列 W396，W496 等，可调稳压器外加晶体管及逻辑控制，具有开机、关机成系统复位等功能，便于控制及保护。

(4) 线性稳压器的特点。线性稳压器是最早使用的稳压器，从其特点看，线性电源稳压器的优点是技术很成熟，制作成本低，可以达到很高的稳定度，波纹小，自身干扰和噪声都比较小，反应速度快，动态响应特性好。其缺点是因为工作在工频(50 Hz)，变压器的体积比较大，显得较为笨重，对输入电压范围要求高，其输出电压要比输入低。调整管工作在线性放大区内，流过电流是连续的，它类似于一个电阻，调整管上损耗较大的功率，发热量大(尤其是工作在大功率情况下)，需要体积较大的散热器，间接地给系统增加了系统噪声，整个电路的效率低，通常仅为 35%～60%。同时承受过载能力较差。

3. 开关稳压电源

(1) 一般原理。开关型稳压电源是指调整管工作在饱和和截止的开关状态的一类稳压电压，调整管不同于线性稳压电源工作于线性区，而是处于非线性工作状态。

一个完整的 AC/DC 开关稳压电源由输入端整流器和滤波器、基本 DC/DC 电源变换器、驱动电路、PWM 控制电路、比较放大电路(差分放大器 DA)和输出负载组成。完整的 AC/DC 开关电源的组成如图 8-18 所示。

## 第八章 能源系统测试技术

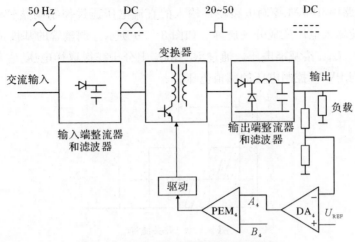

图 8-18 典型开关电源的组成原理图

开关稳压电源中最核心的是 DC/DC 电源变换器,它们构成了开关稳压电源的基本变换电路。它们有多种形式,包括 Buck 变换器、Boost 变换器、Buck-Boost 变换器和 Cuk 变换器等。其中的半导体器件工作于导通和截止两种状态,成为控制方便的电子开关,实现类似于"斩波"(Chop)作用。这些变换器电路简单,开关管的作用就是将输入的直流变成占空比可以调节的高频脉冲,再经整流滤波后得到其直流成分,再以直流电的形式输出。通过调节占空比,可以得到负载要求的不同电压或电流,于是称这些变换器为 DC/DC 变换器。

一个周期 $T_s$ 内,电子开关接通时间、所占整个周期 $T_s$ 的比例,称为占空比 $D$,则有

$$D = t_{on}/T_s \tag{8-4}$$

很明显,占空比越大,负载上电压越高;$f_s = 1/T_s$ 称为开关频率,$f_s$ 固定,$t_{on}$ 越大,负载上电压就越高。这种 DC/DC 变换器中的开关都在某一固定频率下(数百千赫兹)工作,这种保持开关频率固定但改变接通时间长短(即脉冲的宽度),从而可以调节输出电压的方法,称脉冲宽度调制法(Pulse Width Modulation,PWM)。

在开关式稳压电路的电源变换器中,有一个调整管,按照调整管与负载(有些认为同输入)是串联还是并联,开关式稳压电路分为串联式开关稳压电源和并联式开关稳压电源。

(2)串联开关稳压电源。串联开关稳压电源由调整管 VT、驱动电路、整流二极管 VD、电感 $L$、取样电阻 $R_1$ 和 $R_2$、电容 $C$、负载 $R_L$、比较放大器(一般采用差分放大器)以及 PWM 控制电路等构成,其原理图如图 8-19 所示。

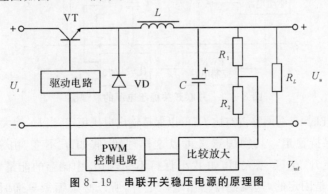

图 8-19 串联开关稳压电源的原理图

图 8-19 电路中，PWM 控制电路使得输入的直流电压通过控制调整管使其在饱和和截止区来回工作，使输入电压变成开关脉冲。如图 8-20 所示。调整管的基极是一个反馈电压，用于调节占空比。$U_{REF}$ 接基准电压。通过 $R_1$ 和 $R_2$ 上分压获得取样电压，它与基准电压 $U_{REF}$ 比较放大后，作为 PWM 控制电压的阈值电压。

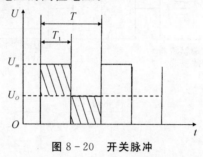

图 8-20 开关脉冲

稳压调节过程是在保证调整管周期 $T_s$ 不便的情况下，通过改变调整管导通时间 $t_{on}$ 来调整脉冲的占空比，从而达到稳压的目的，这种电源也称为脉宽调制型开关电源。输出电压 $U_O$ 为

$$U_O \approx \frac{U_i t_{on}}{T} = qU_i \tag{8-5}$$

式中：周期 $T_s = t_{on} + t_{off}$，脉冲宽度为 $t_{on}$，根据输出电压的变化自动调整脉冲的占空比，从而调整 $U_O$ 的大小，达到稳定输出的目的。

输出电压 $U_O$ 的脉动成分与负载电流的大小和滤波电路 $L$、$C$ 的取值有关。$L$、$C$ 取值越大，输出越平滑。通常输出的脉冲成分要比线性稳压电源要大一些，这是它的缺点之一。

串联开关型稳压电源的调整管与负载串联，输出电压 $U_O$ 总是小于输入电压 $U_i$，故也称为降压型稳压电路。

（3）并联开关稳压电源。并联开关稳压器与串联开关稳压器的组成大体相同，也是由调整管 VT、驱动电路、整流二极管 VD、电感 $L$、取样电阻 $R_1$ 和 $R_2$、电容 $C$、负载 $R_L$、比较放大器（一般采用差分放大器）以及 PWM 控制电路等构成，其主要区别是将调整管跟负载并联来调节输出电压，通过分流来保证衰减放大管射极电压的"稳定"，如图 8-21 所示。

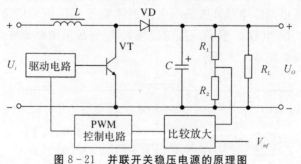

图 8-21 并联开关稳压电源的原理图

当输入电压变化时，自动调整占空比 $D$，可以保持输出电压稳定，当 $U_i$ 增大时，使 $D = t_{on}/T_s$ 减小，输出电压就能保持稳定。其物理意义可以这样理解，假如 $T$ 不变，由于电感中的电流以 $di/dt$ 的速率线性上升，在 $U_i$ 增大时，如果 $t_{on}$ 保持不变，则 $L$ 中储存的能量增大。而在同样的 $t_{off}$ 时间内释放能量是固定的，这就使得输出电压上升，所以必须缩短导通时间 $t_{on1}$ 以便减小 $L$

中储存的能量,这样才能保持输出电压不变。

改变占空比的方法,可以是频率和周期不变,改变导通脉宽 $t_{on}$,也可以保持导通时间 $t_{on}$ 不变,改变工作频率或周期,二者都能进行调整,保持输出电压不变。

并联开关型稳压电源的调整管与负载并联,它通过电感的储能作用,将感生电动势与输入电压相叠加后作用于负载,因而 $U_o > U_i$,也称为升压型稳压电路。

(4)开关稳压电源的特点。20 世纪 70 年代以来,随着各种功率开关元件、各种类型专用集成电路、磁性元件、高频电容研制、应用,功率电子学领域中技术的日新月异的发展,理论研究不断深化,功率变换器日趋完善,开关电源技术以其强大的生命力,适应当今高效率、小型轻量化的要求。目前,各种电子、电气设备 90% 以上采用开关稳压电源。

开关稳压电源具有以下特点:①电源电压和负载在规定的范围内变化时,输出电压应保持在允许的范围内或按要求变化;②输入与输出间有良好的电气隔离,可以输出单路或多路电压,各路之间有电气隔离;③直流开关电源与直流线性电源相比,电力电子器件在开关状态工作,电源内部损耗小,效率高(一般在 90% 以上);④调整管在开关状态下工作,为得到直流输出,必须在输出端加滤波器;⑤可通过脉冲宽度的控制方便地改变输出电压值;⑥开关频率高,滤波电容和滤波电感的体积可大大减小,电源体积小且质量轻;⑦开关稳压电源的电路复杂,使用高频元器件价格高,因此成本较高,且输出电压纹波、噪声较高,动态响应较差;⑧开关稳压电源存在较为严重的开关干扰。开关稳压电源中,功率调整开关晶体管工作在状态,它产生的交流电压和电流通过电路中的其他元器件产生尖峰干扰和谐振干扰,这些干扰如果不采取一定的措施进行抑制、消除和屏蔽,就会严重地影响整机的正常工作。此外,由于开关稳压电源振荡器没有工频变压器的隔离,这些干扰就会串入工频电网,使附近的其他电子仪器、设备和家用电器受到严重的干扰。

在导弹测试系统中开关稳压电源已经逐步取代了线性稳压电源,但在第一代和第二代地空导弹中还有采用线性稳压电源的。

## 第四节　导弹及测试车电能测试技术

送往导弹测试车的电源以及测试车本身所产生的电源统称为地面电源。用于导弹工作的电源通常有 3 种产生方式。一种是导弹电池,包括化学电池和热电池,它们通常产生 27 V 左右的直流电。第二种是采用燃气发生器发电,通常产生的是 400 Hz/115 V 的交流电。第三种是采用主火箭发动机的燃气发电,这种方式在肩扛式小型地空导弹上常见。这些电源通常弹上初级电源。初级电源经过变换形成次级电源。

**一、导弹电源测试技术**

对导弹电能的测试,包括对导弹初级电源、次级电源的测试,还包括主要由次级电源构成的导弹电缆网的测试。

1. 导弹初级电源和次级电源的测试

导弹初级电源一般是 26 V 或者 27 V 的直流电,电压不高。对于导弹主电池,电流一般为几安倍到几十安培,比较大。由于导弹初级电源主要通过热电池产生,属于一次性电源,在导弹测试时不能使其激活工作,弹上供电采用测试车对导弹进行模拟供电。因此,对导弹初级电源的测试主要是对其激活电路测试。

激活电路测试主要是测试电路的导通情况。激活电路是否导通,就是采用万用表检查连接电路的电阻。电阻在 10 Ω 以下,即判定激活电路工作正常。

导弹次级电源采用交流换流器、电子电路的电源变换等把初级电源的直流变换成弹上其他用电设备的交流或者其他特殊使用的直流电源。另外,还包括导弹配电设备,如直流接触器、电磁转换开关、继电器盒等,这些配电设备和器件是用来控制电路及用电设备状态和电路转换的。

对次级电源的检查包括对经过初级电源变换后的各电源通路的电压、电流、频率等的测量。通过对这些电路参数的检查也可以检查上述配电设备的工作状态。

2. 导弹电缆网测试

导弹电缆网是导弹能源系统的重要组成部分。导弹电缆网用来传送电能,保证弹上设备各组合的相互连接。直流总线电网按双线制配置,其负极与相应各组合的壳体连接。组合的壳体通过安装部位的固定件与弹体相连接。电缆具有良好的机械强度和较高的绝缘电阻,还可以保证导线在整个保管期间内电缆网完好。

在导弹测试时,应保证整个电缆网要良好接地。接地时保证测试车、弹体和地之间为相同电位。

电缆网的不通线路之间、线路与防波套之间或与壳体之间,一般要求具有下述绝缘电阻:在标准大气压下,温度为$(20\pm5)$℃、相对湿度达 80% 时,不低于 2 MΩ;温度为$(20\pm5)$℃、相对湿度达 95%~98% 时,不低于 0.5 MΩ(用工作电压为 500 V 的电表测量)。

一般要求导线和电缆的抗电强度,在额定条件下应能承受下述电压:36 V 以下的工作电路为 500 V 电压;37~250 V 工作电路为 1 000 V。试验电源为功率不小于 0.5 kW,频率 50 Hz。

在导弹测试时,既要用到弹上各设备之间的电缆网,也要用到导弹与测试车中测试设备的连接电缆。如果导弹是处于筒弹状态,还要用到导弹与装运发射筒之间的连接电缆及筒内电缆。

对导弹电缆网的测试主要是测量其线路导通及绝缘情况。

(1)导通测量。导通测量即对导弹及其装运发射筒内的电缆网进行导通测量,测量电缆网中的每根导线电阻是否小于 10Ω。只需要用欧姆表测试导通电阻即可。

(2)绝缘测量。绝缘测量是对导弹及其装运发射筒所有电网的绝缘电阻的测量。电网中的任何一根导线,对其他所有导线之间的电阻应满足一定要求,即在 500 V 直流电压的作用,绝缘电阻必须大于 100 GΩ,否则不满足要求。

对导弹及其装运发射筒内的电缆网的线路导通及绝缘测量只需要用电阻表测试导通电阻即可。当然具体对那段线路检查需要有相应的测试控制电路,该电路在手动测试时采用开关控制,在自动测试时,采用相应的继电器开关控制。

不是所有导弹都做这项测试,部分导弹,如法国"响尾蛇"地空导弹的测试设备就需要完成此项测试。

## 二、测试车电源测试技术

对测试车电源的测试包括对车外输送电能的测试、车内电源设备电能的测试等。

### 1. 对车外输送电源的测试

对车外输送电源的测试包容包括对电源的电压、电流、频率和相序的检查。从检查部位上区分为车外检查和车内检查。车外检查是通过随车配备的数字多用表,在电缆的对应插针(触点)上分别检查送来的交流电源电压、电流及频率的正确性。车内检查是通过测试车内的中央配电盘或者配电组合上的仪表进行检查。检查的内容包括电压、电流、频率和相序。

通过外接电源车或者技术阵地传送工频电或者中频电时,输送电能要通过电源电缆,该电缆两端以航空插头形式与外接电源和测试车相连,电缆长度通常为15～30 m。电源电缆在每次对导弹或者测试车通电检查时均要连接或者撤收,是极易损坏的部件。因此,上述虽是对外接电源的检查,同时也是对输送电缆有无故障的检查。

对电压和电流,一般要求在标称值的±10%误差范围内判定为正确;对频率则要求在±5%误差范围内判定为正确。例如,相电压为220 V时,要求在(220±22)V范围判定为正确。如果电能参数不符合要求,首先检查电缆的航空插头插座连接是否可靠、插头内是否有异物、插针是否有断裂、各电缆导线是否有断裂等。其次检查配电盘或者配电组合上的保险丝或者保险管是否有熔断、电源指示灯是否安装不牢靠或者损坏、接通电源的开关或者按钮是否有故障、测试仪表本身是否有故障等。

### 2. 车内电源设备电源的测试

一般在测试车内有电源机柜或者控制配电盘。电源机柜用于把车外送来的电能进行变换输送给车上的测试设备用电或者送给导弹用于导弹模拟供电。

在测试车内,对电源测试主要是测量输送给各用电设备的电压、电流、频率等参数。除了用电源机柜或者控制配电盘上的模拟或者数字显示仪表读取数据外,有些采用自动测试系统的测试仪表还通过各种虚拟面板、虚拟仪表、计算机显示屏幕显示的数值或者信号波形等完成各种电源参数的测量及判读等。

## 第五节 导弹及测试车流体能源测试技术

导弹及其测试设备上的流体包括液体和气体。气压源主要有两种:①压缩空气,主要是早期的地空导弹常用压缩空气作为气动舵机的能源;②燃气,在导弹上主要是通过燃气发生器产生,用于导弹发电或者气动舵机使用。导弹上的液压源采用的是航空液压油,主要是供给导弹液压舵机或者导引头天线位标器的液压伺服系统。

对流体的测量主要包括流体压力和流量的测量。

### 一、流体压力测试

不论是气体还是液体均属于流体,对流体压力测试仪表的原理是相同的,本节按照气体压力测试讲述其工作原理。

在工程技术中，压力定义为均匀而垂直作用在物体表面上的力，也就是物理学中压强的概念。它的基本公式为

$$P = \frac{F}{S} \tag{8-6}$$

式中：$F$ 为作用力；$S$ 为作用面积。

国际单位制中，压力的单位为帕斯卡 Pa($N/m^2$)，在工程中还使用标准大气压(atm)、毫米汞柱(mmHg)等单位。1 atm$=1.013\times 10^5$ Pa，1 mmHg$=1.333\times 10^2$ Pa。

压力的表示方式有 3 种：表压 P、绝对压力 Pa 和真空度 Ph。绝对压力是指物体所承受的实际压力；表压是指绝对压力与大气压力之差；真空度是指大气压与低于大气压的绝对压力之差。因此，使用仪表时应注意仪表示值的意义。

由于各种工艺设备和测试仪表通常是处于大气之中，本身就承受着大气压力，所以工程上经常采用表压力或真空度来表示压力的大小。同样，一般的压力检测仪表所指示压力也是表压力或真空度。

压力测量仪表按工作原理分为液柱式、弹性式、电气式和负荷式等类型。

### 1. 液柱式压力计

液压式压力测量仪表通常称为液柱式压力计，它是以一定高度的液柱所产生的压力，与被测压力相平衡的原理测量压力的。它大多是一根立的或弯成 U 形的玻璃管，管内充以一定的工作液体。常用的工作液体为蒸馏水、水银和酒精。因玻璃管强度不高，并受读数限制，因此所测压力一般不超过 0.3 MPa。液柱式压力计灵敏度高，因此主要用作实验室中的低压基准仪表，以校验工作用压力测量仪表。由于工作液体的状态会随着环境温度、重力加速度改变而发生变化，对测量的结果常需要进行温度和重力加速度等方面的修正。

### 2. 弹性式压力计

弹性式压力测量仪表常称为弹性式压力计，它是利用各种不同形状的弹性元件，在压力下产生变形的原理制成的压力测量仪表。弹性式压力测量仪表按所采用的弹性元件的不同，可分为弹簧管压力表、膜片压力表、膜盒压力表和波纹管压力表等；按照功能不同分为指示式压力表、电接点压力表和远传压力表等。这类仪表的特点是结构简单，结实耐用，测量范围宽，是压力测量仪表中应用最多的一种。

### 3. 电气式压力计

电气式压力测量仪表常称为电气式压力计，它是利用金属或半导体的物理特性，直接将压力转换为电压、电流信号或频率信号输出，也可以通过电阻应变片等，将弹性体的形变转换为电压、电流信号输出。代表性产品有压电式、压阻式、振频式、电容式和应变式等压力传感器所构成的电测式压力测量仪表，其精确度可达 0.02 级，测量范围从数十帕至 700 MPa 不等。

### 4. 负荷式压力计

负荷式压力测量仪表常称为负荷式压力计，它是直接按压力的定义制作的，常见的有活塞式压力计、浮球式压力计和钟罩式压力计。由于活塞和砝码均可精确加工和测量，因此这类压力计的误差很小，主要作为压力基准仪表使用，测量范围从数十帕至 2 500 MPa。

测压仪表及其性能特点见表 8-1。

表 8-1　测压仪表及其性能特点

| 类　别 | 压力表形式 | 测压范围/kPa | 准确度等级 | 输出信号 | 性能特点 |
|---|---|---|---|---|---|
| 液柱式压力计 | U 形管 | $-10\sim10$ | $0.2\sim0.5$ | 液柱高度 | 实验室低、微压、负压测量 |
| | 补偿式 | $-0.25\sim2.5$ | $0.02\sim0.1$ | 旋转高度 | 用作微压基准仪器 |
| | 自动液柱式 | $-10^2\sim10^2$ | $0.005\sim0.01$ | 自动计数 | 用光、电信号自动跟踪液面,用作压力基准仪器 |
| 弹性式压力计 | 弹簧管 | $-10^2\sim10^6$ | $0.1\sim4.0$ | 位移、转角或力 | 直接安装,就地测量或校验 |
| | 膜片 | $-10^2\sim10^3$ | $1.5\sim2.5$ | | 用于腐蚀性、高黏度介质测量 |
| | 膜盒 | $-10^2\sim10^2$ | $1.0\sim2.5$ | | 用于微压的测量与控制 |
| | 波纹管 | $0\sim10^2$ | $1.5\sim2.5$ | | 用于生产过程低压的测控 |
| 电气式压力计 | 电阻式 | $-10^2\sim10^4$ | $1.0\sim1.5$ | 电压、电流 | 结构简单,耐振动性差 |
| | 电感式 | $0\sim10^5$ | $0.2\sim1.5$ | 毫伏、毫安 | 环境要求低,信号处理灵活 |
| | 电容式 | $0\sim10^4$ | $0.05\sim0.5$ | 伏、毫安 | 动态响应快,灵敏度高,易受干扰 |
| | 压阻式 | $0\sim10^5$ | $0.02\sim0.2$ | 毫伏、毫安 | 性能稳定可靠,结构简单 |
| | 压电式 | $0\sim10^4$ | $0.1\sim1.0$ | 毫伏 | 响应速度快,多用于测量脉动压力 |
| | 应变式 | $-10^2\sim10^4$ | $0.1\sim0.5$ | 毫伏 | 冲击、湿温度影响小,电路复杂 |
| | 振频式 | $0\sim10^4$ | $0.05\sim0.5$ | 频率 | 性能稳定,准确度高 |
| | 霍尔式 | $0\sim10^4$ | $0.5\sim1.5$ | 毫伏 | 灵敏度高,易受外界干扰 |
| 负荷式压力计 | 活塞式 | $0\sim10^6$ | $0.01\sim0.1$ | 砝码负荷 | 结构简单、坚实,准确度高,广泛用作压力基准器 |
| | 浮球式 | $0\sim10^4$ | $0.02\sim0.05$ | | |

早期的导弹测试压力用的是弹性弹簧管式压力计,近年来的新型地空导弹测试系统则采用压电式压力计。

**二、流体流量测试技术**

在地空导弹上,流体流量的测量通常用于测量液压系统各支路液体的流量。例如,在导弹测试时,需要通过导弹测试车向弹上供油,以检测采用液压伺服系统的导弹的液压舵机或者导引头天线伺服系统的工作情况等。这时,对供油的流量就需要进行测试,以满足供油的要求。

在民用技术中,流量测量应用广泛,主要应用于化工、冶金、石油、食品和医药等行业。在自动化仪表与装置中,流量仪表有既可作为自动控制系统的检测仪表,也常用于测量物料数量的总量。

1. 流量的表示

流量分为瞬时流量和累积流量。单位时间内通过管道某一截面的体积或者质量数称为流体的瞬时流量;而在一段时间范围内通过某一管道某一截面的体积数或者质量数的总和称为流体的累积流量。根据定义,流量可用体积流量和质量流量(重量流量)来表示。

(1) 体积流量 $Q_V$。根据前面的定义,体积流量可以分为瞬时体积流量 $Q_{VS}$ 和累积体积流量

$Q_{VT}$。分别用公式表示为

$$Q_{VS} = Av \tag{8-7}$$

$$Q_{VT} = \int_t Q_{VS} = \int_t Av\,\mathrm{d}t \tag{8-8}$$

式中：$A$ 为流体流过的管道的某截面的面积（$m^2$）；$v$ 为流体的速度（m/s）；$t$ 为流体流过某截面的时间范围（s）。体积流量 $Q_V$ 的单位是 $m^3/s$，$m^3/h$ 和 L/min 等。

由于流体是有黏性的，因此在某一截面上各点的流速并不均匀，故式（8-7）和式（8-8）中的流速是指平均速度。

在实际工作中，累计体积通常按每分钟计，例如某地空导弹测试车在导弹测试是要求给导弹供油的流量不小于 3.8 L/min，就表示的是累计流量。

（2）质量流量 $Q_m$。质量流量是指单位时间内流过流体的质量，它用 $Q_m$ 表示。质量流量也可分为瞬时质量流量 $Q_{mS}$ 和累积质量流量 $Q_{mT}$。可以用公式

$$Q_{mS} = Q_{vS}\rho = Av\rho \tag{8-9}$$

$$Q_{mT} = Q_{VT}\rho = \int_t Av\rho\,\mathrm{d}t \tag{8-10}$$

式中，$\rho$ 为流体的密度（$kg/m^3$）。

在实际工作中，还用到重量流量，其定义同质量流量类似。重量流量的单位为 N/s 或者 N/h。

2. 流量的测量

由式（8-7）～式（8-10）可知，只要能测得流体的平均速度 $v$ 和流体流过的某一截面的面积和时间范围 $t$，就能测得流体的流量。因此，根据流体的工作状态、流体的性质、流体的工作场所，有很多测量流体流量的方法。

在目前测量流体流量的仪器仪表中，通常是把流体流量转换成其他非电量的测量，如转速（速度）、位移、压差、频率、时间、温度等，然后再把这些非电量转换成电量，最后计算出流体的流量。

3. 流量测量仪器仪表

流量传感器（流量计）的工作环境一般比较复杂，流体也具有一定的腐蚀性，流体具有动态性等因素，使得流量传感器的测量精度往往也较难保证。针对不同的工作环境，不同的流体，至今已发展了多种流量测量方法、传感器和仪表。主要有转速（速度）法测量流量、节流式差压流量计、浮子式流量计、涡轮流量计、电磁流量计、超声波流量计等等。

转速（速度）法测量流量是应用较多的一种流量测量的方法。目前常用的是利用转速（速度）法测量流量的有涡轮流量传感器和电磁流量传感器。

（1）涡轮流量传感器。涡轮流量计是一种速度式流量计，测量精度较高，适合测量要求比较高的清洁无杂质的流体流量，其信号便于远传。

涡轮流量计是利用在被测液体中自由旋转的涡轮的转速与流体的流速成正比这一原理进行测量的，其原理框图如图 8-22 所示。

# 第八章 能源系统测试技术

图 8-22　涡轮流量计的原理图

它是在管道内安装一可自由旋转的涡轮,当管道内有流体流过时,流体冲击涡轮使其旋转。在涡轮旋转的同时,高磁性的涡轮叶片也周期性地改变磁电系统的磁阻,使通过线圈的磁通量发生周期性的变化,因而在线圈的两端产生感应电动势,该电动势经过放大、整形,便得到足以测出频率方波的脉冲,从而得到流体的流量,流量越大、流速越高,则涡轮的转速也就越大。当流量减小、流速降低时,则涡轮的旋转速度就减小。在量程范围内,涡轮的转速和流体的流量成正比。因此测量涡轮的转速就可测出流过管道流体的瞬时流量和总流量。

(2)电磁流量传感器。电磁流量传感器的结构示意图见图 8-23 所示,它利用的是电磁感应原理。它主要由均匀磁场、不导磁不导电材料构成的管道、管道截面上的导电电极和测量仪表等四部分构成,其中要求磁场方向、电极连线和管道轴线在空间上相互垂直。

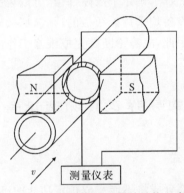

图 8-23　电磁流量传感器的结构示意图

当具有一定导电性的流体流过均匀磁场时,若流速 $v$ 与磁场强度 $B$ 的方向垂直,流体切割磁力线,在与 $v$ 和 $B$ 的垂直方向上,产生感应电动势 $E$。如果这段管子由绝缘材料制造,在 $E$ 的方向上装两个电极,则可以把达感应电动势输出。它的大小等于

$$E = BDv \tag{8-11}$$

式中:$B$ 为磁场强度(T);$E$ 为感应电动势;$D$ 为管道内直径(m);$v$ 是流体的平均流速(m/s)。那么可得导电流体的体积流量为

$$Q_V = \frac{\pi D^2}{4}v = \frac{\pi DE}{4B} \tag{8-12}$$

由式(8-12)可以看出,导电流体的体积流量 $Q_V$ 与感应电动势 $E$ 成正比,只要测得导电电极输出的电动势就可求出其流量。

# 第九章 导弹及测试车维修技术

导弹及测试设备大多是一个复杂的机电设备,从设备分类看,它大体可以分为电气设备和机械设备两大类。这两类设备的维修有其各自的特点,本章就从导弹电气设备维修和机械设备的维修角度来论述导弹及测试车维修技术。

另外,从维修的过程看,分为故障诊断和维修两个阶段。前几章论述的测试技术,从维修的角度就是为了判断有无故障,隔离故障的故障诊断的一部分。掌握导弹及测试设备维修技术的重点在故障诊断,检测有无故障,确定了故障部位,可以说完成了维修工作的90%以上的工作。由于目前绝大部分电气设备均采用插线板的形式,那么确定了故障部位后,一般只需更换插线板即可完成维修工作。因此,故障诊断是完成维修工作的最首要和最重要的工作。

## 第一节 地空导弹及其测试设备的故障特点

### 一、地空导弹故障与故障模式

故障是指产品或产品的一部分或将不能完成预定功能的事件或状态。从系统观点来看故障包括两种含义:①产品性能降低,各项指标已偏离正常状况,但尚能使用;②功能失效,即产品(包括其组成)失去应有功能。

故障模式是指故障的表现形式。如短路、开路、断裂、过度耗损等。产品产生故障后必定表现出一定的异常状态与特征,通过各类性能指标(如理化、力学、振动与噪声等)可反映出产品工作的异常。故障模式可通过人的直观感觉或通过一定的测试手段反映出来。

由于各种装备(设备)的工作原理、结构和工作条件不同,即使同类装备(设备)在不同时间、不同条件下故障模式也不尽相同。较为常见的故障模式有以下几种。

(1)材料性能变化。它包括疲劳、断裂、畸变、材质劣化、击穿和性能下降等。

(2)理化性能变化。它包括腐蚀、油质劣化、导电导热性能劣化、溶融和蒸发等。

(3)运动状态变化。它包括异常振动、渗漏、堵塞和噪声等。

(4)综合形态变化。它包括磨损、配合状态变化等。

(5)结构性变化。电子器件损坏或电路结构改变。

故障可按故障性质、机理、影响和特点等的不同进行分类,最为常见的分类方法有以下几种。

1. 按故障性质

(1)间断性故障。又称间歇性故障或临时性故障,产品只在短期内丧失某些功能,稍加技术处理就能恢复,不需要更换零件。

(2)永久性故障。产品确已损坏,需要停机维修甚至更换零件才能恢复,否则故障将持续存在。对于存在永久性故障的产品,一般可称作失效。

2. 按故障产生过程

(1)突发性故障。发生故障前没有明显的征兆,难以靠早期试验或测试来预测的故障。

(2)渐进性故障。它又称缓进性故障,产生故障前某些性能指标存在劣化现象,能够通过早期试验或测试来预测的故障。

3. 按故障形成原因

(1)损耗性故障。在设计时就预料到的因正常损耗所造成的故障。

(2)错用性故障。由于使用应力(为广义概念,包括机械应力、热应力、电应力和环境应力等各种约束条件指标)超过设计规定值所造成的故障。

(3)固有的薄弱性故障。使用应力虽未超过规定值,但此值本身已不适用而导致的故障。

其中损耗性故障也称为自然故障,而错用性故障与固有的薄弱性故障可统称为人为故障。损耗性故障是必然的,人为故障是可以预防甚至避免的。

4. 按故障规律

(1)随机故障。故障产生的时机是随机的。

(2)规则故障。故障产生的时机具有可循的规律。

## 二、地空导弹装备故障特点

在研究地空导弹装备维修时,应考虑其故障具有下述特点。

(1)地空导弹装备技术涉及的专业范围广泛。地空导弹由动力系统、弹体、发动机、制导控制系统、引战系统、能源系统等组成。地空导弹装备技术涉及电子技术、计算机与信息技术、机械技术、能源技术、电磁场与微波技术,等等。它是集机电液于一体复杂,因此给故障研究带来复杂性。

(2)地空导弹装备故障模式种类繁多。由于地空导弹装备是由许多的零部件组成的,不同的零部件有不同的故障模式,机械、电气、电子、液压等产品均有自己特有的故障模式,因此地空导弹装备故障模式的分析比较复杂。

(3)地空导弹装备不同零件的故障概率分布形式不同。不像简单产品,其故障概率的分布相对简单,可靠性计算分析也比较简便。地空导弹装备零部件中的故障概率有的服从指数分布,有的服从对数正态分布,有的服从威布尔分布等,这是由于不同零部件的故障是由疲劳、腐蚀、磨损、电故障等不同原因所造成的,因此给系统的故障研究带来一定的难度。

(4)地空导弹装备处于各种严酷的工作环境中。其工作条件相对复杂、严酷,可能受温度、压力、振动、冲击、潮湿的因素影响以外,还可能有诸如沙尘、湿热、雨水、盐分及电磁辐射等环境的影响,使产生的故障增多,故障模式复杂。

(5)地空导弹装备的可靠性试验周期长、抽样少、耗费大。有些产品体积大,要求试验场地大,很难在试验室或厂内进行,试验时又很难模拟环境条件,同时产品造价高,无法大批抽样,因此给故障研究带来困难。

### 三、地空导弹故障规律

地空导弹装备在全寿命周期中发生的故障规律也可以用故障率曲线描述。通过对各类地空导弹故障的宏观统计与分析，发现导弹不同设备的故障率在使用过程中具有不同的变化规律，最常见的故障变化规律有以下几种型式。

**1. 浴盆曲线型**

产品的使用阶段按照故障率的不同，一般可划分成早期故障期（初始故障期）、随机故障期（偶发故障期）、耗损故障期3个阶段，如图9-1所示。

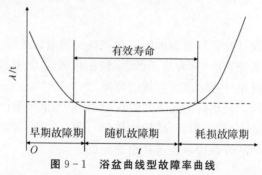

图 9-1 浴盆曲线型故障率曲线

机械产品、大部分的机电产品、某些电气设备（如变压器、电磁阀等大多数产品）的故障率变化规律可用浴盆曲线表示。

图9-1中曲线的特点是两头高，中间低，好像浴盆，称为浴盆曲线，它是典型的故障率曲线。从浴盆曲线看出，按照产品的故障率大小，描述产品的故障可以分为早期故障期、偶然故障期和损耗故障期。

（1）早期故障期。它出现在产品的寿命的早期，其特点是故障率高，可靠性偏低，随着时间的推移故障率逐步下降。这一时期的故障通常是由于元器件不合格，设计制造缺陷，装配工艺不完善，材料结构缺陷等原因引起的。如选用的材料与器件未达到相应的要求、装配不当、产品检验标准不严或者检验不认真等原因造成。通常要通过加强对设计、研制和生产的监管，元器件筛选，改进工艺，产品磨合、调试、老练以后，淘汰掉不合格的产品，使得产品的故障量逐步下降。

（2）随机故障期。随机故障期也称为偶然故障期，是产品的主要寿命周期，位于早期故障期之后。此阶段是产品的最佳工作期（有效寿命阶段）。其特点是故障率低且稳定，近似为常数。偶然故障期中的故障通常是由偶然因素引起的，如操作不当、维修不当、元器件失效，或者由于包装、装卸、储存不当等引起的。偶然故障一般无法预测，也不能通过定期保养与维修消除，具有随机性。

（3）耗损故障期。耗损故障期是产品经过长时间使用，位于使用寿命后期。该阶段的故障率随着时间增加迅速上升。它是组成产品的元器件的寿命到期，产品内的物理化学变化所引起的老化、疲劳、磨损、腐蚀、耗损等原因引起的。降低该阶段的故障率的办法，通常是通过对产品的预防维修与定期保养，更换寿命到期的元器件、故障件，进行定期维护保养等措施。

实践表明，电子产品、机电产品的故障率尤其符合浴盆曲线，它可以用来拟合分析产品的可靠性。通常质量好的产品的偶然故障期会很长,而产品质量低劣的产品,会很快到耗损故障期。导弹武器装备通过在导弹生产前的元器件的各种应力筛选可以大大增加产品的偶然故障期,延迟产品的使用寿命。

2. 常数型

此种故障规律适用于某些电子产品及简单产品。它是指在产品整个使用过程中,故障率基本保持不变,接近常数,不随工作时间而变化,产生的故障多为随机故障。对于符合这类故障规律的产品,在使用过程中严格操作、加强维护保养,随时排除已出现的故障,可保持较低的故障率,使产品的可靠性与有效利用率大大提高。这也是较为常见的一种类型。

3. 负指数型

负指数型又称为递减型。由于零部件质量低劣,制造水平低,以及设计、保管、运输和操作等方面的原因,因此产品运用初期故障率很高,即有一个明显的早期故障期。随着工作时间的延长,经过磨合与运转,薄弱环节逐渐暴露,通过合理的调整与维修后,故障率逐渐降低,并趋于稳定,整个使用过程中的故障水平呈现负指数函数变化趋势。

4. 正指数型

正指数型又称渐增型。产品随着工作时间的增长,逐渐出现磨损、腐蚀、疲劳等损伤,使故障率急剧增高,整个使用过程中的故障水平呈现正指数趋势,渐进性故障就属于这种类型。

由于科学技术的不断提高,生产力的不断进步,目前社会所应用的产品已逐渐复杂,系统逐渐庞大,因此各类产品的故障率水平呈现复杂化的趋势。已不再是以上故障规律所能简单概括。其他一些典型的故障规律见图9-2。

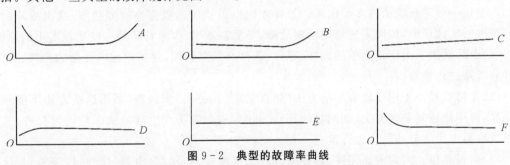

图9-2 典型的故障率曲线

## 第二节　地空导弹装备维修的基本要求与原则

**一、维修的基本要求**

对导弹及测试车故障诊断与维修时,应该遵循下述基本要求。

(1)耐心细致、沉着果断。分析和排除故障,首先要掌握辩证唯物的科学分析方法,防止片面性和盲目性。在处理问题时,既要大胆,又要细心;既要沉着,又要果断,既要遵循一般原则、方法,又要按照具体情况灵活机动。

(2)理论与实际紧密结合。在进行维修工作前,首先必须精通自己所使用仪器设备的工作原理、线路联系、结构特点、技术性能和工作状态；熟练地掌握操作要领和拆装维护技术；能正确使用各种需用的仪表和工具。

（3）预防为主，做好日常维护。对待故障应以预防为主，按照兵器使用维护细则，认真完成好所要求的日维护、月维护等日常维护工作，消除故障隐患；积极检修，彻底排除故障；及时总结经验，改进维护方法。

（4）严禁兵器"带病"工作。发现仪器设备有故障时，应立即断开电源、停止运行（判明该故障确实不致损坏仪器或组合时，可不断开电源，待其他参数检查完毕后，再排除），检查故障并排除故障。若故障涉及电源部分，或有线路短路、打火、冒烟、焦味、打表等现象时，禁止长时间观察或使故障重现，应立即关机断电，查明原因，将故障排除。或采取适当的安全措施之后，方可重新开机检查。避免兵器长期"带病"工作，造成兵器大面积出现故障，甚至发生安全事故。

（5）避免带电作业。在检修故障时，应尽可能避免带电作业。如果必须带电检修，应切实做好通电前的检查准备工作，并在操作中注意防止短路、触电以及由于测量部位或量程选择不当而造成事故。在检查电路是否有短路或断路之前，为了便于找出故障所在和防止损坏元件，应将有关电路孤立起来。

（6）遵循检修程序。检修故障中如果需要拆卸或更换组合、元件（机件），以及更改线路时，应请示报告，并且必须做好充分的准备工作，方可实施，不得随意乱动。故障排除后，应按照规定进行测试或功能检查，还应将故障现象、原因和排除方法填写到相应的履历书内。

**二、维修的基本原则**

在分析故障的过程中，往往有这样的情况：一个故障的现象和许多方面都有联系，可以分析出产生这一故障现象的许多原因来。怎样才能以最快的速度缩小故障范围，找出故障的具体部位呢？实践证明，按照下述原则检验故障，是提高效率、少走弯路的一些比较实用的原则。

（1）由简到繁。由比较简单的元件、零件、部件和线路开始，逐步向比较复杂的元件、零件、部件和线路进行检查。

（2）先易后难。先用比较容易的方法（如直觉法、代替法）来检查，当用这些方法不能解决问题时，再用比较复杂的方法（如测量法等）。同时，先对容易产生故障的部位进行检查，然后对不太容易产生故障的部位进行检查。

（3）由表到里。因为表面元件（如开关、旋钮、保险丝、指示灯、电缆、接线、仪表等）是比较容易出现故障的部位，检查也比较容易，所以应先检查表面元件，后检查内部线路、元件。

（4）由测试设备到弹上仪器。测试设备与弹上仪器是有联系的，只有确信测试设备没有问题时才能查找弹上仪器可能的故障原因。否则就会本末倒置，无的放矢。

（5）由低频到高频。如果故障涉及低频和高频两部分，应先检查低频部分，其理由是低频部分一般易出故障，也比较好检验。

（6）由活动部分到固定部分。相比较而言，活动部分是容易出故障的部位，所以应先检查。对于机械设备，运动部件、连接件等比固定部位的元器件更容易出现故障，因此，也应该首先检查。

（7）由供电部分到用电部分。如果供电部分有了问题，必然影响到用电部分的正常工作。所以，应先检查供电部分，然后再去检查用电部分。

## 第三节 电气类设备的维修技术

### 一、电气类设备故障机理

故障机理是引起故障的物理、化学和材料特性等变化的内在原因,分析掌握设备的故障机理,研究设备发生故障的内因和外因,从根本上采取措施,对增强维修的针对性,具有十分重要的作用。

1. 电气类设备一般故障机理分类

导弹及测试设备结构复杂,使用环境多变,各设备的故障机理多种多样,大体归纳,其电气类设备故障机理主要有元器件失效、设计缺陷、软件故障、制造工艺缺陷、使用维修不当、库存运输不善、环境影响等几种原因。需要强调的是,故障机理有时并不表现为单一性,一种故障机理有时会诱发另外的故障机理,从而产生复杂的交互作用,此时就不能用单一的故障机理来分析装备故障。如某一电子器件出现故障使得设备局部发热,导致其他相邻元器件工作不正常,出现故障就属于这种情况。

(1)元器件失效。电子电路或电气类设备主要由各种电子元器件组成。电气类设备复杂程度的显著标志是所需元器件数量的多少。元器件的可靠性会直接影响整机的可靠性,越复杂的设备,元器件越多,相对可靠性就低。通常元器件失效约占整机故障的40%。

元器件失效的原因,主要有以下3种:①在制造时元器件的应力筛选不过关,即可能使用了未达到使用要求的元器件;②不正常的电气条件;③不正常的环境条件。第一种原因在于器件本身,后面两种原因则主要取决于正确的设计。

应力筛选也称为环境应力筛选,是为了发现和排除产品中不良的零件、元器件,以防止早期失效,在环境应力下的一些列试验。它是可靠性试验中的一种类型,也是产品制造过程中的一道工序。应力筛选试验主要包括高低温试验、振动试验等。相关国军标中对试验的方式、方法等均有相关规定。

(2)设计缺陷。电气装备固有可靠性主要取决于设计研制。设计缺陷往往会直接降低整机的可靠性,根据维修资料看,属于设计缺陷的主要有以下几种情况。

1)没有注意降额设计。降额设计是指零部件的使用应力低于其额定应力的一种设计方法。降额设计可以通过降低零部件承受的应力或者提高零部件强度的办法来实现。工程实践表明,大多数机械零件在低于承载应力条件下,其故障率较低,可靠性较高。

2)电路设计不合理。如在电路设计时下列因素考虑不周:温度、湿度、气压、振动等环境,电磁屏蔽,关联设备互动,防差错措施,器件之间的配合,等等。

3)通风散热降温设计差。

4)耐环境设计差。优良的电气环境取决于电路的正确设计。通过设计,元器件能够工作在额定的电压、电流和功率范围之内,它的寿命可以延长;假如它过载运用,寿命必然会缩短。设计不当,会造成电气设备工作于不适合的环境中。例如,设备处于不适合的高温、高湿、机械冲击和振动、高气压与低气压、沙尘和腐蚀性化学物质等工作环境中都可能影响元件的寿命。例如,一个安装在连续热循环系统中的元件是很容易脆化的,如果再遇到机械振动就可能开路。为了减少恶劣环境的影响,应对电路结构进行精心设计,增加散热、减振装置等。

（3）软件故障。软件是指将计算机变得对人们有用的程序、文档和操作过程。软件不仅仅包括程序，即源代码和目标代码，还包括程序所涉及的各种文档。例如，对于导弹和测试车，随装备的技术说明书、使用维护说明书、导弹及测试车的履历、使用维护细则等等也属于软件的范畴。这些文档、操作过程说明等有些以纸质的形式存在，有些装备则配备有电子交互手册。

软件故障：一是由于软件本身存在各种缺陷；二是病毒的侵蚀；三是使用和维修的环境恶劣（如电磁辐射、电压波动、振动、高温、潮湿等）引起的。

（4）制造工艺缺陷。电子装备制造不完善、工艺质量控制不严和生产人员技术水平低等因素，都会导致装备可靠性下降。

根据现场维修资料看，属于制造工艺缺陷的主要有以下几种情况。

1）常拆卸、常调整和强振动部位处的焊接不良。

2）结构和组装存在缺陷。

3）调整和校正的缺陷。

4）元器件、材料的筛选和老练不够。

（5）使用维修不当。对于电子装备维修人员来说，不按规定的操作程序，使用、拆装和调校设备往往会导致人为故障。属于使用维修不当的主要有以下几种情况。

1）使用维修人员技术水平低，不了解装备的使用维修特点，操作、维修不正确。

2）维修方法和体制不合理。

3）使用维修环境条件存在缺陷。

4）维修工具、仪表和备用器材不完善。

5）使用维修人员存在生理或心理障碍等。

（6）环境影响。使用环境条件恶劣，会导致电子装备故障增多。例如高温、强振、强电磁干扰等装机环境和盐雾、潮湿、风沙等自然环境是导致电子装备故障的主要原因之一。

**2. 常见电子元器件的故障机理**

（1）电阻器。电阻器常见故障模式有阻值变化、开路失效、短路失效、机械损伤、接触不良等。阻值变化多由原材料成分缺陷、工艺缺陷造成；开路失效是由于线径不匀、电蚀、污染、热老化、电压电流过载和引线疲劳断裂等所致；短路失效主要由电应力和热应力过大所致；机械损伤是因冲击和振动等机械应力过大使电阻器集体裂缝、膜体擦伤和瓷棒断裂等而造成的；接触不良一般由加工工艺缺陷、引线疲劳和电蚀导致帽盖与金属膜、炭膜接触不良。

（2）电容器。电容器常见故障模式有漏电流过大、短路失效、开路失效、容量变化等。漏电流过大，其故障机理是材料绝缘不良、电应力过大、浪涌电流过大和浸渍物老化等；短路失效主要由于电扩散、介质击穿、污染和浸渍分解、潮湿环境、腐蚀和浪涌电流过大所致；开路失效是因所加电压过高、使用条件恶劣、电迁移、引线疲劳、氧化和接触电阻变大而导致电极开路，浪涌电流过大亦可烧毁引线和金属箔；容量变化多因材料缺陷、工艺缺陷和环境因素等造成，容量超差一般出现在脉冲工作状态下，因脉冲电流过大而使电容器发热。

（3）集成块。集成块常见故障模式有电极间开路或时通时断、电极间短路、引线折断、封壳裂缝、可焊性差、电参数漂移等。电极间开路或时通时断，主要是由于电极间金属电迁移、电蚀和工艺缺陷等；电极间短路，是由于电极间金属电扩散、金属化学工艺缺陷和外来异物等所致；引线折断的原因有线径不匀、引线强度不够、热点应力和机械应力过大、焊料疲劳和电蚀等；封壳裂缝是由封装工艺缺陷和环境应力过大等所致；可焊性差是由引线材料缺陷、引线金属镀层不良、引线表面污染、腐蚀和氧化等；电参数漂移，主要是材料缺陷可移动离子引起的反应等。

(4)微波器件。在导弹及测试设备上的微波器件主要有磁控管、行波管、波导、天线等。主要的故障模式包括漏气、污染、低效及灯丝短路等。磁控管、行波管、波导漏气会造成打火等现象。这是微波器件的密封性不好，外界空气进入或者长期闲置不用时金属内部释放出气体所致。有些设备上为了防止打火，常采用老练装置，如磁控管老练设备。其基本思路是给微波器件的阳极缓慢地逐步升高电压或者间歇性加阳极电压，以吸收内部气体。波导接口或者天线表面污染后，会造成器件低效。天线表面有灰尘、油污等会缩短天线作用距离，改变电磁波接收或者辐射方向。磁控管、行波管灯丝断路造成器件不工作。

(5)接触件。接触件包括开关、接插件、电缆插头、插座等，其故障模式主要以机械故障为主，表现为接触不良，主要是由于磨损、疲劳和腐蚀等所致，如连接部分表面氧化、磨损、污染，使导电面积减小，接触电阻增加造成接触不良，以及插头插座经常插拔，受机械挤压、碰撞，使插孔扩孔、弹簧失效、零件变形等。

(6)继电器、变压器。继电器的主要故障模式有触点黏结、积炭等。触点黏结：一是由于触点通过电流过大，表面温度过高；二是通断速度低；三是接触性负载，触点之间跳火。这三方面的原因都会造成金属转移加速，导致触点黏结；积炭故障机理是触点表面氧化造成的。

变压器故障主要是绝缘击穿短路，主要原因是组成器件可靠性不高，还有环境条件影响，如散热防潮条件差。

(7)电机。电机类产品常见故障模式有积炭多、卡死、工作不正常。

积炭多是电机炭刷磨损，炭粉堆积所致；电机卡死是由于炭刷、整流子与转子间隙小或者移相电容容量变化而使电机卡死；工作不正常是由于磨损后的炭刷、整流子与转子接触面积减小，造成电机火花干扰大，影响其他设备的正常工作。

(8)仪表指示器。仪表指示器的常见故障模式有指示迟滞和指针卡死。

指示迟滞是清洗指示器时，酒精等清洗剂内不挥发的物质与灰尘等杂物混合黏附于轴尖和轴承的工作面，使得摩擦力矩增大；指针卡死往往是由轴尖或指针机械变形而致。

(9)光学镜片。光学镜片常见故障模式有镜片发霉、发雾和脱胶等。

镜片发霉是因为霉菌孢子的菌丝与镜片表面沾染的油污、汗液结合后，孢子获得养料，繁殖出新的孢子，使得镜片出现小霉点或网状的霉面；发雾是由于在高低温突变的条件下，水汽在镜片表面凝结，加上表面粗糙度差，由于不及时擦拭而致；脱胶是由于胶的膨胀系数比光学玻璃大，环境温度突变时，由于两者的伸缩率不同，使得胶层破裂，局部脱落。

**二、电气类设备维修的基本步骤**

在一般情况下，分析和排除故障，维修电气设备通常采取下述步骤。

1. 观察故障现象

故障现象是分析故障、判定故障的主要依据。因此，认真观察故障现象、弄清故障的外部特征，是分析排除故障的一个重要环节。为了给分析排除故障提供确切、具体、可靠的依据，减少分析故障的片面性和盲目性，在观察故障现象时，应注意以下几个问题。

(1)仔细观察故障现象的表现形式和特点。例如：某一参数发生了变化，变化量究竟多大？有些什么规律？某一仪表的指针摆动，其摆动的幅度和形式又是怎样的？都应该做到胸中有数，必要时应做记录。

(2)在条件许可的情况下,应尽可能使故障现象暴露得充分些。有些故障现象,往往牵涉许多方面的因素,如果不做深入、细致的观察,势必造成分析故障时头绪太多,无从下手。故障现象暴露得越充分,分析、判断故障的素材也就越丰富和越真实。

(3)在观察现象时,应切实区分以下几种情况,防止被表面现象或假象所迷惑。

1)是真象还是假象。例如,是不是由于观察的错觉或者是使用者对于设备的正常工作状态不够了解(尤其是一些平常不做记录的参数和不大注意的部位,容易出现这种情况),以致把一些本来不是故障的现象误认为是故障了。

为了避免上述情况,除了平时多注意了解设备的工作性能和特点以外,当发现有可疑迹象时,可以在不影响安全的前提下,进行反复的观察,必要时还可设法使该种现象重新出现,反复验证。

2)是仪器设备本身的问题,还是操作方面的问题。如果扳错开关、接错电缆、接错导线或操作方法不正确,都可能出现异常现象。因此,在遇到异常现象时,先应当检查操作方面有无错漏问题。

3)是仪器内部的故障还是外界响影所致。电磁干扰,静电感应,电源变化,其他设备的起动和工作,以及自然环境的影响等,都会使参数发生变化。因此,遇到参数变化时,应当考虑到是否有外界因素的影响。

2. 分析原因——判定故障的可能范围

在分析故障原因时,必须将观察到的故障现象,同兵器线路原理紧密地结合起来,寻找产生这一故障现象的各种因素,然后根据兵器的使用特点、历史情况以及个人的实践经验等,对各种因素加以比较,分出主要因素和次要因素,作为下一步寻找故障的依据。

在分析故障原因的过程中:一方面要求广开思路,把可能的因素考虑周到,防止局限性与片面性;另一方面,又应力求实事求是,切合实际,把故障尽可能缩小在适当的范围内,防止"草木皆兵",漫无边际,无的放矢,以致带来麻烦,造成时间、人力和物力上的浪费。

以上仅对产生故障的原因进行简单的、一般性的分析认识,这些认识是否正确,还需要通过进一步的实践检验才能得到证实。

3. 检验线路——找出故障的具体部位

检验线路是寻找和判定故障的具体实践,通过对故障可能范围的仪器设备的线路和元件进行检查和试验,找出发生故障的具体部位。

4. 排除故障与维修

当故障的真实原因和具体部位找到以后,就应采取有效措施将故障予以排除,通常采用以下几种方法。

(1)对不合要求的参数进行调整。

(2)对损坏、低效或失效的组合、元件进行更换。

(3)对某些需要维护修理的仪器组合和机件进行维护修理。

(4)对于那些因为部队条件所限不能排除的故障,应将有关的仪器设备送厂检修。送厂时,要带上技术文件(应将故障现象及分析、排除故障的情况登记在技术文件上)。

5. 总结经验

总结经验是分析排除故障过程中必不可少的一个环节。通过总结,找出故障的起因和规律性,对提高维护质量,防微杜渐,有着极其重要的作用。总结经验的主要任务有以下几条。

(1)找出发生故障的根本原因,制订相应的预防措施。例如:某一导线断了,是怎样断的?为什么会断?是否与操作有关?

又如:某一元件坏了,什么原因?是由于使用维护不当,还是本身质量不好,或是自然损耗和自身衰老所造成的?是否与其他有联系的线路、机件的影响有关?

根据各可疑之处,找出原因,就可以搞清带规律性的问题,以便采取相应的预防措施(如改进操作方法,加强维护保养,改善使用保管条件,修改线路和机件结构等),避免类似情况的再次发生。

(2)分析发生故障的一般规律,积累维修工作经验。例如:哪些仪器设备经常出现哪一类故障?什么样的故障通常在哪些时机出现?以怎样的形式表现出来;用什么样的方法可以解决什么问题等等。这些带规律性的东西,对于指导以后的使用维护,提高分析排除故障的能力,是很有参考价值的。因此,在排除故障之后,应认真加以总结,并做好登记,积累必要的参考资料。

### 三、电气类设备维修的基本方法

在检测故障和隔离故障的过程中,通常采用的方法主要有以下几种。

1. 故障调查法

故障调查法是故障诊断和维修工作首先需要采取的方法,主要是采取"问、嗅、看、听、摸"等方法,来判明故障原因和部位。

问:向操作者详细了解故障发生的前后情况。一般询问的内容是故障是经常发生还是偶尔发生,有哪些现象;故障发生前有无频繁启动、停止或过载;是否经历过维护、检修或改动线路;等等。

嗅:就是要注意电动机和电器元件运行中是否有异味出现。当发生电动机、电器绕组烧损等故障时,就会出现焦臭味。

看:就是观察电气设备运行中有否异常现象,如是否抖动、冒烟、打火等,检查熔体是否熔断,电气元件有无发热、烧毁、触点熔焊、接线松动、脱落及断线等。

听:就是要注意倾听电气设备或者元件运行时的声音是否正常,以便帮助寻找故障部位。电动机电流过大时,会发出"嗡嗡"声;接触器正常吸合时声音清脆,有故障时常听不到声音或听到抖动声摸:就是在确保安全的前提下,用手摸测电气设备外壳、机械设备的外表面的温度是否正常过高,机械设备有无异常抖动等,这往往是设备烧损的前兆。

"问、嗅、看、听、摸"是寻找故障的第一步,这种方法简便易行,是判断故障时最常用的基本方法。对于一些比较简单、明显的故障,往往能迅速发现。当然,有些故障还应做进一步检查。

2. 断电通电检查法

检查前先断开设备总电源,然后根据故障可能产生的部位,逐步找出故障点。检查时应先检查电源线进线处有无碰伤而引起的电源接地、短路等现象,熔断器烧断,热继电器是否动作等等,然后检查设备外部有无损坏,连接导线有无断路、松动,绝缘有否过热或烧焦。

在外部检查发现不了故障时,可对设备做通电试验检查。

(1)通电试验检查时,使调节器和相应的转换开关置于零位,行程开关还原到正常位量。

逐级接通设备。开动大型设备时,最好在操作者配合下进行,以免发生意外事故。

(2)通电试验检查时,应先用万用表检查电源电压是否正常,有无缺相或严重不平衡情况。

(3)通电试验检查,应先易后难、分步进行。每次检查的部位及范围不要太大,范围越小,故障情况越明显。检查的顺序是:先检查分电路后检查主电路;先检查辅助系统后主控制、传动系统;先检查开关电路后调整电路,先检查重点怀疑部位再检查一般怀疑部位。较为复杂的设备的电子线路检查时,应拟订一个检查步骤,即将复杂线路划分成若干简单的单元或环节,按步骤有目的地进行检查。

(4)通电试验检查也可采用分片试送法,即先断开所有的开关,取下所有的熔体,然后按顺序逐一插入要检查部位的熔体。合上开关,观察有无冒烟、冒火及熔断器熔断现象,如无异常现象,给予动作指令,观察各接触器和继电器是否按规定的顺序动作,即可发现故障。

### 3. 代替法

代替法就是用好的元件、组合代替可疑的元件、组合,通过试验对比,来判定故障。这种方法也比较简便,而且能发现比较隐蔽的故障。在运用这种方法时,必须掌握以下几点。

(1)用来代替的元件、组合必须确定是正常可靠的,以免造成错误。

(2)必须是同一型号规格、性能相似的元件、组合,方能互相代替。

(3)必须在不损坏被替换的元件、组合和不影响整个线路正常工作的前提下进行。

### 4. 仪表测量法

仪表测量法就是用测量仪表对可疑电路和元件的各种参数进行测量,然后将所测结果与正常情况所要求的数据相比较,从中分析矛盾,判定故障部位。用仪表测量虽然较复杂,但能检验出一些比较隐蔽的故障,通常是在采取了前两种方法未找到故障部位时使用此法。在使用仪表测量法检验线路时,要求做到以下几点。

(1)应使被测电路和元件孤立起来,以免因与其他电路发生联系,造成测量参数不准或影响安全。

(2)应事先了解被测电路和元件规定的正常数据,以便决定量程和进行对比(如果不了解其规定数据,测量就失去意义)。

### 5. 外加信号法

外加信号法就是利用信号源(即信号产生器)产生一定的信号,加到可疑电路的输入端,检查其输出情况。这种方法通常是在单级或多级放大器之类的仪器无输出信号的情况下采用。如系多级放大器,则外加信号应从末级开始加入,逐级前移,直到无信号输出的那一级为止,它说明故障就在这无信号输出的一级电路里。

采用外加信号法时,要求外加信号源的参数应能满足被测仪器(或线路)的参数要求。

上述几种检验线路的方法,是相辅相成的。在实践过程中,必须根据具体情况,灵活掌握,避免孤立、机械地运用。

### 6. 电路分析法

对于简单的电子线路中的每一个电气元件及每根导线逐一进行检查,很可能会找出故障部位,但复杂的电路,往往有上百个电气元件及成千条连线,采取逐一检查不仅耗费大量的时间,而且也容易发生遗漏,故往往应根据调查结果,参考该电气设备的电气原理图进行分析,初步判断出故障产生的部位,然后逐步缩小故障范围,直至找到故障点并加以消除。

分析故障时应有针对性。如接地故障一般先考虑电气设备外面的电气装置,后考虑电气元件;断路和短路故障应先考虑动作频繁的元件,后考虑其余元件。

上述几种方法是相辅相成的。在实践过程中,必须根据具体情况,灵活掌握,避免孤立、机械地运用。

## 第四节  地空导弹机械类设备维修技术

**一、机械类设备故障机理**

1. 按照故障现象分的机械类设备故障机理分类

机械设备是由多个部件组成的,部件又是由许多零件构成的,零件是设备的制造单元,许多设备出现故障都是由于机械零部件失效造成的,按照故障现象分故障机理可分为磨损、形变、断裂、裂纹、腐蚀等几种情况。

(1) 磨损。机械零部件间相互接触,物质不断损耗的过程称为磨损。磨损的结果造成材料局部断裂、脱落、使机械零件丧失精度,影响其使用寿命与可靠性。磨损的主要形式包括微粒磨损、胶合磨损、腐蚀磨损和接触疲劳磨损等。

1) 微粒磨损。接触表面有微粒存在且因润滑不好,不能及时把这些微粒冲走,是产生微粒磨损的主要原因之一。微粒磨损主要发生在开式传动的摩擦副间。

2) 胶合磨损。在负荷作用下,快速运动引起摩擦导致局部高温、高压,造成部分硬接触点间熔融而黏连、撕裂再被剪压的循环过程所形成的破坏称为胶合磨损。

3) 腐蚀磨损。两种不同电离度的金属接触表面在电解液作用下,形成原电池,产生电离作用引起物质脱落,形成的破坏称为腐蚀磨损。

4) 接触疲劳磨损。摩擦副间在表面接触应力的反复作用下,局部接触部位因冷作硬化作用逐渐脆化,材料弹性逐渐降低,反复变形部位应力逐渐集中,逐渐超过材料的许用应力,逐渐形成微小裂纹,在应力的继续反复作用下,微小裂纹逐渐扩展,润滑油侵入裂纹之中后因碾压形成的高压加速了微小裂纹向表面的扩展,最终产生片状脱落,在表面引发小坑状的细小麻点,改变零件表面形状、尺寸和粗糙度,这种失效称为接触疲劳磨损。接触疲劳磨损又称疲劳点蚀,主要发生在有交变载荷作用、重载、高速、润滑良好的摩擦副间。

(2) 形变。零件在外力作用下总是要发生形变的,但形变的范围必须在允许范围内才能保证零件正常工作,如果超过允许值则称为零件发生了形变失效。

1) 弹性形变。零部件受到应力作用,在屈服极限以内的变形称为弹性变形。引起变形的外载荷解除以后,弹性形变能够完全消除。弹性形变分比例弹性形变和非比例弹性形变,前者的变形量与载荷成正比,后者尽管仍然是弹性形变,但没有比例关系。零件发生超过允许值的弹性变形后造成的失效使设备精度降低,配合关系改变,引发设备故障。

2) 塑性形变。零部件受到的外力超过材料的屈服极限的形变称为塑性变形。塑性形变是在弹性变形基础上的进一步变形,外载荷解除后,弹性形变部分恢复原状,塑性形变部分继续存在。塑性形变使零部件的几何形状、尺寸与原始设计、制造的几何形状、尺寸发生了改变,导致设备精度降低,配合关系改变,引发设备故障。如果失效严重,这将会给设备造成严重的机械故障。

(3)断裂。断裂是零件在机械、热、磁、腐蚀等单独作用或者联合作用下,其本身连续性遭到破坏发生局部开裂或分裂成几个部分的现象。从断裂的程度区分,断裂有局部断裂(如一个齿轮的某一轮齿的一部分断裂,齿轮仍能工作),部分断裂(如一个齿轮的一个轮齿整体断裂)和整体断裂(齿轮或轴完全断裂,设备立即不能工作)之分;从引起断裂的原因区分有静载断裂,冲击断裂和疲劳断裂之分。

1)静载断裂。静载断裂是机械零部件受到不随时间变化或虽有变化但变化不大的载荷作用,这种作用产生的应力超过了材料的强度极限,发生断裂而失效的现象。静载断裂往往伴随有弹性和塑性变形。

2)冲击断裂。冲击断裂是机械零部件受到快速的冲击重载荷作用产生的断裂而失效的现象。它发生的时间很短,往往来不及传递受到的冲击载荷,就在受冲击的附近应力相对集中的部位断裂。这种断裂容易发生在材料相对较硬、有冲击重载荷作用的场合。

3)疲劳断裂。疲劳断裂是指机械零部件在变动载荷长时间作战下发生断裂破坏而失效的现象。在实际机械结构件失效中,疲劳断裂占很大比例。疲劳断裂按照断裂前所经历的应力循环周次多少,分为高周疲劳断裂和低周疲劳断裂。一般将应力循环周次大于 $10^5$ 的疲劳称为高周疲劳。

疲劳断裂的原因是零件或者结构件所受到的应力值低于该零件材料的抗拉强度或屈服强度。零部件受到变载荷的反复作用,积累起来的失效,它们都经历微变形,硬化,裂纹发生,裂纹扩展,裂纹积累,承载面积逐渐缩小,应力不断加大,直至突然破坏的过程。

(4)裂纹。零件在设计或加工时,由于应力集中部位承受不住载荷引起的巨大应力,就会产生裂纹失效。载荷在整体上引起的应力没有超过零件材料的许用应力,但由于某种原因造成应力集中到某一个小的区域,那么在这个区域中应力就会变得很大,甚至远远超过材料的许用应力而引发裂纹。这种裂纹与疲劳的相似之处就是逐渐发生,不同之处是应力集中是产生裂纹的主要原因,而引发疲劳裂纹的主要矛盾是变载荷的反复作用,集中后的应力远大于引起疲劳的应力,因而裂纹失效对设备使用寿命的影响远大于疲劳失效。由于加工工艺的需要(如小孔、退刀槽、越程槽、尖角、截面突然改变很大的部位)引起的应力集中可以在设计时加以注意避免或修改。如果由于长期使用会造成裂纹失效,则应选用好的材料来避免。

(5)腐蚀。腐蚀失效与腐蚀磨损的相同点是它们都是由于化学反应而产生失效,腐蚀磨损是发生在摩擦副间的化学反应,破坏的是摩擦表面参数;而腐蚀失效是发生在整个零件暴露在酸性或碱性气氛中的表面,金属材料的分子与化学制剂发生了化学反应,引起物质脱落。它引起的故障要在较长的时间才能表现出来,一旦表现出来则是全局性的问题(如船体、箔体和大型建设项目),全世界每年因腐蚀产生的设备报废量是相当惊人的。

电化学腐蚀与化学腐蚀最大的不同点是在电场的推动下发生的化学反应,由于有了电场的作用,使得原来不会发生化学反应的物质也活跃起来而发生了化学反应,长久下去就产生了腐蚀脱落。

有时是多种失效综合作用引起了设备故障,故具体到设备,还要根据具体情况分析是什么原因引起了该设备发生故障。

2.按照故障产生的原因的故障机理分类

按照故障产生的原因,机械类设备的故障有先天原因、后天原因、综合原因以及操作不当等。

(1)先天性原因是指设备运转之前就存在的引发失效的原因。

1)设计缺陷(强度不够、刚度不够、精度不够、表面粗糙度不够、应力集中、结构设计不当、对称性差、选材不当、热处理不当等)。

2)加工缺陷(加工误差超标,加工损伤、脱碳、晶粒粗大,加工变形等)。

3)组装缺陷(间隙过大过小、组装误差超标、组装过程损伤等)。

4)材料内部缺陷(缩孔、疏松、裂纹、不均、杂质超标、合金元素配置不当等)运输损伤(吊装不当、运输碰撞、保管不当等)。

5)安装误差(基础设计不当、与别的设备配置不当、周围环境不适等)。

(2)后天性原因是指设备在运转过程中产生的引发失效的原因。

1)超载(过载损伤)。

2)超时(疲劳损伤)。

3)要求的水、电、气压等不符合要求(运行材料)。

4)运行温度、湿度、噪声、振动环境等不当等(运行环境)。

(3)综合原因是指先天就存在隐患问题的引发失效的原因。例如,本身设备在设计时冗余不够,在后期操作过程中长期使设备处于临界工作状态,容易造成设备故障或者失效。

(4)操作性原因是指操作人员操作方法不当引发失效的原因。操作人员技术水平未达到要求,操作时责任心不强,不按操作规程进行操作,设备已经出现故障征兆而不能及时发现并采取措施等也极容易引起故障。

以上4个原因对设备的运行状况和寿命都有重要的影响,也是提高设备管理质量要抓好的工作。设备操作使用既是一项技术工作,同时也与管理工作、个人素养紧密相关,只有技术过硬,管理到位,责任心强才能大大减少设备出故障的概率。

引起零件失效的因素还有很多,失效形式也很多,不可能一一列举,所有失效产生原因的共同点是与载荷大小及形式、作用时间长短、工艺特性、材质好坏、结构、环境、运行材料、使用者的技术水平、职业道德等有关,只有对失效形式有了较深的认识,才能对设备故障的预测与诊断有较好的理解。

3.常见机械零部件的故障机理

(1)轴类零件。轴类零件是在导弹及测试车上应用较为普遍的机械零件。如导弹舵面和翼面的传动轴、导引头伺服系统的转动轴、某些导弹测试车上的变流机传动轴等,尤其以导弹舵面和翼面的传动轴出现故障最常见。出现故障后,会造成舵面卡死、舵面效率降低等后果。

轴类零件会因与配合件之间的配合不良,润滑不全面等,造成轴上某处产生较大磨损;或由于工作温度异常,使轴体材料产生变形失圆。另外,由于拆卸与装配工艺不符合规定要求,可能使轴表面撞击而产生明显的塑性变形等。轴表面通常会制有螺纹或镀槽,当与配合件协同动作时,会因工作冲击与微小间隙造成健齿磨损或变形;也会因多次拆卸和装配,使螺纹等结构磨损或变形。轴表面的磨损与变形可通过检测轴体的圆度与圆柱度来反映。

(2)齿轮。齿轮在弹上常用于导弹舱段的连接齿轮;弹上和车上的齿轮连接件;各类连接件的螺丝螺母齿环;导弹舱段之间、导弹与外部的连接电缆航空插头的连接齿环;等等。

常见的失效形式有齿面磨损、齿面疲劳、轮齿断裂和齿面塑性变形4种。

1)齿面磨损由分为磨粒磨损、划痕、腐蚀磨损和齿轮烧蚀四种,均是由于齿轮传动中润滑不良、润滑油不洁等造成磨损或者划痕。

2)磨粒磨损与划痕是当润滑油不洁,含有杂质颗粒,或在开式齿轮传动中的外来砂粒,或在摩擦过程中产生的金属磨屑,都可以产生磨粒磨损与划痕。通常情况下齿顶、齿根部摩擦较节圆部严重,这是因为啮合过程中节圆处为滚动接触,而齿顶、齿根处为滑动接触。

3)腐蚀磨损是由于润滑油中的一些化学物质(如酸、碱或水等污染物)与齿面发生化学反应造成金属腐蚀而导致齿面损伤。

4)齿轮烧蚀是由于过载、超高速、润滑不当或者不充分引起吃面剧烈磨损,因磨损引起局部高温。这种温度升高引起钢材表面层重新淬火,出现白层等。

齿轮的故障原因多见于制造误差、装配不良、润滑不良或者超载等情况。

(3)弹簧。弹簧在导弹上常用于导弹安全执行机构的机械保险的部件、液压元件中的部件、减振器、测试车上测试仪器仪表的减振等。

弹簧根据受力情况可分为压缩弹簧、拉伸弹簧和扭转弹簧3种。弹簧应载荷过大或安装不良,会使弹簧受与其轴线不相重合的外力作用,弹簧轴线发生弯曲,从而产生局部或整体的变形。另外,弹簧在重复载荷条件下工作时,由于受热退火或疲劳影响,容易使弹簧力减弱,从而产生残余变形,使长度缩短或伸长。

(4)垫片、密封圈。垫片和密封圈是导弹和测试车上常用的密封、防止连接件松动、防止流体外泄的机械密封元件,是各种管路、阀门、泵、换热器、紧固件常用的连接密封元件,也是装备上平常维护需要经常更换的器材。导弹和测试车大修时,通常要更换所有的垫片、密封圈。

垫片和密封圈从材质上分为金属和非金属两类。

金属垫片由高精密度、高硬度的片状材料组成,采用的材料有不锈钢、高碳钢、黄铜、铝等。高碳钢的材质具有一定弹性;不锈钢具有韧性好,不宜折断等特点;铝制材料具有密度低、耐腐蚀性好、易导热导电、塑性和加工性能良好、价格低等特点。

非金属的材质有橡胶、石棉、合成树脂、聚四氟乙烯、尼龙、石墨复合、纸垫片等。非金属垫片具有质地柔软、耐腐蚀、价格低,但耐温和耐压能力差,多用于常温、中温等。

垫片、密封圈的故障主要是失效。由于老化、温度变化、振动等产生形变、失去弹性、韧性降低、发生脆裂、破损等。

## 二、机械设备的维修步骤与方法

导弹上的机械设备包括弹体、舵机、舵面、各类连接油管与气管等。测试车上的机械设备包括各类开关、按钮、旋钮、各类机械工具、各类连接油管与气管、空调设备、机架以及操纵杆等。同其他机械类设备一样,主要维修步骤和方法包括拆卸、清洗、校正、堵漏、检验等,下面主要对机械设备的拆卸、清洗进行论述。

1. 拆卸

(1)拆卸的目的。拆卸的目的是为便于检查和维修。由于导弹机械设备的构造各有其特点，零部件在质量、结构、精度等各方面存在差异，因此若拆卸不当，将使零部件受损，造成不必要的浪费，甚至无法修复。为保证维修质量，在解体之前必须周密计划，对可能遇到的问题有所估计，做到有步骤地进行拆卸。

(2)拆卸的原则与要求。

1)拆卸前必须先弄清楚构造和工作原理。导弹及其测试设备机械设备种类繁多，构造各异，应弄清所拆部分的结构特点、工作原理、性能、装配关系，做到心中有数，不能粗心大意、盲目乱拆。对不清楚的结构，应查阅有关图纸资料，搞清装配关系、配合性质，尤其是紧固件位置和退出方向。否则，要边分析判断，边试拆，有时还需设计合适的拆卸夹具和工具。

2)拆卸前做好准备工作。准备工作包括拆卸场地的选择、清理；拆前断电、擦拭、放油；对电气、易氧化、易锈蚀的零件进行保护等。

3)从实际出发，可不拆的尽量不拆，需要拆的一定要拆。为减少拆卸工作量和避免破坏配合性质，对于尚能确保使用性能的零部件可不拆，但需进行必要的试验或诊断，确信无隐蔽缺陷。若不能肯定内部技术状态，必须拆卸检查，确保维修质量。

4)采用正确的拆卸方法，保证人身和导弹机械设备安全。拆卸顺序一般与装配顺序相反，先拆外部附件，再将整机拆成总成、部件，最后全部拆成零件，并按部件汇集放置。根据零部件连接形式和规格尺寸，选用合适的拆卸工具和设备。对不可拆的连接或拆后降低精度的结合件，必须拆卸时需注意保护。有的拆卸需采取必要的支承和起重措施。

5)对轴孔装配件应坚持拆与装所用的力相同原则。在拆卸轴孔装配件时，通常应坚持用多大的力装配，用多大的力拆卸。若出现异常情况，要查找原因，防止在拆卸中将零件碰伤、拉毛、甚至损坏。热装零件需利用加热来拆卸。一般情况下不允许进行破坏性拆卸。

6)拆卸应为装配创造条件。如果技术资料不全，必须对拆卸过程有必要的记录，以便在安装时遵照"先拆后装"的原则重新装配。拆卸精密或结构复杂的部件，应画出装配草图或拆卸时做好标记，避免误装。零件拆卸后要彻底清洗扩涂油防锈、保护加工面，避免丢失和破坏。细长零件要悬挂，注意防止弯曲变形。精密零件要单独存放，以免损坏。细小零件要注意防止丢失。对不能互换的零件要成组存放或做好标记。

(3)常用拆卸方法。

1)击卸法。利用锤子或其他重物在敲击或撞击零件时产生的冲击能量把零件拆下。

2)拉拔法。对精度较高不允许敲击或无法用击卸法拆卸的零部件应使用拉拔法。它是采用专门拉器进行拆卸。

3)顶压法。利用螺旋C形夹头、机械式压力机、液压压力机或千斤顶等工具和设备进行拆卸。适用于形状简单的过盈配合件。

4)温差法。拆卸尺寸较大、配合过盈量较大或无法用击卸、顶压等方法拆卸时，或为使过盈较大、精度较高的配合件容易拆卸，可用此种方法。温差法是利用材料热胀冷缩的性能质，加热包容件，使配合件在蕴差条件下失去过盈量，实现拆卸。

5)破坏法。若必须拆卸焊接、铆接等固定连接件，或轴与套互相咬死，或为保存主件而破坏副件,则可采用车、锯、錾、钻、割等方法进行破坏性拆卸。

2. 清洗

在维修过程中搞好清洗是提高修理质量的重要因素之一。清洗剂、清洗方法和清洗质量对鉴定零件的准确性、维修质量、维修成本和使用寿命等均产生重要影响。清洗包括清除油污、水垢、积炭、锈层和旧漆层等。

(1)拆卸前的清洗。拆卸前的清洗主要是指拆卸前的外部清洗,其外部清洗的目的是除去导弹机械设备外部积存的大量尘土、油污、泥砂等脏物,以便于拆卸和避免将尘土、油泥等脏物带入厂房内部。外部清洗一般采用自来水冲洗,即用软管将自来水接到清洗部位,用水流冲洗油污,并用刮刀、刷子配合进行;高压水冲刷即采用1~10 MPa压力的高压水流进行冲刷。对于密度较大的厚层污物,可加入适量的化学清洗剂并提高喷射压力和水的温度。

(2)清洗油污。

1)清洗液。凡是和各种油料接触的零件在解体后都要进行清除油污的工作,即除油。油可分为两类可皂化的油,就是能与强碱起作用生成肥皂的油,如动物油、植物油,即高分子有机酸盐;还有一类是不可皂化的油,它不能与强碱起作用,如各种矿物油、润滑油、凡士林和石蜡等。它们都不溶于水,但可溶于有机溶剂。去除这些油类,主要是用化学方法和电化学方法。常用的清洗液有有机溶剂、碱性溶液和化学清洗液等。清洗方式则有人工和机械。

有机溶剂常见的有煤油、轻柴油、汽油、丙酮、酒精和三氯乙烯等。有机溶剂对金属无损伤,可溶解各类油脂,不需加热、使用简便、清洗效果好。但多数有机溶剂为易燃物,成本高,主要适用于规模小的单位和分散的维修工作。

碱性溶液是碱或碱性盐的水溶液。利用碱性溶液和零件表面上的可皂化油起化学反应;生成易溶于水的肥皂和不易浮在零件表面上的甘油,然后用热水冲洗,很容易除油。

化学清洗液是一种化学合成水基金属清洗剂,以表面活性剂为主。由于其表面活性物质降低界面张力而产生湿润、渗透、乳化、分散等多种作用,具有很强的去污能力,还具有无毒、无腐蚀、不燃烧、不爆炸、无公害、有一定防锈能力,成本较低等优点,目前已逐步替代其他清洗液。

2)清洗方法。根据不同的零件和设备,主要采用擦洗、煮洗、喷洗、振动清洗和超声清洗等几种方法。

①擦洗。将零件放入装有柴油、煤油或其他清洗液的容器中,用棉纱擦洗或毛刷刷洗。这种方法操作简便,设备简单,但效率低,用于单件小批维修的中小型零件。一般情况下不宜用汽油,因其有溶脂性,会损害人的身体且易造成火灾。

②煮洗。将配制好的溶液和被清洗的零件一起放入用钢板焊制适当尺寸的清洗池中。在池的下部设有加温用的炉灶,将零件加温到80~90℃煮洗。

③喷洗。将具有一定压力和温度的清洗液喷射到零件表面,以清除油污。此方法清洗效果好,生产效率高,但设备复杂。适于零件形状不太复杂、表面有严重油垢的清洗。

④振动清洗。将被清洗的零部件放在振动清洗机的清洗篮或清洗架上,浸没在清洗液中,通过清洗机产生振动来模拟人工漂刷动作,并与清洗液的化学作用相配合,达到去除油污的目的。

⑤超声清洗。靠清洗液的化学作用与引入清洗液中的超声波振荡作用相配合达到去污目的。

(3)清洗水垢。导弹武器和测试设备上的冷却系统(如空调、发热器件的冷却系统等)经长期使用硬水或含杂质较多的水后,在冷却器及管道内壁上沉积一层黄白色的水垢。它的主要成分是碳酸盐、硫酸盐,有的还含二氧化硅等。水垢使水管截面缩小,导热系数降低,严重影响冷却效果,影响冷却系统的正常工作,必须定期清除。

水垢的清除方法可用化学去除法,主要有以下两种方法。

1)磷酸盐清除水垢。用3%～5%的磷酸三钠溶液注入并保持10～12 h后,使水垢生成易溶于水的盐类,而后被水冲掉。洗后应再用清水冲洗干净,以去除残留碱盐而防腐。

2)碱溶液清除水垢。碱溶液用于清洗铸铁、钢和铝制品的机械零件表面的水垢。清洗铸铁时可用苛性钠750 g,煤油150 g,加水10 L,按比例配成溶液,将其过滤后用于清洗零件。对于钢制零件,溶液浓度可大些,10%～15%的苛性钠;对有色金属零件浓度应低些,2%～3%的苛性钠。

# 参 考 文 献

[1] 肖明清,王学奇.机载导弹测试原理[M].北京:国防工业出版社,2011.
[2] 胡昌华,马清亮,郑建飞.导弹测试与发射控制技术[M].北京:国防工业出版社,2015.
[3] 余成波,陶红艳.传感器与现代检测技术[M].北京:清华大学出版社,2015.
[4] 何广军.现代测试技术原理与应用[M].北京:国防工业出版社,2012.
[5] 管伟民.某型电动飞行仿真转台的建模、控制与仿真[D].西安:西北工业大学,2007.
[6] 李英丽,刘春亭.空空导弹遥测系统设计[M].北京:国防工业出版社,2006.
[7] 崔少辉.导弹检测技术[Z].石家庄:解放军军械工程学院,2003.
[8] 闵相环,王伟华.自动测试与检测技术[M].北京:石油工业出版社,2009.
[9] 李岩,杨洪柱.地空导弹测试技术与遥测系统应用设计[M].北京:中国宇航出版社,1995.
[10] 张春明.地空导弹飞行控制系统仿真测试技术[M].北京:中国宇航出版社,2014.
[11] 范会涛,吕长起.空空导弹系统总体设计[M].北京:国防工业出版社,2007.
[12] 张厚.电磁兼容原理[M].西安:西北工业大学出版社,2009.